职业教育教学改革系列教材
楼宇智能化工程技术专业系列教材

智能建筑设备自动化系统设计与实施

主　编　方忠祥　戎小戈
副主编　孟建翔　金湖庭
参　编　胡山岗　郑旭照　项建斌
　　　　张　燕　陈　冲

机械工业出版社

本书的内容包括智能建筑设备自动化系统概述、典型智能建筑设备工作原理与监控要点、控制原理、组态软件与通信协议、传感器、执行机构、项目设计、五星级酒店 BA 系统工程设计实例、BA 系统技术标书制作实例，以大量的图片和实例向读者介绍智能建筑设备自动化工程的各个方面，从宏观上给出建筑自动化系统的全局面貌，从微观上用典型产品和系统的完整设计开发步骤培养学生的专业技能。

本书可作为职业教育楼宇智能化专业及相关专业的教材，也可作为从事建筑物设备自动化工程人员的参考用书。

为方便教学，本书配有电子教案、课件及 XL50 编程实训指导书，凡选用本书作为教材的学校、单位，均可登录 www.cmpedu.com 免费注册下载，流程见本书最后一页。

图书在版编目（CIP）数据

智能建筑设备自动化系统设计与实施/方忠祥，戎小戈主编.
—北京：机械工业出版社，2013.8（2023.1 重印）
职业教育教学改革系列教材．楼宇智能化工程技术专业系列教材
ISBN 978-7-111-43599-0

Ⅰ.①智… Ⅱ.①方… ②戎… Ⅲ.①智能化建筑－房屋建筑设备－自动化系统－高等职业教育－教材 Ⅳ.①TU855

中国版本图书馆 CIP 数据核字（2013）第 180975 号

机械工业出版社（北京市百万庄大街 22 号 邮政编码 100037）
策划编辑：张值胜 责任编辑：高 倩
版式设计：常天培 责任校对：张 薇
封面设计：陈 沛 责任印制：郜 敏
北京富资园科技发展有限公司印刷
2023 年 1 月第 1 版第 9 次印刷
184mm×260mm · 14.75 印张 · 362 千字
标准书号：ISBN 978-7-111-43599-0
定价：45.00 元

电话服务
客服电话：010-88361066
010-88379833
010-68326294

网络服务
机 工 官 网：www.cmpbook.com
机 工 官 博：weibo.com/cmp1952
金 书 网：www.golden-book.com
机工教育服务网：www.cmpedu.com

前　言

建筑设备自动化系统（Building Automation System，BAS，本书中统称为BA系统）是利用传感器技术、网络技术和通信技术实现对建筑物内的机电设备监控的自动化控制系统。在科技日益发达的今天，只有BA系统才能满足人们对办公、住宅环境安全性、舒适性以及节能环保等方面越来越高的要求。

通过编者多年对国内实际工程项目的考察来看，目前在BA系统设计、工程实施及运行维护阶段仍然存在着系统设计自动化水平低、能源浪费、设计人员对现场环境缺乏了解、现场装调人员施工工艺不达标，运维从业人员技术水平低等问题。着眼于以上问题，立足于职业院校本专业学生岗位特点，本书力求在BA系统设计和实施阶段给予读者一些理论及实践方面的指导，通过本书的学习，可以了解BA系统工程的流程；了解如何去承接和完成一个BA系统工程，包括技术标书制作、应用软件开发、系统原理图和平面图绘制等；了解自动化控制原理的基本知识，智能建筑设备的工艺过程和工作原理，设备运行过程的控制要点。

本书编写的理念是以工程开发思路为导向，以典型设备、系统为落脚点，从工艺分析、初步设计、施工图设计、设备选型、工程施工等环节层层展开，从而完成智能建筑设备自动化的整体设计，即在拿到一个工程的建筑设备自动化（BA）系统设计、成套、施工任务后，如何来分析业主需求、确定工艺过程、统计控制点位、确定系统型号、确定模块型号数量、确定网络架构、进行组态开发、实施安装调试、选择现场仪器仪表，并且能够指导工人现场安装调试，从而基本满足设备自动化工程公司对初级工程师的要求。值得一提的是，本书最后给出了一个实际BA项目的设计及工程施工实例，以帮助读者理清思路。

建筑设备自动化系统涉及工业控制、网络通信、暖通工程、供配电系统等多个领域，通过多年教学和工程实践经验，我们创新性地提出将建筑设备自动化的核心知识分为如下的五个部分，即系统网络节点设备、系统终端设备、网络架构传输技术、应用软件二次开发、工程规范和标准。本书在这几个方面都有所涉及，结合职业教育培养目标，重点放在系统终端设备、网络节点设备以及软件二次开发上。

本书由方忠祥、戎小戈担任主编并统稿，方忠祥负责前言、第1章、第7章的编写，戎小戈负责第2章、第4章的编写，孟建翔负责第5章、第9章的编写，金湖庭负责第6章的编写，胡山岗负责第8章的编写，项建斌负责第3章的编写，郑旭照参与了第2章的编写并提供了项目工程实例，张燕参与第7章的编写以及全书的整理，陈冲参与了第3章的编写。

由于编者水平有限，书中难免存在错漏与不足之处，敬请读者批评指正。

编　者

目　录

第1章　建筑设备自动化系统概述

1.1　建筑设备自动化系统的发展史

建筑设备自动化系统作为智能建筑的一个子系统，是随着建筑物所含的设备越来越多而产生的。直至20世纪80年代初期，建筑物中的设备还是很简单的几种，如几部电梯、一个锅炉房、一个制冷站、一些空调机组、一个低位水池、一个高位水箱、两个水泵、一个变配电间就构成了建筑物的设备。由于当时的自动化技术主要集中在工业过程和电力系统的控制，所以建筑设备自动化并没有成为一个行业类别。按照智能化程度可以将建筑设备自动化系统划分为4代产品：

第一代：中央主机系统（Central Control and Monitoring System，CCMS）（20世纪70年代的产品）。BA系统从仪表系统发展成计算机系统。散设于建筑物各处的信息采集站（DGP）（连接着传感器和执行器等设备）通过总线与中央站连接组成中央监控型自动化系统。DGP分站的功能只是上传现场设备信息，下达中央站的控制命令。一台中央计算机操纵着整个系统的工作。中央站采集各分站信息，作出决策，完成全部设备的控制，中央站根据采集的信息和能量计测数据完成节能控制和调节。这个时期产品的缺点是：实用性很差，不适合恶劣环境。

第二代：集散控制系统（DCS）（20世纪80年代的产品）。随着微处理机技术的发展和成本的降低，DGP分站安装了CPU，发展成直接数字控制器（DDC）。配有微处理机芯片的DDC分站，可以独立完成所有控制工作，具有完善的控制、显示功能，可以进行节能管理，可以连接打印机和安装人机接口等。BA系统由4级组成，分别是现场、分站、中央站和管理系统。集散系统的主要特点是：只有中央站和分站两类节点。中央站完成监视，分站完成控制，保证了系统的可靠性。DCS比较笨重，造价也相对高，性能比较强大。

第三代：开放式集散系统（20世纪90年代的产品）。随着现场总线技术的发展，DDC分站连接传感器、执行器的输入/输出模块，应用各种现场总线，形成分布式输入/输出现场网络层，从而使系统的配置更加灵活。由于LonWorks、CAN等总线技术的开放性，所以使分站具有了一定程度的开放规模。BA系统控制网络形成了3层结构，分别是管理网络层、控制网络层和现场网络层。

第四代：网络集成系统（21世纪的产品）。随着企业Intranet的建立，建筑设备自动化系统广泛采用Web技术。Web技术目前在控制领域占据重要位置，BA系统中央站嵌入Web服务器，融合Web功能，以网页形式为工作模式，使BA系统与Intranet成为一体系统。网络集成系统广泛采用Web技术，常常包含保安系统、机电设备系统和防火系统等。集成系统从不同层次的需要出发提供各种完善的开放技术，实现各个层次的集成，从现场层、自动化层到管理层。Web集成系统完成了管理系统和控制系统的一体化。2005年年底，由浙大中控领衔制订的实时以太网现场总线技术国际标准EAP正式通过了国际电工委员会的审查，这是我国工业自动化领域迄今为止获得的第一个国际标准，完全适合楼控产品应用，标志着我国自动化技术发展已经接近了世界先进水平。而能够提供楼控全系列软硬件产品的浙大中控公司更是具备了和世界一流楼控公司在同一层次竞争的能力。现场总线技术作为自动化领域的关键技术，一直掌握在美国霍尼韦尔、罗克韦尔等公司手中，他们利用其制订的现场总线标准和专利技术长期垄断着中国现场总线技术和产品市场，赚取大量的超额利润。因此，浙大中控研发的具有自主知识产权的自动化领域国际标准意味着国产的建筑自动化控制设备已经可以满足顶级项目的使用要求，完全可以替代进口产品。目前，规模和影响较大的楼宇设备供应公司有美国霍尼韦尔公司、江森公司、KMC 公司、德国西门子公司、浙大中控、中程科技和清华同方等，它们都推出了建筑智能化集成系统。

时至今日，建筑节能、集中设备管理等技术的广泛使用，需要为建筑物的各类设备配置先进的自动化系统。建筑设备自动化系统要承担三个层次的任务。第一个层次是设备的自动化控制，提高设备的自动化程度；第二个层次是优化设备的运行，减少设备故障带来的经济损失，降低劳动力成本；第三个层次是降低建筑能耗，节能减排，倡导绿色建筑。

1.2 建筑设备自动化系统的组成与典型构架

1.2.1 系统组成

建筑设备自动化系统（BA 系统）的作用是实现建筑物设备的自动化运行。通过网络系统将分布在各监控现场的系统控制器连接起来，实现集中操作、管理和分散控制的综合自动化系统。BA 系统的目标就是对建筑物的各类设备进行全面有效的自动化监控，使建筑物有一个安全和舒适的环境，同时实现高效节能的要求，对特定事件做出适当反应。它的监控范围通常包括冷热源系统、空调系统、送排风系统、给排水系统、变配电系统、照明系统和电梯系统等。

建筑设备自动化系统和一般的自动化系统一样，基本上由三个部分组成：测量机构、控制器、执行机构。

测量机构 ——→ 控制器 ——→ 执行机构

1. 测量机构

人们常常称它们为传感器，或者测量变送器，其作用就是把一些非电信号物理量转换为电信号，如压力、流量、成分、温度、pH 值、电流、电压和功率等。

例如压力的测量，常利用压敏或者变电容原理把液体或者气体的压力用导管引入到测压室内；随着压力的变化，测压室中间的不锈钢薄壁被挤压变形，使得两个金属室壁之间的电容发生变化；通过测量这个变化的电容，如振荡电路的频率变化，全臂电桥的输出电压变化。这样就建立了一个关联变化。

压力变化 ——→ 电容变化 ——→ 电压变化

再如流量测量，也有很多方法，如涡街流量计、转子流量计、孔板流量计和电磁流量计等。以电磁流量计为例，该仪器一般用来测量带有导电物质的流体，如自来水等。

它的原理是霍尔效应，在管壁两侧安装两个电极，形成电场，当流体以一定速度经过管道，其导电粒子被电场作用而按照正负极分别汇聚到两个电极上，从而出现了电压变化。按照霍尔原理，电荷的汇聚数量和运动速度有线性关系，那么电极电压变化和流体速度也有线性关系。

流速变化 ⟶ 电荷变化 ⟶ 电压变化

随着技术的进步，现在的测量技术又加进了总线技术。例如，一个成本几十元的单片机，加上一些感应元器件和通信线，可以制成感应一个房间的温湿度值，然后以 RS485 总线方式传给上级计算机系统或控制器的智能测量机构。

2. 控制器

控制器是实现控制系统自动化、智能化的关键部件。最近 30 年，国内控制器的进步非常大。经历了从早期的动圈仪表到应用集成电路控制器、风行一时的 STD 工控机和智能仪表，再到集散控制系统（DCS）、组态软件控制系统和可编程序（PLC）控制系统，直到今天广泛应用的现场总线控制系统（FCS）这一过程。

FCS 完全改变了 DCS 传统的、笨重的大柜子形象。各种信号输入、输出已经无需大量导线，取代那一个个 DCS 大柜子的是不到 1kg 的 DDC 控制器，这些控制器可以很方便地安装到最接近被控设备的地方。而传感器和执行机构可以用简单的总线连接在一起。在软件构成上，二次开发平台也越来越人性化，图形化开发已经成为主流。

现在的自动化控制技术给设计者或者使用者提供非常自由的结构，使用的连接线已经少到数根。目前，Wi－Fi 技术越来越发达，2005 年 HONEYWEL 在上海光大展览中心展示了其 ZIG－BEE 产品，在恶劣环境中，ZIG－BEE 传感器可以在 1000m 距离内可靠地传输数据，而配置的纽扣电池可以使用三年以上。所以，无线数据传输在控制系统中的使用，是可以期待的。

3. 执行机构

控制系统接受了传感器的信号后，使用强大的运算功能对数据进行处理，最后需要对调节系统发出指令，对对象被控参数进行调节，执行这个调节任务的就是执行机构。执行机构是五花八门的，如调节加热功率的调功器、调整阀门开度的阀门执行器和调节风机转速的变频器等。执行机构按照控制器的要求，将相关调节通道的设备，动作到要求的位置，如晶闸管的导通角、阀门的开度、风机的转速。例如，我们给阀门执行机构一个 5V 的信号，那么阀门执行机构就会动作，带动阀门改变开度。同时，一个铁心也被同步带动，改变了线圈的不平衡电压。一旦不平衡电压也达到 5V，那么电动机就停止动作，也就意味着阀门目前已经到达 5V 信号所对应的位置。

1.2.2 建筑设备自动化系统的典型构架

按控制方式分类，目前主要有集散控制系统和现场总线控制系统两种形式。

1. 集散控制系统

20 世纪 70 年代问世的集散控制系统用于生产过程的自动控制，已有 20 余年的历程。集散控制系统的基本思路是：分散控制、集中操作、分级管理、配置灵活、组态方便。分散是指工艺设备地理位置分散，控制设备相应分散，危险也随之分散。

集散控制系统一般分为三级。第一级为现场控制级，它承担分散控制任务并与过程及操作站联系；第二级为监控级，包括控制信息的集中管理；第三级为企业管理级，它把建筑自动化系统与企业管理信息系统有机地结合起来，其结构如图1-1所示。

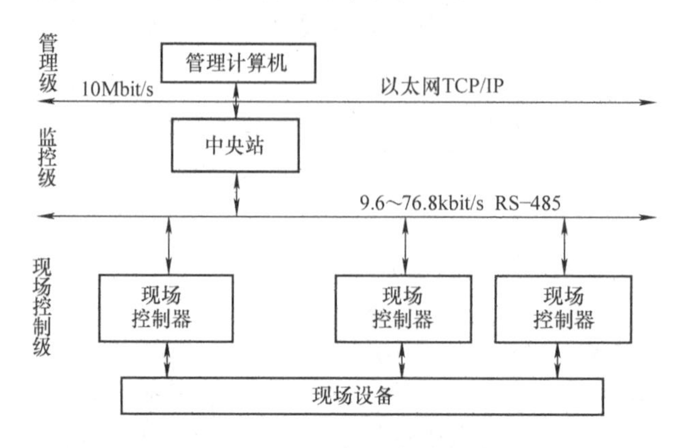

图1-1　分散控制系统结构

由图1-1可知，集散控制系统将复杂对象分解为几个子对象，由现场控制级进行局部控制。中控室负责整个系统的数据存储和调用，向下连接现场控制器，向上提供历史和趋势数据。

中控室对整个工艺过程进行集中监视、操作、管理，通过控制站对工艺过程的各部分进行分散控制，既不同于常规仪表控制系统，又不同于集中式的计算机控制系统，而是集中了两者的优点，克服了它们各自的不足。分站能独立控制，保证了系统的可靠性。分站与中央站连接在同一条总线上，保证了数据的一致性，进一步提高了系统的可靠性、实时性和准确性。数据的一致性对网络性能的影响至关重要。

集散控制具有高度集中的显示操作功能，操作灵活、方便可靠；具有完善的控制功能，可实现多种多样的高级控制方案。

集散控制系统采用数据通信技术构成局域网，传输现场实时控制信息，并进行信息综合管理。

集散控制系统的平均无故障时间可达5×10^4h。保证高可靠性的关键是采用冗余技术和容错技术。一般的集散控制系统核心部件都采用了冗余技术和看门狗技术。

集散控制系统的模块结构使系统的配置与系统的扩展十分方便，具有良好的可扩性。

2. 现场总线控制系统

（1）现场总线的含义　根据国际电工委员会标准的定义：现场总线是连接智能现场设备和自动化系统的数字式、双向传输、多分支结构的通信网络。

现场总线的含义表现在以下5个方面。

1）现场通信网络：集散型控制系统的通信网络截止于控制器或现场控制单元，现场仪表仍然是一对一的模拟信号传输，如图1-2所示，现场总线是用于过程自动化和制造自动化的现场设备或现场仪表互连的现场通信网络，它把通信线一直延伸到现场的智能I/O模块，甚至智能传感器或者智能执行机构，如图1-3所示。图中的现场设备或现场仪表是指传感器、变送器或执行器等。这些设备通过一对传输线互连，传输线可以使用双绞线、同轴电缆和光缆等。由于它们具有CPU芯片，所以称为智能仪表。

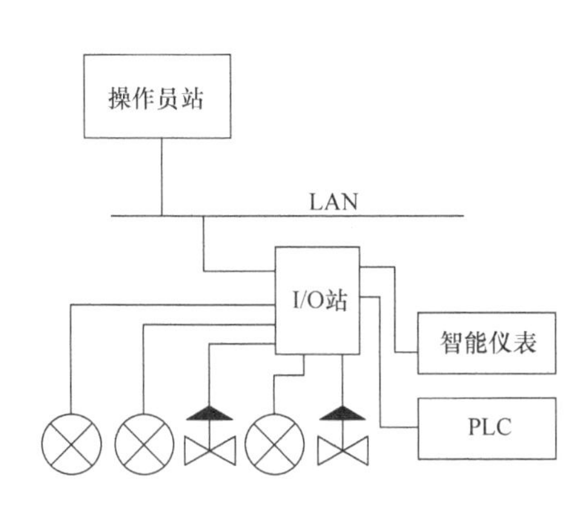

图1-2 分散控制系统的控制

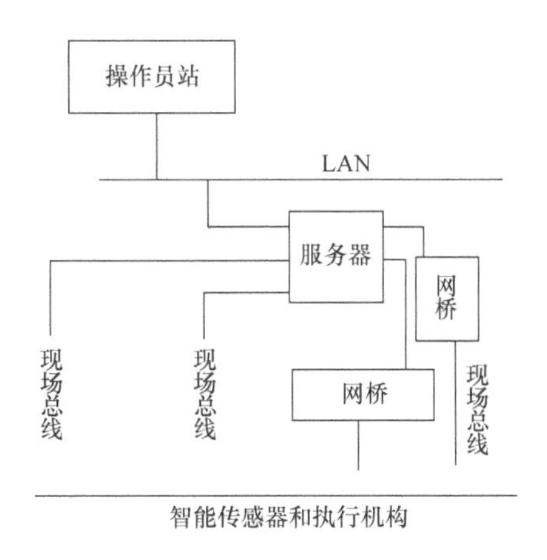

图1-3 现场总线的控制层

2）互操作性：互操作性的含义来自不同制造厂的现场设备，不仅可以相互通信，而且可以统一组态，构成所需的控制回路，共同实现控制策略。也就是说，用户选用各种品牌的现场设备集成在一起，实现“即接即用”。现场设备互连是基本要求，只有实现互操作性，用户才能自由地集成现场总线控制系统（FCS）。

3）分散功能块：FCS废弃了DCS的现场控制单元和控制器，把DCS控制器的功能块分散给现场仪表，从而构成虚拟控制站。例如，流量变送器不仅具有流量信号变换、补偿和累加输入功能块，而且有比例积分微分（Proportional Integral Differential，PID）控制和运算功能块；调节器除了具有信号驱动和执行功能外，还内含输出特性补偿功能块，PID控制和运算功能块，甚至有阀门特性自校检和自诊断功能。由于功能块分散在多台现场仪表中，并可以统一组态，因此用户可以灵活选用各种功能块，构成所需要的控制系统，实现彻底的分散控制。比如，差压变送器含有模拟量输入功能块，调节阀含有PID控制功能块及模拟量输出功能块，这3个功能块构成流量控制回路。

4）通信线供电：现场总线的常用传输线是双绞线，通信线供电方式允许现场仪表直接从通信线上获得能量，这种低功耗现场仪表可以用于本质安全环境，与其配套的还有安全栅。有的生产现场有可燃性物质，所有现场设备必须严格遵循安全防爆标准，现场总线设备也不例外。

5）开放式互连网络：现场总线为开放式互连网络，既可与同类网络互连，也可与不同类网络互连。开放式互连网络还体现在网络数据库共享方面，通过网络对现场设备和功能块统一组态，把不同厂商的网络及设备融为一体，构成统一的现场总线控制系统。

（2）网络拓扑结构　网络拓扑目前都是自由拓扑结构，常见的就是手拉手的连接。图1-4所示为H1低速现场总线拓扑结构示意图。

基金会现场总线（Fieldbus Foundation，FF）可通过网桥把不同速率，不同类型媒体的网段连成网络。网桥有多个口，每个口都有一个物理层实体。

（3）建筑设备自动化系统常用的现场总线　20世纪80年代以来，各种现场总线标准陆续形成。其中主要有控制局域网、局部操作网、过程现场总线和可寻址远程传感器数据通信协议等。

建筑设备自动化系统常用的现场总线有LonWorks总线、CAN总线和EIB总线等。

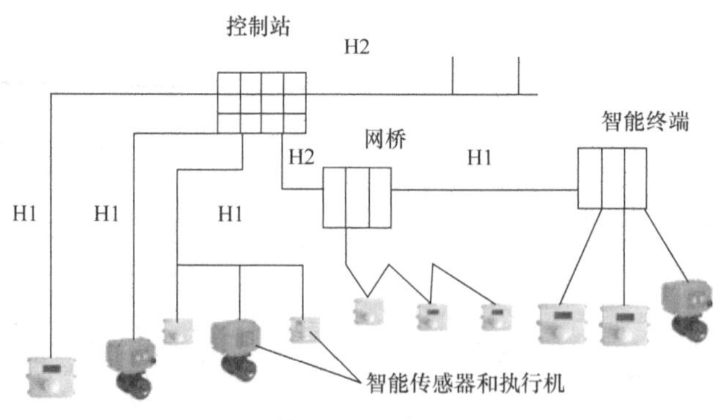

图 1-4 H1 低速现场总线拓扑结构示意图

1）LonWorks 总线：美国 Echelon 公司 1991 年推出的 LonWorks 现场总线，又称局域操作网。为支持 LON，该公司开发了 LonWorks 技术。它采用了 OSI 参考模型全部的七层协议结构。LonWorks 技术的核心是具备通信和控制功能为一体的神经元芯片。该芯片固化有全部七层协议，能实现完整的 LonWorks 的 LonTalk 通信协议。其上集成有三个 8 位 CPU：一个 CPU 完成 OSI 模型第一和第二层的功能，称为介质访问处理器；另一个 CPU 是应用处理器，运行操作系统与用户代码；还有一个 CPU 为网络处理器，它作为前两者的中介，进行网络变量寻址、更新、路径选择和网络通信管理等。由神经元芯片构成的节点之间可以进行对等通信。按照 LonWorks 标准网络变量来定义数据结构，可以解决和不同厂家产品的互操作性问题。LonWorks 通信速率从 300bit/s ~ 1.5Mbit/s 不等，直接通信距离可达 2.7km（78kbit/s，双绞线）；支持多种物理介质并支持多种拓扑结构，组网方式灵活。LonWorks 应用范围主要包括建筑自动化和工业控制等，在组建分布式监控网络方面有较优越的性能。

2）CAN 总线：最早由德国 Bosch 公司推出的对等式 CAN（Controller Area Network）总线，又称为控制局域网，主要应用于汽车内部强干扰环境下电器之间的数据通信。它也基于 OSI 参考模型，采用了其中的物理层、数据链路层、应用层，提高了实时性。数据链路层与以太网相似，采用载波监听多路访问/冲突检测机制，最多可连接 110 个节点。其节点有优先级设定，支持点对点、一点对多点、广播模式通信。各节点可随时发送消息。传输介质为双绞线、同轴电缆或光纤，通信速率与总线长度有关。直接传输距离最远可达 10km/5kbit/s，通信速率最高可达 1Mbit/s/40m。CAN 总线采用短消息报文，每一帧有效字节数为 8 个；当节点出错时，可自动关闭，抗干扰能力强，可靠性高。这种总线规范已被国际标准化组织制定为国际标准，在建筑自动化及工业现场测控得到推广应用。

3）EIB 总线：European Installation Bus（EIB），欧洲安装总线，在亚洲称为电气安装总线（Electrical Installation Bus），是电气布线领域使用范围最广的行业规范和产品标准。EIB 标准的制定，不仅提高了人们的生活水准，更标志着多家产品的兼容性和新旧产品的兼容性，使用户在使用时更加方便。

EIB 是电气布线领域使用范围最广的行业规范和产品标准，现已成为国际标准 ISO/IEC 14543-3，并于 2007 年正式成为中国国标 GB/Z 20965—2007。

EIB 最大的特点是通过单一多芯电缆替代了传统分离的控制电缆和电力电缆，并确保各开关可以互传控制指令，因此总线电缆可以以线形、树形或星形铺设，方便扩容与改装。元件的智能化使其可以通过编程来改变功能，既可独立完成诸如开关、控制和监视等工作，也可根据要求进行不同的组合。与传统安装方式比较，EIB 不增加元件数量而实现了功能倍增，从而具有了高度的灵活性。它的开放性使得不同公司基于 EIB 协议开发的电气设备可以完全兼容，并为后续公司进入 EIB 市场提供可能。

EIB 系统既是一个面向使用者、体现个性的系统，又是一个面向管理者的系统，使用者可根据个人的喜好任意修改系统的功能，达到自己所需要的效果，并可通过操作探测器（如按钮开关等）来控制系统的动作；另一方面，EIB 系统还提供基于 Windows 的软件平台，管理者（如小区物业中心、大楼管理中心和车库管理处等）将安装此套软件的计算机连接至 EIB 系统即可对 EIB 系统进行控制并进行管理，从而达到集中管理的功能。

3. 现场总线集散控制系统

在建筑自动化系统中（特别是企业级的建筑自动化系统），传感器、执行器数以千计，特别需要减少其中的总线数量，最好是能够统一为一种总线或网络。这样有利于简化布线，既节省了空间，又降低了成本，而且在系统维护方面也大为方便。另一方面，现有企业大都建成企业内部网（Intranet），基于 Intranet 的管理信息系统（MIS）成为企业运作的公共信息平台，为工业现代化提供了有力的保障。Intranet 和因特网（Internet）具有相同的技术原理，都基于 TCP/IP 协议，使数据采集和信息传输等能直接在 Intranet/Internet 上进行，既统一了标准，又使工业测控数据能直接在 Intranet/Internet 上动态发布和共享，供相关技术人员、管理人员参考。这样就把测控网（Intranet）和企业内部网（Intranet）有机地结合起来，使企业拥有一个一体的信息网络平台，无论从成本、管理、维护等方面考虑，都是一个最佳的选择。

近几年，一些国际知名公司都先后推出了这种开放性、全集成的控制系统。美国 Honeywell 公司在中央站采用 Web 技术，使建筑自动化系统连续获得建筑物内温度、湿度、空气洁净度、给水排水和照明等信息，并将这些信息送往企业内部网。所有这些信息可以远程查询调用。例如，查看建筑物内某层的空调机组界面，即可了解该机组的所有动态参数及工作状况，并可完成参数设定，从而实现远程操作。这种建立在企业网 Intranet 中的建筑自动化系统，可以称为企业建筑物集成系统，其网络结构如图 1-5 所示。

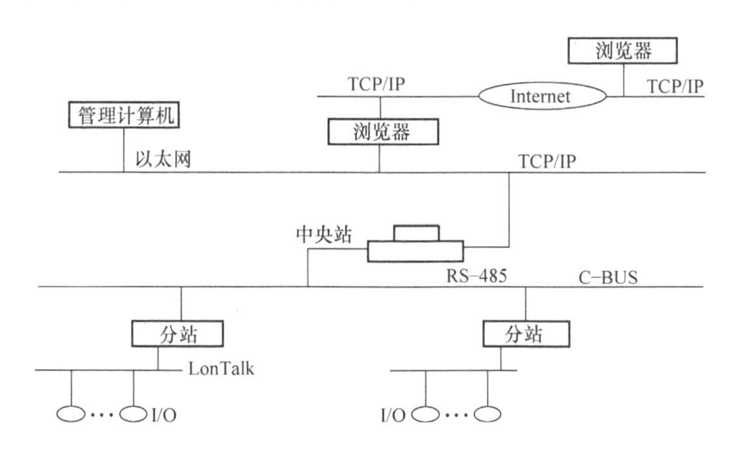

图 1-5　企业建筑物集成网络结构

企业建筑物集成系统在中央站采用高级操作系统、TCP/IP 和 Active X 技术等，配置 Intranet/Internet 通信网关。分站的直接数字控制器（DDC）的输入/输出模块从原来的 DDC 内部开始转移到外面，借助 LON 现场总线走向设备现场，形成分布式 I/O 的新一层网络，从而使系统的配置更加灵活，减少了现场布线，建立了系统的开放性，称为 LION（LON Input Output Network，LION）。此外，世界各地的建筑物控制工业部门都采用《建筑物自动控制网络数据通信协议》（简称《BACnet 数据通信协议》，美国 ASHRAE 制定），它使不同厂商生产的设备与系统在互连和互操作的基础上实现无缝集成成为可能。

1.3 建筑设备自动化系统的功能

从楼宇智能化的功能角度看，楼宇智能化提供的功能应包括信息处理功能，而且信息范围不只局限于建筑物内，应该能在城市、地区或国家间进行；能对建筑物内照明、电力、暖通、空调、给水排水、防灾、防盗、运输设备进行综合自动控制；能实现各种设备运行状态监视和统计记录的设备管理自动化，并实现以安全状态监视为中心的防灾自动化。建筑物内还应具有充分的适应性和可扩展性。它的所有功能应能随技术进步和社会需要而发展和改变。

建筑设备自动化系统的功能，简单而言就两个：监控设备运行、调节运行参数。监控就是将建筑设备的运行状态用数据表达出来，以便管理人员知道设备的运行情况。调节就是按照有关设备运行的要求，根据控制原理和控制工程的知识，对设备运行参数进行调节，使设备运行在我们设定的状态。

更深一步，我们还要利用管理技术，对这些数据做进一步的处理，以满足我们对控制系统更高的要求。比如，我们可以通过数据统计和运算来进行各种设备的维护安排、分析建筑物能量消耗的情况、改善建筑物运行的方式、提供节能减排的建议等。

1.4 智能建筑系统集成的概念

智能建筑系统集成（Intelligent Building System Integration），是指以搭建建筑主体内的建筑智能化管理系统为目的，利用综合布线技术、楼宇自控技术、通信技术、网络互联技术、多媒体应用技术和安全防范技术等将相关设备、软件进行集成设计、安装调试、界面定制开发和应用支持。智能建筑系统集成实施的子系统包括综合布线、楼宇自控、电话交换机、机房工程、监控系统、防盗报警、公共广播、有线电视、门禁系统、楼宇对讲、一卡通、停车管理、消防系统、多媒体显示系统和远程会议系统等。对于功能近似、统一管理的多幢住宅楼的智能建筑系统集成，又称为智能小区系统集成。

所谓系统，是指由相互作用和相互依赖的若干组成部分按一定关系组成的具有特定功能的有机整体。其本质在于描述事物的组织架构和事物间的相互关系，系统特别强调“有机的整体”。通过系统集成，可以达到提高管理水平，减少劳动强度，节约人力费用的效果。

智能建筑是信息时代的必然产物，它是高新技术与现代建筑技术的巧妙结合，是众多学科、众多高新技术的综合集成，涉及建筑、结构、暖通、空调、发配电、照明、电梯、给水排水、综合布线、电视监控和楼宇自控等诸多系统的大工程。多目标、关联性、开放性与主动性等是智能建筑的重要特性。各系统相互关联、相互渗透，是实现智能建筑高度智能化的重要手段。传统建筑的各子系统相互独立、强弱电截然分立的建设方式，已不能适应智能建筑的高速发展。

智能建筑的发展已经从传统以弱电为主的阶段进入智能建筑电气优化集成阶段。各电气子系统相互渗透，子系统间的边界逐渐模糊，信息化、网络化的智能电气设备替代传统电气设备成为这一阶段的主要特点。所以，现代智能建筑的设计应符合“弱电是基础，强电是关键，强弱一体化”的设计思路。

1.5　建筑设备自动化系统的选型

建筑设备自动化系统的设计通常步骤如下：

1. 工程需求分析

1）研究建筑物的使用功能，了解业主的具体需求以及期望达到的目标。

2）确定建筑物内实施自动化控制及管理的各功能子系统。

3）根据各功能子系统所包含的设备制作出需纳入楼宇自控系统实施监控管理的被控设备一览表。

2. 确定系统的控制方案

1）对于需进行自动化控制的功能子系统，给出详细的控制功能说明，并说明每一个系统的控制方案及达到的控制目的，以指导工程设备的安装、调度及工程验收。

2）根据系统大致规模及今后的发展，确定监控中心位置和使用面积；并预留接口，与智能化系统设计形成和谐的统一体。

3. 确定系统监控点

在确定被控设备的数量及相应的控制方案后，确定每一被控设备的监控点数及监控点的性质，核定对指定监控点实施监控的技术可行性，绘制监控点一览表。

4. 系统及设备选型

1）系统选型应综合技术、经济各项指标，进行全面、客观的分析比较并实地考查，选取合适的产品。

2）设备选型结合各设备工种平面图，进行监控点划分（监控点应留有20%的余量）；根据该监控范围确定系统的网络结构和系统软件。

3）根据各设备的控制要求选用相应的传感器、阀门及执行机构，并配出满足要求的楼宇控制器。

5. 绘制BA系统总控制网络图

根据选定的系统结构和现场楼宇设备的具体布置，画出BA系统总控制网络图。

6. 画出各子系统被控设备的系统图、控制原理图和接线图

7. 绘制整个楼宇自控系统平面图

8. 监控中心设计及平面布置

9. 提供设计施工说明、列出材料表

第 2 章　典型智能建筑设备工作原理与监控要点

2.1　冷水机组的工作原理与监控要点

冷水机组的作用就是提供冷源，让空调系统的循环水（或者说冷冻水、冷媒水）在冷水机组得到冷却。冷冻水是连接冷水机组和空调系统的介质，它从冷水机组获得冷量后降低了温度，然后到空调机组为空气提供冷源。除了少量应用的溴化锂的制冷机组，大部分建筑物还是使用压缩式制冷机组。常见的有活塞式、螺杆式、离心式和涡旋式等。图 2-1 所示是一张压缩式制冷系统的实物和结构图。它的工作原理如下：制冷剂在低温低压的蒸发器内部气化，冷冻水在提供气化潜热的同时，本身温度降低了。气化产生的低压蒸汽被压缩机吸入，压缩成高压过热的蒸汽从压缩机内排出，进入冷凝器。流经冷凝器的冷却水使得冷凝器内部温度低于高压蒸汽的饱和温度，使得高压蒸汽在冷凝器内冷却冷凝，由气态转化为液态。冷凝器内的高压制冷剂液体，经过膨胀阀减压后进入蒸发器蒸发制冷，如此往复循环。冷冻水离开蒸发器后，进入建筑物内的空调机组，作为空调冷源冷却房间内的空气，随后由冷冻水泵输送到蒸发器获得冷量。冷却水在冷却冷凝制冷剂的过程中，本身温度升高，由冷却水泵输送到冷却塔（水冷机组）冷却后回到冷凝器。

a) 实物图

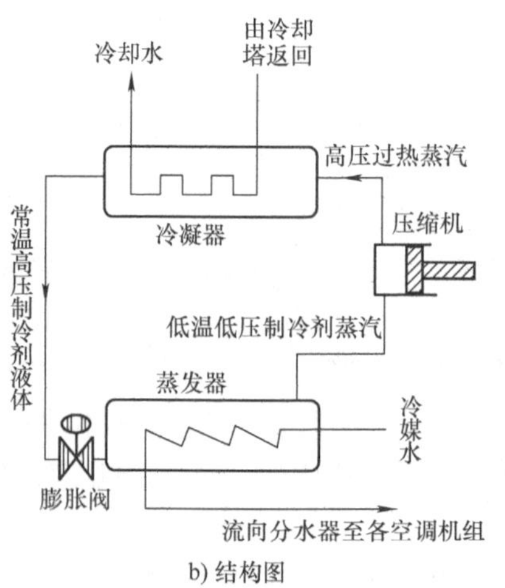

b) 结构图

图 2-1　压缩式制冷系统的实物和结构图

在这个过程中，我们需要控制蒸发器的冷冻水进出口温度和温差，一般回水温度控制约为 12℃，出口温度约为 8℃，温差 4 ~ 5℃。当建筑物空调负荷降低，冷冻水温度或者温差偏低的时候，控制系统会降低压缩机的运行功率。例如降低螺杆压缩机的转速，或者减少多机头活塞式机组的运行机头数。同时冷冻水泵也会减少运行台数或者降低转速。负荷降低，蒸发器的温度降低，控制系统会减少经过膨胀阀进入蒸发器的制冷机流量。

负荷降低，冷却水的回水温差也降低，控制系统可以减少冷却水泵、冷却塔的运行台数。当负荷增加的时候，控制系统也会完成相应的控制过程。

冷冻水的温度越低，单位质量携带的冷量越大，需要的冷冻水流量越小。但是冷冻水温度越低，在制冷环节，效率会降低很多，因为要提高能效比（COP），就需要较低的冷凝温度和较高的蒸发温度。我们来看图 2-2 所示的热力学分析示意图，制冷剂是 R407C。

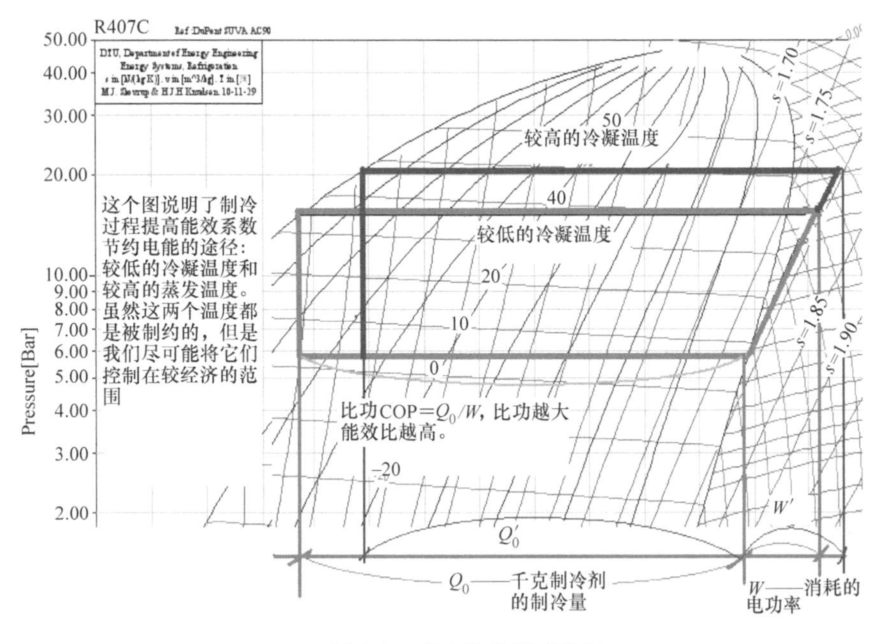

图 2-2　热力学分析示意图

可以发现，当冷凝温度提高时，单位质量制冷剂消耗的电功率提高了，而制冷量反而降低了。同样的结果也出现在蒸发温度的降低时。所以，我们一方面为了提高冷冻水携带的冷量，希望它的温度比较低；另一方面为了提高能效比，我们希望提高蒸发温度，也就是适当提高冷冻水出水温度。

2.1.1　监测内容

机组手/自动状态、运行状态和故障状态。

机组累计运行时间，发出定时检修提示。

冷冻水泵/冷却水泵的手/自动状态、运行状态和故障状态。

冷冻水泵/冷却水泵累计运行时间，发出定时检修提示。

冷冻水总管（冷冻水/空调热水）供、回水温度压力和回水流量。

分、集水器压差。

冷却塔风机的运行状态、故障报警、手/自动状态。

机组防冻控制。

2.1.2　控制内容

定时控制，按照预先编排的时间程序控制系统的起停。

根据冷冻水总管供、回水温度和回水流量，计算大楼实际冷、热负荷，进行机组台数或者缸数的控制，并控制相应的水泵。

根据控制器内部存储的机组累计运行时间，对机组进行时间均衡调节，系统为优先权设计：需要起动时，开启累计运行时间最短的机组；需要关闭时，关闭累计运行时间最长的机组。

按照正确顺序连锁起停设备。

起动：冷却水泵→冷冻水泵→冷却塔风机→冷水机组，外到内。

停机：冷水机组→冷冻水泵→冷却水泵→冷却塔风机，内到外。

根据空调水供、回水总管压差，PID 调节旁通阀开度，保持集、分水器供水压力稳定。

监测系统内各监测点的温度、压力、流量等参数，自动显示，定时打印及故障报警。

2.1.3 举例

以一个三冷水机组三冷却塔的系统为例，需要监测的参数见表 2-1，模块配置见表 2-2，其局部系统原理图如图 2-3 所示。

表 2-1 需要监测的参数表

控制、监测对象	图示代号或所在位置	数量	监控点数			
冷水机组			DI	DO	AI	AO
膨胀水箱低液位报警器	LT－101	1	1			
膨胀水箱阀门开关	LV－101	1		1		
膨胀水箱阀门开关状态反馈	LV－101	1	1			
分水器压力	PT－101	1			1	
集水器压力	PT－102	1			1	
水阀开关	PdV－101	1				1
分水器管道温度	TE－101	1			1	
集水器管道温度	TE－102	1			1	
流量计	FT－101	1			1	
冷冻泵 1－3 起停开关	配电箱 1	3		3		
冷冻泵 1－3 开关状态反馈	配电箱 1	3	3			
冷冻泵 1－3 故障报警	配电箱 1	3	3			
冷冻泵 1－3 手/自动状态	配电箱 1	3	3			
冷却泵 1－3 开关状态反馈	配电箱 5	3	3			
冷却泵 1－3 故障报警	配电箱 5	3	3			
冷却泵 1－3 手/自动状态	配电箱 5	3	3			
冷水机组电动蝶阀开关	FV101－FV302	6		12		
冷水机组电动蝶阀状态信号	FV101－FV302	6	6			
冷水机组电动蝶阀故障报警	FV101－FV302	6	6			

（续）

控制、监测对象	图示代号或所在位置	数量	监控点数			
冷水机组			DI	DO	AI	AO
冷水机组电动蝶阀手/自动状态	FV101 - FV302	6	6			
水流开关 1 - 6 状态反馈	FS101 - FS302	6	6			
冷水机组 1 - 3 起停开关	配电箱 3	3		3		
冷水机组 1 - 3 开关状态信号	配电箱 3	3	3			
冷水机组 1 - 3 故障报警	配电箱 3	3	3			
冷水机组 1 - 3 手/自动状态	配电箱 3	3	3			
冷却水循环管道温度	TE201 - TE202	2			2	
冷却塔电动蝶阀开关	FV103 - FV304	6		6		
冷却塔电动蝶阀状态信号	配电箱 6	6	6			
冷却塔电动蝶阀开关故障报警	配电箱 6	6	6			
冷却塔电动蝶阀手/自动状态	配电箱 6	6	6			
冷却塔风扇开关 1 - 3	配电箱 7	3		3		
冷却塔风扇状态信号	配电箱 7	3	3			
冷却塔风扇故障报警	配电箱 7	3	3			
冷却塔风扇手/自动状态	配电箱 7	3	3			
合计			80	28	7	1

表 2-2　模块配置

模块名称	型号	单位	数量	主要技术参数
电源模块	PS320	块	1	DC 24V，20W
CPU 模块	PAC313 - 1	块	1	32 位 RISC 处理器，45MIPS，32KB 用户程序空间，8KB 数据存储空间，1 个以太网，1 个 CAN，1 个 RS485，1 个 RS232
数字量输入	DI316 - 1	块	5	16 点有源、无源开关量输入
数字量输入	DI308 - 1	块	1	8 点有源、无源开关量输入
数字量输出	DO316 - 2	块	2	16 点继电器输出，AC 220V/2A，DC 24V/2A
模拟量输入	AI308 - 2	块	1	8 点常规模拟量输入，电流、电压，16 位，0.5% 精度
模拟量输出	AO304 - 1	块	1	4 点电压输出，8 位，0.5% 精度

下面介绍 I/O 点和 DDC 的接线问题。传感器和机电设备控制端都会把连线接入电气控制箱内，强弱电最好能分置在两个控制箱。控制箱一般由厂家专业制造，在下边设置有接线端子排。工程技术人员将现场的线缆拉入控制箱的开孔，接入到端子排上。弱电导线（$1mm^2$ 线）往往用插接的方式，而大电流的动力线往往用直接压接或者采用铜鼻子连接。接线一定要可靠，多股线的毛刺要处理好。如果开关量输出驱动电动机，往往需要用中间继电器来带动交流接触器。

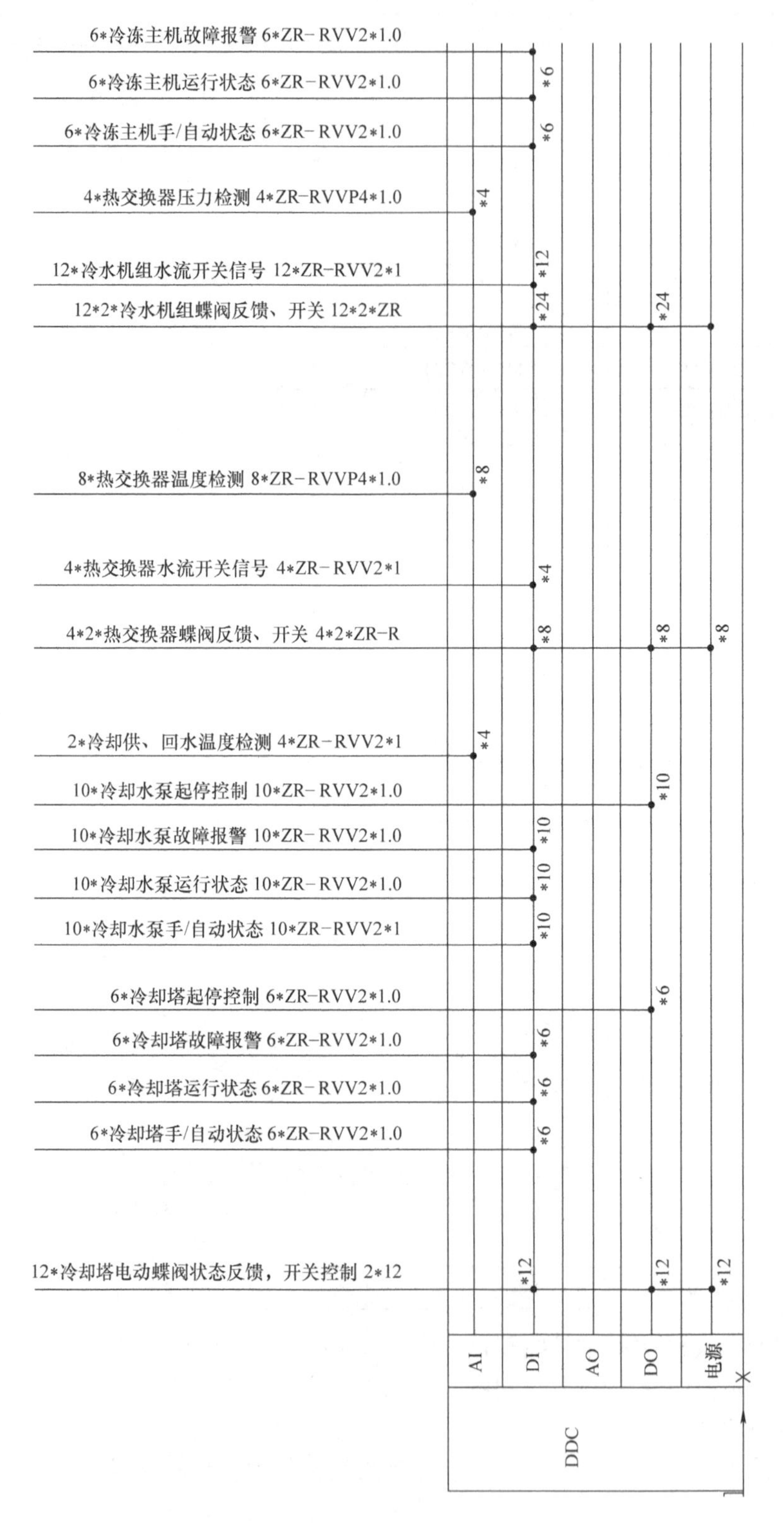

图 2-3 冷水机组系统局部原理图

2.2　热交换器的工作原理与监控要点

一般城市都在周边建设了热电厂，部分新型城市有在小区内建立以天燃气为能源的热电冷三联产站，以减少热水和冷冻水集中供应产生的管道开挖问题，同时大大降低生活成本。目前已经很少在城市中看到附设在建筑物中的锅炉房了，冬季的热水和暖气一般由城市来集中提供。相应的，建筑物内则需要设置热交换器，以便取得需要的生活热水和取暖空调用热水。一些大楼则采用了溴化锂制冷机组，也需要城市热力管网提供的高温热水，这些城市集中供热的热水通过热交换器，把热量传递给内部的热水管网。

热交换器的工作原理，是在一个薄板的两边让两种流体进行充分的换热，所以一般称为间壁式换热器。隔板越薄越好，但是不能破损，还要经得起高压力和长时间工作带来的污垢沉积，所以制造工艺和材料要求很高。换热器一般用一次水进水的流量来控制二次水的出水温度。循环泵的控制类似一般的水泵。

2.2.1　监控内容

1. 现场控制柜监控

通过现场控制柜，控制器对循环泵进行起停控制，读取开关状态、故障报警和主备泵的切换等；读取一、二次管路上传感器采集的水温和水压力等参数；控制器按时间自动起停循环泵。

2. 自动水温调节

控制器根据测量二次管路上的水温与设定值的偏差，以PID（比例积分微分）方式调节一次水进口调节阀的开度，使二次水温度保持在设定范围内。

当二次管路水温高于设定值时，减小一次进水口调节阀开度，以减少热交换，从而降低水温。当二次管路水温低于设定值时，增大调节阀开度，增加热交换，从而提高二次水水温。

自动调节使调节阀开度达到一个稳定值，减少水阀频繁开关所带来的电能损耗与阀门执行器的损耗。

根据温差的大小控制循环泵开启的数量。

3. 设备连锁控制

调节阀与循环泵连锁，当循环泵开启时调节阀自动启动PID调节，当循环泵停止时调节阀自动关闭。

4. 维修指示

现场监控器记录设备的运行参数和累计运行时间，平衡设备使用率，提醒管理人员定期检修。

5. 报警及数据记录

监控中心显示各个监控点回检状态。

监控中心及时显示报警信息，包括时间。

故障报警包括：循环泵故障报警，补水箱高、低液位报警。

6. 监测监视内容

循环泵手/自动状态、运行状态。

换热器一次侧热水供回水温度、供水压力。

换热器二次侧热水供回水温度、供水压力。

2.2.2　举例

下面是热交换器检测清单。从这个清单中可以了解热交换系统的控制设备组成。系统模块配置见表2-3，系统原理图见图2-4。

表2-3　系统模块配置

控制、监测对象	图示代号所在位置	数量	监控点数			
热交换系统			DI	DO	AI	AO
管道温度1-6	TE-01～TE-06	6			6	
管道流量	FT01	1			1	
阀门开度	TV-01、TV-02	2				2
循环泵开关	配电箱	2		2		
循环泵运行状态信号	配电箱	2	2			
循环泵手/自动状态	配电箱	2	2			
循环泵运行故障报警	配电箱	2	2			
合计			6	2	7	2

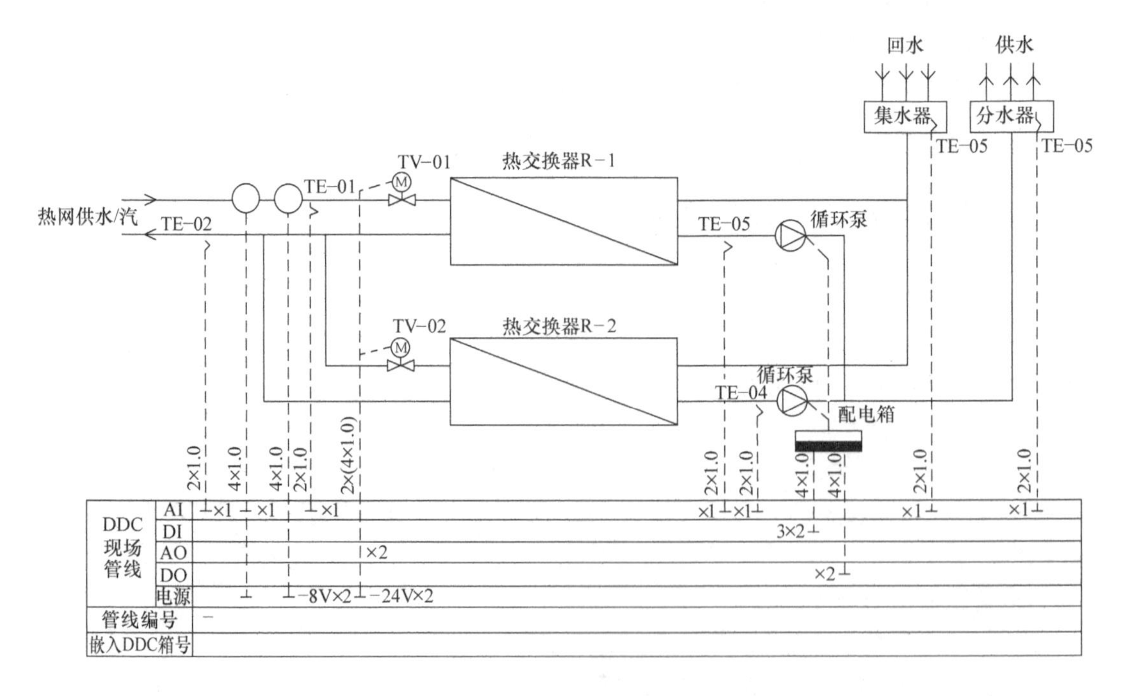

图2-4　热交换系统原理图

模块配置见表2-4。

表2-4　模块配置

模块名称	型号	单位	数量	主要技术参数
电源模块	PS320	块	1	DC 24V，20W
CPU模块	PAC313-1	块	1	同上
数字量输入	DI308-1	块	1	8点有源、无源开关量输入
数字量输出	DO308-2	块	1	8点继电器输出，AC 220V/2A，DC 24V/2A
模拟量输入	AI308-2	块	1	8点常规模拟量输入，电流、电压，16位，0.5%精度
模拟量输出	AO304-1	块	1	4点电压输出，8位，0.5%精度

2.3　空气调节机组的工作原理与监控要点

空气调节机组是将媒水带来的热或者冷传递给建筑物内空气的设备。原理就是让空气以合适的速度通过表冷器来达到加温加湿或者降温除湿的效果。空调机组往往在一个建筑群里数量较多，它们的节能控制直接影响到建筑物节能的效果。特别是变风量技术，改变了传统定风量系统所带来的风机电能消耗较大的问题，而且采用该技术后，过渡性季节空调系统的运行也更加舒适节能，降低噪声。所以，空调机组的节能控制非常重要。由于目前还采用了末端风量调节装置进行区域的温度控制，使得整个空气调节系统的控制显得比较棘手，最难办的就是各个末端箱独立控制带来的整个系统的耦合问题。所以，空调机组控制还有很多需要改进的地方，这也给我们一个很大的机会，来参与空调机组的节能控制改造。所谓变风量控制，简称VAV，核心是将一个空间划分为一些区域，一台空调机组对这几个区域进行温度调节。优点是：每个区域的温度都能调节到位，避免了较大空间温度分布不均匀的问题。VAV系统需要增加一些末端箱，称为TERMINAL BOX或VAV BOX，这些末端箱都有出风量控制功能，所以需要增加工程成本。机组通过检测远端的风管压力来控制送风量，一旦末端需要的空调负荷降低，风机转速随之降低，理论上风机转速和风机功率成立方比关系，转速降到1/2，风机功率降到1/8。

2.3.1　监控内容

1. 回风温度自动控制

冬季自动调节水阀开度，保证回风温度为设定值。

夏季自动调节水阀开度，保证回风温度为设定值。

过渡季节根据新风的温湿度焓值，自动调节混风比。

2. 回风湿度自动控制

自动控制加湿阀的开闭，保证回风湿度为设定值。

3. 过滤器堵塞报警

空气过滤器两端压差过大时报警，提示清扫。

4. 机组定时起停控制

根据事先排定的工作日及节假日作息时间表定时起停机组，自动统计机组工作时间，提示定时维修。

5. 联锁保护控制

联锁：风机停止后，新回风排风门、电动调节阀、电磁阀自动关闭。

保护：风机起动后，其前后压差过低时故障报警，并联锁停机。

防冻保护：当温度过低时，开启热水阀，关新风门、停风机，报警。

6. 重要场所的环境控制

在重要场所设温湿度测点，根据其温湿度直接调节空调机组的冷热水阀，确保重要场所的温湿度为设定值。

在重要场所设二氧化碳测点，根据其浓度调节新风比。

2.3.2 举例

下面列出的是一个四管制恒风变水量控温控湿全空气调节机组的监控设计，包含了控制的内容和控制系统的配置。需要注意的是，空调机组的排风、新风、回风三者之间是关联的，常常通过巧妙的机械设计，用一个执行机构来完成三者的调节控制。

（1）四管制恒风变水量控温控湿全空气调节机组监控点表及模块配置（见表2-5）

表2-5 监控点表及模块配置

控制、监测对象	图示代号	数量	监控点数			
空调机组			DI	DO	AI	AO
排风风阀调节	M1	1				1
回风风阀调节	M2	1				1
新风风阀调节	M3	1				1
新风温度检测	T2	1			1	
新风湿度检测	H2	1			1	
回风温度检测	T1	1			1	
回风湿度检测	H1	1			1	
回风机运行状态		1	1			
回风机故障报警		1	1			
回风机手/自动状态		1	1			
回风机压差检测	DP1	1	1			
回风机起停控制		1		1		
过滤器压差检测	DP2	1	1			
加热器水阀调节	M4	1				1
防冻保护	TA1	1	1			
表冷器水阀调节	M5	1				1
加湿阀开闭	M6	1		1		
送风机运行状态		1	1			
送风机故障报警		1	1			
送风机手/自动状态		1	1			
送风机压差检测	DP3	1	1			
送风机起停控制		1		1		
送风温度检测	T3	1			1	

（续）

控制、监测对象	图示代号	数量	监控点数			
空调机组			DI	DO	AI	AO
送风湿度检测	H3	1			1	
空调区域温度检测	T4	1			1	
空调区域湿度检测	H4	1			1	
CO_2 浓度检测	CO_2	1			1	
合计			10	3	9	5

（2）四管制恒风变水量控温控湿全空气调节机组模块配置（见表 2-6）

表 2-6　模块配置

模块名称	型号	单位	数量	主要技术参数
电源模块	PS320	块	2	DC 24V，20W
CPU 模块	PAC313－1	块	1	同上
数字量输入	DI316－1	块	1	16 点有源、无源开关量输入
数字量输出	DO308－2	块	1	8 点继电器输出，AC 220V/2A，DC 24V/2A
模拟量输入	AI308－2	块	1	8 点常规模拟量输入，电流、电压，16 位，0.5% 精度
模拟量输入	AI304－1	块	1	4 点万能输入，Pt100、Pt1000、电流、电压，16 位，0.5% 精度
模拟量输出	AO308－1	块	1	8 点电压输出，8 位，0.5% 精度

（3）四管制恒风变水量控温控湿全空气调节机组 BA 系统监控图以及接线图（见图 2-5、图 2-6）

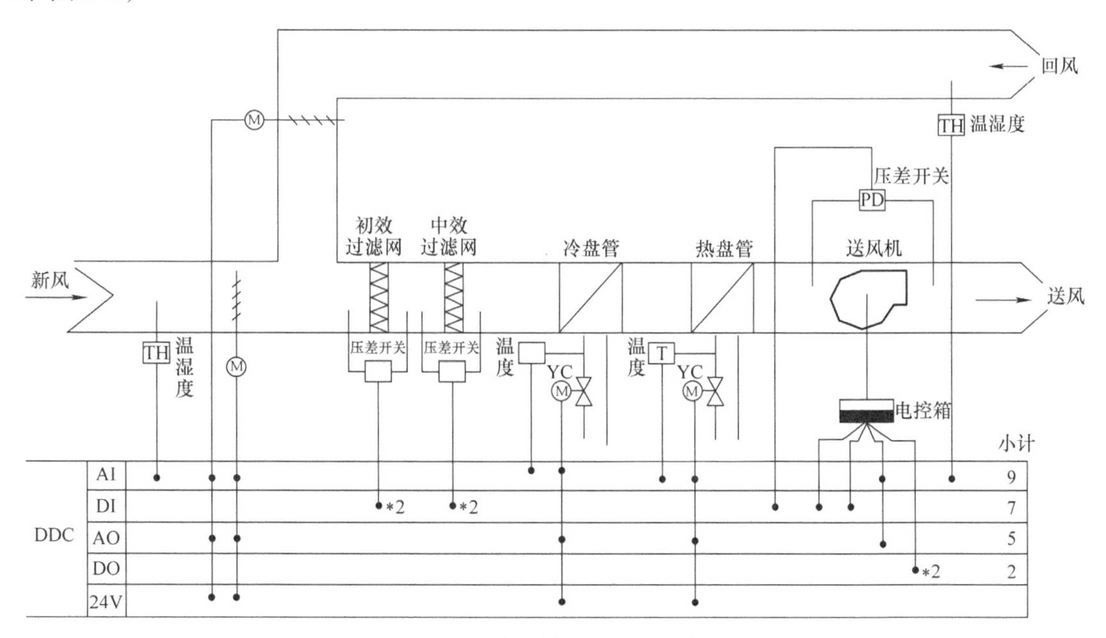

图 2-5　回风系统监控与变风量系统原理图

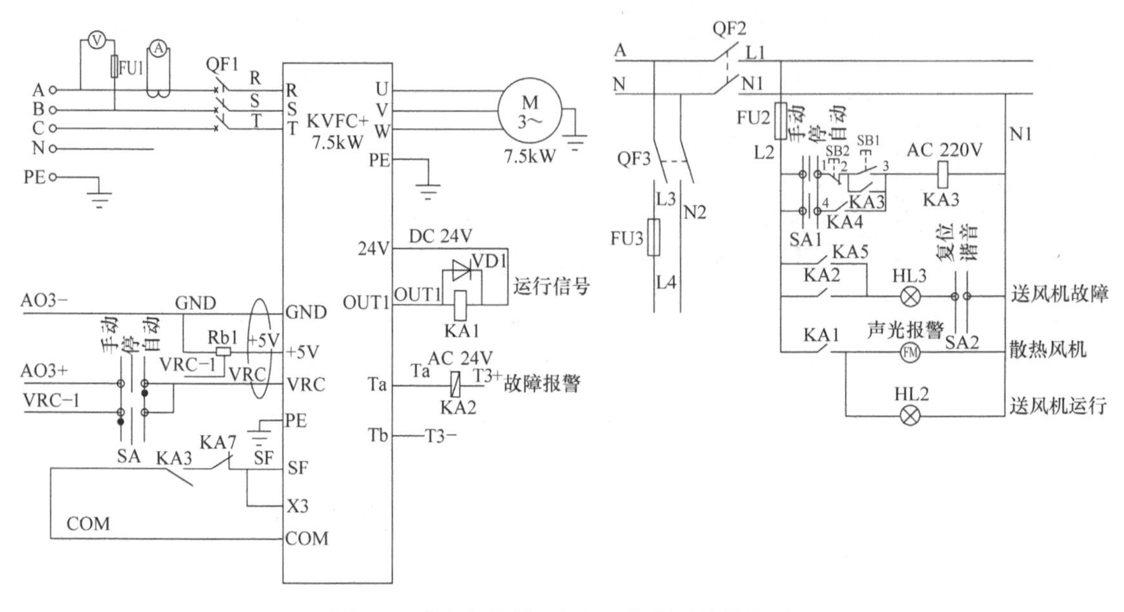

图 2-6　带变频控制空调机组控制系统接线图

2.4　四管制恒风变水量带加湿新风机组的工作原理与监控要点

很多建筑中都设置有新风机组，最典型的就是医院。医院一般采用风机盘管产生内部空气循环处理加适量新风的方式，这样的好处是节能、消除交叉污染、微正压。主要的空调负荷由风机盘管来承担，新风机组承担辅助的空调作用和改善空气品质的作用。同时，由于新风的不断进入，手术室、ICU 等场所达成微正压态，消除了外来不洁空气的侵入。新风机组的节能控制类似于一次回风系统，它的一个重要控制参数就是空气质量，或者说空气二氧化碳含量。

2.4.1　监控内容

1. 送风温度自动控制

冬季自动调节水阀开度，保证送风温度为设定值。

夏季自动调节水阀开度，保证送风温度为设定值。

过渡季节根据新风的温湿度焓值，自动调节混风比。

2. 送风湿度自动控制

自动控制加湿阀开闭，保证送风湿度为设定值。

3. 过滤器堵塞报警

空气过滤器两端压差过大时报警，提示清扫。

4. 机组定时起停控制

根据事先排定的工作及节假日作息时间表定时起停机组，自动统计机组工作时间，提示定时维修。

5. 联锁保护控制

联锁：风机停止后，新风风门、电动调节阀、电磁阀自动关闭。

保护：风机起动后，其前后压差过低时故障报警，并联锁停机。

防冻保护：当温度过低时，开启热水阀，关新风门、停风机，报警。

2.4.2 举例

新风机组的控制类似于普通空调机组，比普通空调机组控制稍微简单点。新风机组常在空调系统里面承担主要的新鲜空气补充任务，而不是作为主要空调负荷的承担者。

（1）四管制恒风变水量带加湿新风机组的BA系统监控点数表及模块配置（见表2-7和图2-7）

表2-7 监控点数及模块配置

控制、监测对象	图示代号	数量	监控点数			
空调机组		1	DI	DO	AI	AO
新风风阀调节	M1					1
新风温度检测	T1				1	
新风湿度检测	H1				1	
过滤器压差检测	DP1		1			
加热器水阀调节	M2					1
防冻保护	TA1		1			
表冷器水阀调节	M3					1
加湿阀开闭	M4			1		
送风机压差检测	DP2		1			
送风机运行状态			1			
送风机故障报警			1			
送风机手/自动状态			1			
送风机起停控制				1		
送风温度检测	T2				1	
送风湿度检测	H2				1	
合计			6	2	4	3

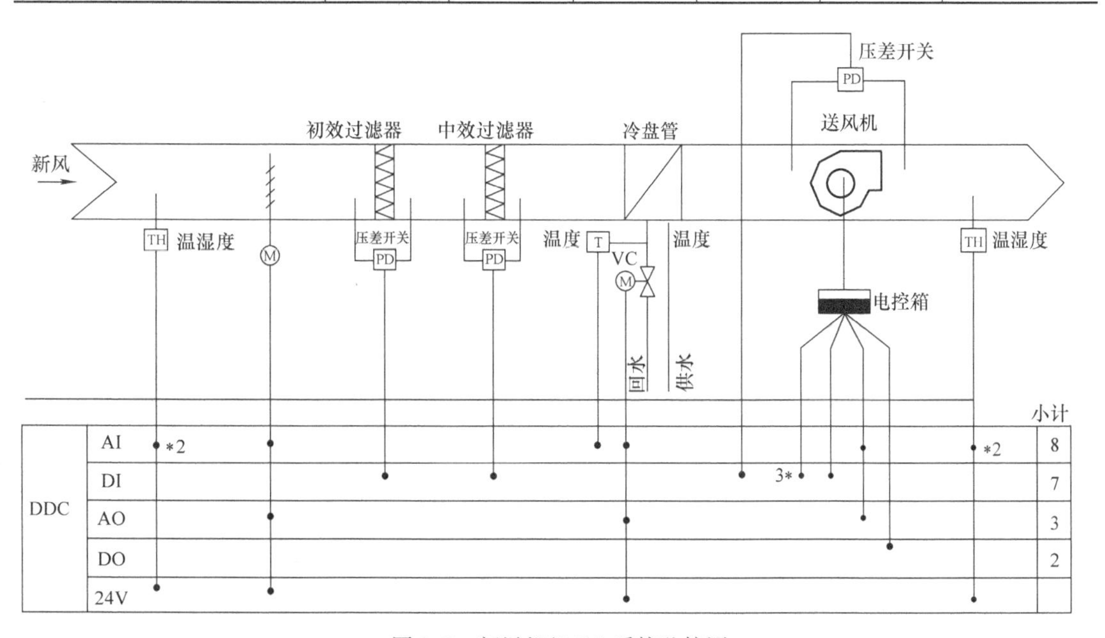

图2-7 新风机组BA系统监控图

（2）四管制恒风变水量带加湿新风机组模块配置（见表2-8）

表2-8 模块配置

模块名称	型号	单位	数量	主要技术参数
电源模块	PS320	块	2	DC 24V，20W
CPU模块	PAC313－1	块	1	32位处理器，45MIPS，32KB用户程序空间
数字量输入模块	DI308－1	块	1	8点有源、无源开关量输入
数字量输出模块	DO308－2	块	1	8点继电器输出，AC 220V，2A，DC 24V，2A
模拟量输出模块	AO304－1	块	1	4点电压输出，8位，0.5%精度
模拟量输入模块	AI304－1	块	1	4点万能输入

2.5 照明系统的工作原理与监控要点

照明系统一般由照明配电箱、照明配电线路、灯具、开关、控制器等组成。照明系统大约消耗建筑物30%的电能，故照明系统的节能控制目前非常流行。传统的照明控制使用照明开关或者自动开关直接来控制灯具，这样的照明系统结构简单，但是在大量灯具开关的时候劳动强度大，容易存在长明灯和照明不当。目前采用的智能照明系统，灯具以单个和组的方式，接入照明控制模块。这些照明控制模块有通信功能，可以通过墙装控制面板、遥控器、机房控制主机来进行照明控制。照明控制主要有两个好处，第一是节能，第二是方便。比如，人感知传感器可以用来探测区域是否有人，一旦无人，则该区域灯会被关灭。而总线式的控制系统，使得我们可以就近用一个控制器来设置照明模式，如会议模式、贵宾模式或者休闲模式。同时，照明模块普遍可以延长灯具寿命。

2.5.1 监测监视内容

监测监视内容包括：

1）时间控制；

2）照明亮度自动调节控制；

3）场景控制；

4）自动开关控制；

5）应急照明的控制；

6）手动遥控器的控制。

2.5.2 控制方法

通过软件设置，实现对各区域内正常工作状态下的照明灯具在时间上的不同控制。

通过调光模块和照度动态检测器等电气设备，实现在正常状态下对各区域内正常工作状态下的照明灯具的自动调光控制，使该区域内的照度不会随日照等外界因素的变化而改变，始终维持在照度预设值左右。

通过调光模块和控制面板等电气设备，对各区域内正常工作状态下的照明区域进行场景切换控制。

通过调光模块和动静探测器等电气设备，实现对各区域内正常工作状态下的照明灯具的自动开关控制。

通过智能照明控制系统（见图2-8）对特殊区域内的应急照明所执行的控制。

在正常状态下通过红外线遥控器，实现对各区域内照明灯具的手动控制和区域场景控制。

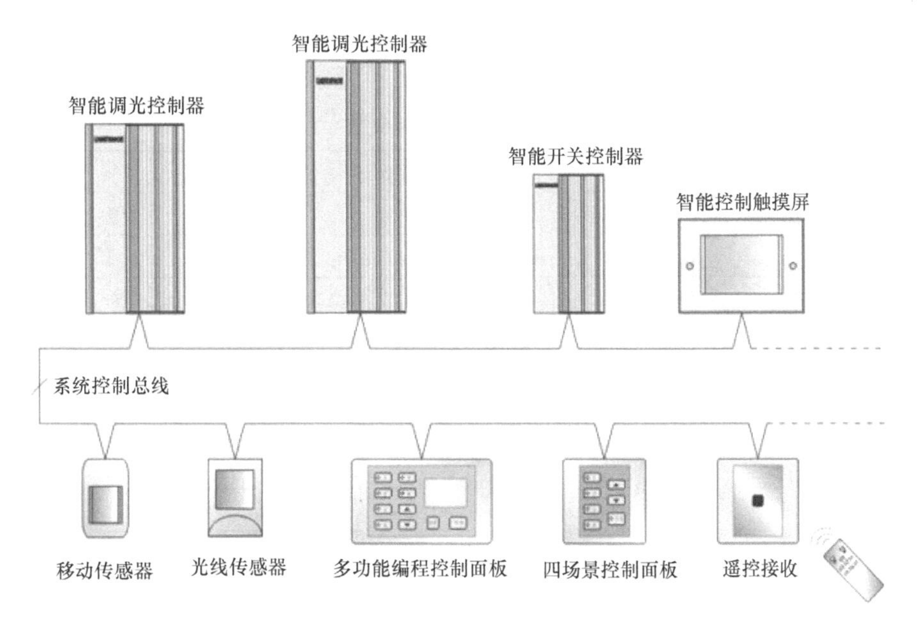

图2-8　智能照明控制系统图

2.6　生活给水系统的工作原理与监控要点

高层建筑物的高度较高，一般城市网管中的供水压力不能满足其用水要求，除了最下层的可由城市管网供水外，其余部分均需加压供水。根据建筑物的给水要求、高度和分区压力等情况，进行合理分区，然后布置给水系统。给水系统的形式有多种，各有其特点，但基本上可划分为两大类，即高水位水箱给水系统和气压给水系统或水泵直接给水系统。现在城市中大多都选用水泵直接给水系统，也叫做恒压变频供水系统。水务公司将水送入用户单位，注入用户单位的不锈钢水池。水泵从水池抽水，通过储气压力罐的吸能稳压作用，供给高层用户。为了保持供水压力恒定，往往将其中一个泵，轮流接入变频控制柜，通过控制水泵运行台数和其中一台的运行转速来实现恒压。下面以该系统为例进行介绍。

2.6.1　监控内容

1. 水泵直接给水系统的监控原理

水泵直接供水，较节能的方法是采用调速水泵供水系统，即根据水泵的输水量与转速成正比的特性，利用DDC对水泵电动机的自动调速控制，配合气罐，使供水管的水压保持不变，从而实现恒压供水。同时备有一个固定转速的水泵，当可调速水泵故障时，备用水泵自动投入运行，保证小区的基本用水量，避免停水给居民带来的不便，一到五层的低层用户可以利用城市供水管网直接供水。

2. 水泵直接给水系统的监控功能

各个小区供水泵的起停控制，同时还要监控水泵的运行状态故障报警；根据供水水管压力的反馈值，CPU 利用 PID 调节，自动控制调速电动机的转速。

2.6.2 举例

（1）系统监控参数（见表 2-9）

表 2-9 系统监控参数

给水系统监控参数					
设备名称与控制功能	数量	DI	AI	DO	AO
水泵	6				
调速泵起停控制				3	
调速泵运行状态		3			
调速泵故障报警		3			
备用泵起停控制				3	
备用泵运行状态		3			
备用泵故障报警		3			
转速输出					3
供水水压			3		
合计		12	3	6	3

（2）模块配置（见表 2-10）

表 2-10 模块配置

模块名称	型号	单位	数量	主要技术参数
电源模块	PS320	块	1	DC 24V，20W
CPU 模块	PAC313－1	块	1	32 位 RISC 处理器，45MIPS，32KB 用户程序空间，8KB 数据存储空间
数字量输入	DI316－1	块	1	16 点有源、无源开关量输入
数字量输出	DO308－2	块	1	8 点继电器输出，AC 220V/2A，DC 24V/2A
模拟量输入	AI304－1	块	2	4 点万能输入，Pt100、Pt1000、电流、电压，16 位，0.5% 精度
模拟量输出	AO304－3	块	1	4 点电压、电流输出，8 位，0.5% 精度

（3）水泵直接给水系统原理图（见图 2-9）

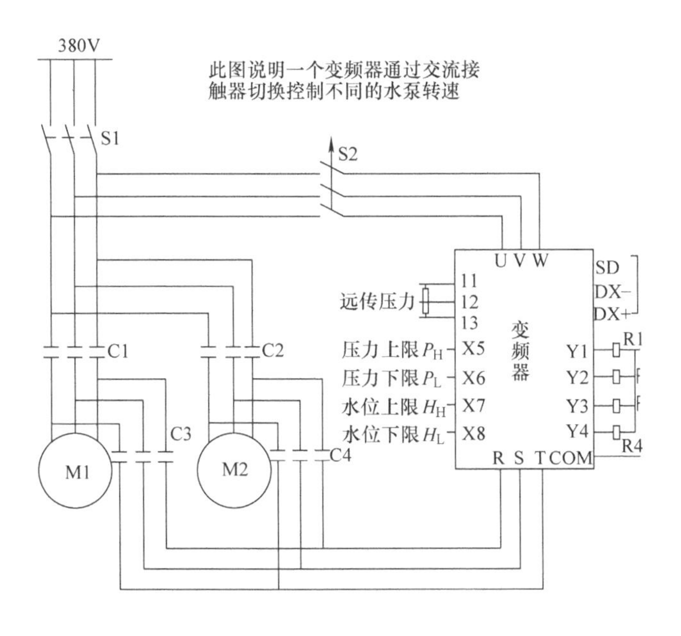

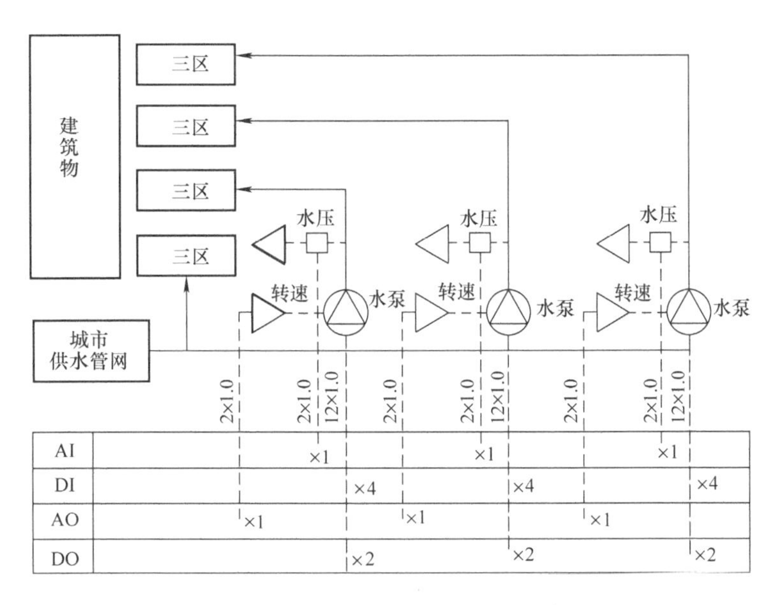

图2-9 水泵直接给水系统局部原理图

2.7 排水系统的工作原理与监控要点

小区或者建筑群的排水系统，是城市排水系统的一个组成部分。由于排水系统不能直接地回报建设者的投资，往往容易被忽视。2010年五月杭州某小区凌晨地下车库进水，200多辆汽车严重受损。这次水淹损失超过千万，相关赔偿事宜至今还在争论中。如果监控系统正常，则可以发出声光报警，有足够时间反应。良好的设计和工程施工质量，远远比高技术含量来的重要。

2.7.1 监控内容

1. 排水监控系统的原理

建筑物一般都有地下室，有的深入地面下2～3层或更深些，地下室的污水常不能以重力排除，在此情况下，污水先集中于集水坑，然后用排水泵将污水提升至室外排水管中。污水泵为自动控制。有的建筑物采用粪便污水与生活废水分流，避免水流干扰，改善环境卫生条件。而地铁等处的污水处理，受制于空间，更为复杂一点。

建筑物排水监控系统通常由水位开关、直接数字控制器（DDC）组成。

2. 排水监控系统的监控功能

排水监控系统的监控功能有污水集水坑和废水集水坑水位监测及超限报警。

根据污水集水坑与废水集水坑的水位，控制排水泵的起/停。当集水坑的水位达到高位时，联锁起动相应的水泵；当水位高于报警水位时，联锁起动相应的备用泵，直到水位降至低限时联锁停泵；排水泵运行状态的检测及发生故障时报警。

累计运行时间，为定时维修提供依据，并根据每台泵的运行时间，自动确定作为工作泵还是备用泵。

2.7.2 举例

（1）系统监控参数

系统监控参数见表2-11。

表2-11 系统监控参数

排水系统监控参数					
设备名称与控制功能	数量	输入		输出	
		DI	AI	DO	AO
排水泵	2				
排水泵运行状态		2			
排水泵故障报警		2			
排水泵起停控制				2	
污水泵	2				
污水泵运行状态		2			
污水泵故障报警		2			
污水泵起停控制				2	
报警水位		2			
起泵水位		2			
停泵水位		2			
合计		14	0	4	0

（2）模块配置

系统模块配置见表2-12。

表 2-12　模块配置

模块名称	型号	单位	数量	主要技术参数
电源模块	PS320	块	1	DC 24V，20W
CPU 模块	PAC313－1	块	1	同上
数字量输入	DI316－1	块	1	16 点有源、无源开关量输入
数字量输出	DO308－2	块	1	8 点继电器输出，AC 220V/2A，DC 24V/2A

（3）生活排水监控系统原理图

生活排水监控系统局部原理图如图 2-10 所示。

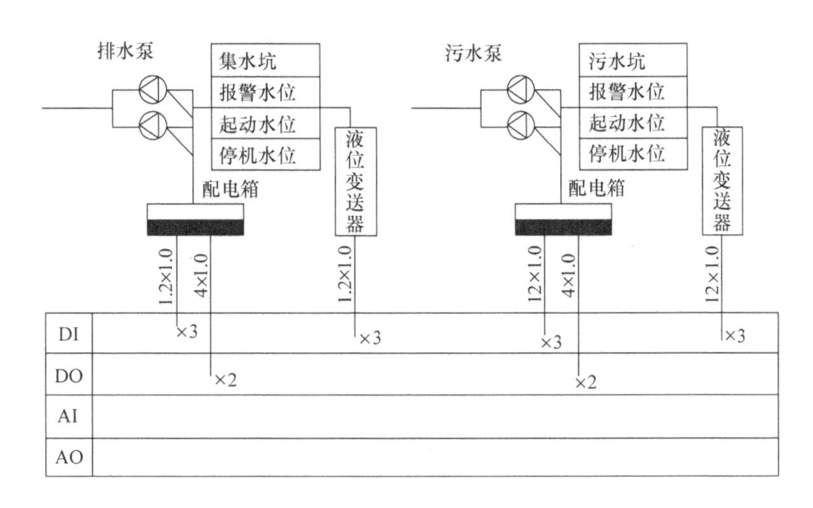

图 2-10　生活排水监控系统局部原理图

2.8　供配电系统的工作原理与监控要点

供配电系统是为建筑物提供能源的主要途径。一般的建筑物供配电系统，由市电引入 10kV 的电源，经过简单的高压配电，进入变压器。常用的变压器有油浸式（湿式）和环氧树脂浇铸式（干湿）。油浸式一般容易散热，所以可以做到上万 kV·A 的容量，缺点是需要定期检修更换变压器油，维修较复杂；干式变压器维护简单，箱式变电站常常选用干式变压器，缺点是散热困难，限制了单机容量，一般不大于 2000kV·A。变压比一般是 10kV/0.4kV。变压器低压出线一般用母排连接到低压柜的顶端，再用母排连接到低压断路器。低压配电柜除了出线柜外，还常常有进线柜、联络柜、电容柜、直流电源柜和计量柜等。为了保证供电的可靠性，对一级负荷都设两路独立电源，互为备用，重要场合装设应急备用发电机组，以便保证事故照明、重要负荷，如消防用电等。变电所本身都设计有自动化控制装置，BA 系统一般只对运行参数进行检测，而不对其进行分断操作。

2.8.1 监控内容

1. 检测运行参数

检测电压、电流、功率和变压器的温度等运行参数，为正常运行时的计量管理、事故发生时的故障原因分析提供数据。

2. 监视电气设备的运行状态

监视高低压进线断路器、主线联络断路器等各种类型开关的当前分、合状态，电气主接线图开关状态画面。发现故障，自动报警，并显示故障位置、相关电压和电流数值等。

3. 对建筑物内所有用电设备的用电量进行统计及电量计算与管理

空调、电梯、给水排水和消防喷淋等动力电和照明用电。绘制用电负荷曲线，如日负荷和年负荷曲线等。实现自动抄表、输出用户电费单据等。

4. 对各种电气设备的检修、保养维护进行管理

建立设备档案，包括设备配置、参数档案、设备运行、事故和检修档案，生成定期维修操作单并存档，避免维修操作时引起误报警等。

2.8.2 监测方法及原理

1. 高压线路的电压及电流监测

10kV 高压线路的电压及电流测量方法如图 2-11 所示。

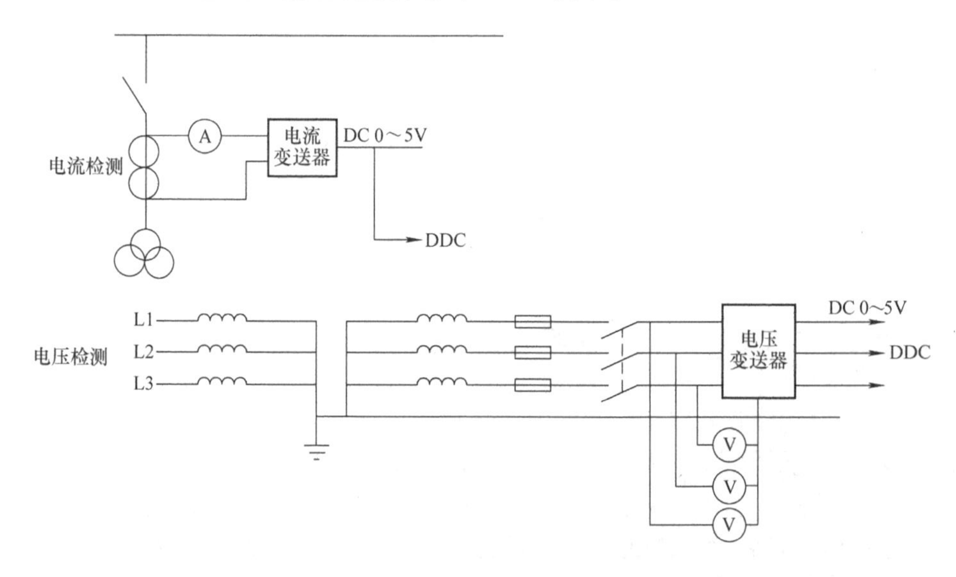

图 2-11　高压线路电压及电流的测量方法

2. 低压端的电压及电流监测

低压端（380/220V）的电压及电流测量方法与高压侧基本相同，只是电压和电流互感器的电压等级不同。低压配电系统监控原理图如图 2-12 所示。

参数检测、设备状态监视与故障报警：DDC 通过温度传感器/变送器、电压变送器、电流变送器、功率因素变送器自动检测变压器线圈温度、电压、电流和功率因素等参数，再与额定数值比较，发现故障报警，显示相应的电压、电流数值和故障位置。经由数字量输入通

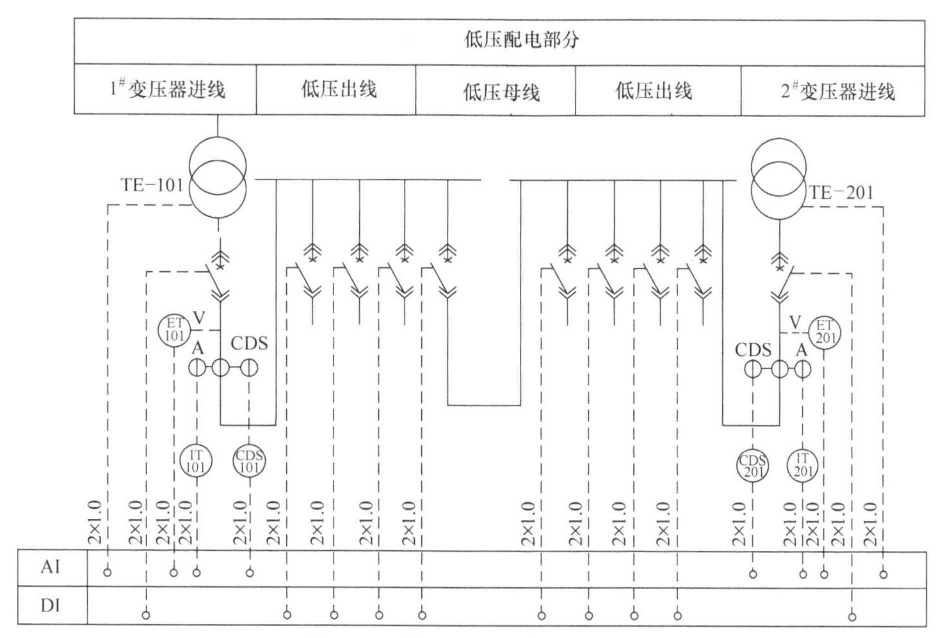

图 2-12　低压配电系统监控原理图

道可以自动监视各个断路器、负荷开关和隔离开关等的当前分、合状态。

电量计量：DDC 根据检测到的电压、电流和功率因数计算有功功率、无功功率，累计用电量。为绘制负荷曲线，无功补偿及电费计算提供依据。

3. 功率、功率因数的检测

通过测量电压与电流的相位差可以测得功率因数。有了功率因数、电压、电流数值即可求得有功功率和无功功率。因此，可以先测量功率因数，然后间接得出功率。这是一种间接的测量功率的方法。比较精确的测量功率的方法是采用模拟乘法器构成的功率变送器，或者用数字化的测量方法（告诉采样电压、电流数据，再对数字信号进行处理）直接测量功率。

4. 应急柴油发电机与蓄电池组的检测方法

为了保证消防泵、消防电梯、紧急疏散照明、防排烟设施和电动防火卷帘门等消防用电，必须设置自备应急柴油发电机组，按一级负荷对消防设施供电。柴油发电机应起动迅速、自起动控制方便，市网停电后能在 10 ~ 15s 内接应急电源。定期检查应急柴油发电机组电压、电流等参数，机组运行状态、故障报警和日用油箱液位等。

高层建筑物中的高压配电室对继电器保护要求严格，一般的纯交流或整流操作难以满足要求，必须设置蓄电池组，以提供控制、保护、自动装置及事故照明等所需的直流电源。镉镍电池以其体积小、重量轻、不产生腐蚀性气体、无爆炸危险、对设备和人体健康无影响等优点而获得广泛的应用。对镉镍电池组的检测包括电压监视、过电流、过电压保护及报警等。应急柴油机组与蓄电池组的监控原理图如图 2-13 所示。

2.8.3　举例

下面列举一个变配电系统的点位统计与模块配置的实例。

（1）系统监控参数及模块配置（见表 2-13）

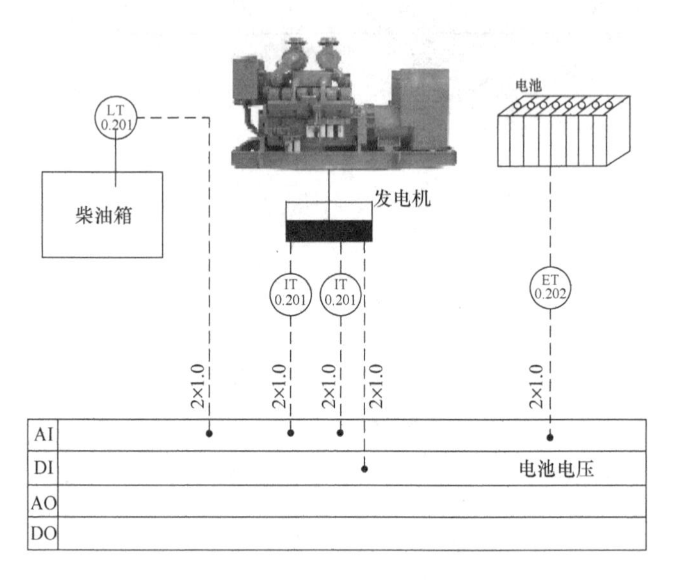

图 2-13 应急柴油机组与蓄电池组的监控原理图

表 2-13 系统监控参数及模块配置

设备名称与控制功能	数量	输入		输出	
		DI	AI	DO	AO
变压器	2				
变压器温度			2		
变压器过热报警		2			
高压进线	2				
电压			2		
电流			2		
频率			2		
功率因数			2		
有功功率			2		
主开关状态		2			
主开关报警		2			
低压进线	2				
电压			2		
电流			2		
频率			2		
功率因数			2		
有功功率			2		
主开关状态		2			
主开关报警		2			
应急柴油发电机组	1				

（续）

设备名称与控制功能	数量	输入		输出	
		DI	AI	DO	AO
电压			1		
电流			1		
油箱液位			1		
机组运行状态		1			
机组故障报警		1			
蓄电池组	1				
电池电压			1		
合计		12	26	0	0

（2）模块配置（见表 2-14）

表 2-14　模块配置

模块名称	型号	单位	数量	主要技术参数
电源模块	PS320	块	1	DC 24V，20W
CPU 模块	PAC313 - 1	块	1	同上
数字量输入	DI316 - 1	块	1	16 点有源、无源开关量输入
模拟量输入	AI304 - 1	块	1	4 点万能输入
模拟量输入	AI308 - 2	块	3	8 点电压、电流输入，16 位

2.9　电动机的起停控制和变频调速

建筑设备自动化系统中很重要的一个控制内容就是水泵、风机、压缩机等设备的起停控制和变速控制。普通电动机的起停与转速控制是设备工程师必须掌握的。

起动功率较大的电动机往往使用减压起动的方式，以便减小起动电流，对配电设备和继电保护的压力也比较小，电动机发热也少。常用的减压起动是星 - 三角起动，其结构简单、设备价格低。自耦减压起动也是常用的一种方式。变频器除了具有调速的作用外，还具有优异的起动特性。下面画出了这 3 种常见的起停控制电路，如图 2-14 ~ 图 2-16 所示。

一个自耦减压起动的电路图一次图：

图 2-15 为一个星 - 三角起动电路图，其中左边是主接线图，右边是二次接线图。利用电动机 6 个接线端子的组合变化，可实现减压起动。

起动时，首先是星形联结，这时每个线圈获得的是相电压。延时到了以后，转换成三角形联结，每个线圈获得的是线电压。起动后根据温湿度来控制风机的停开。

如果采用变频控制，则目前常用的 VVVF 技术是一种很理想的起动调速方式。图 2-17 为一个常见的变频控制电路图。

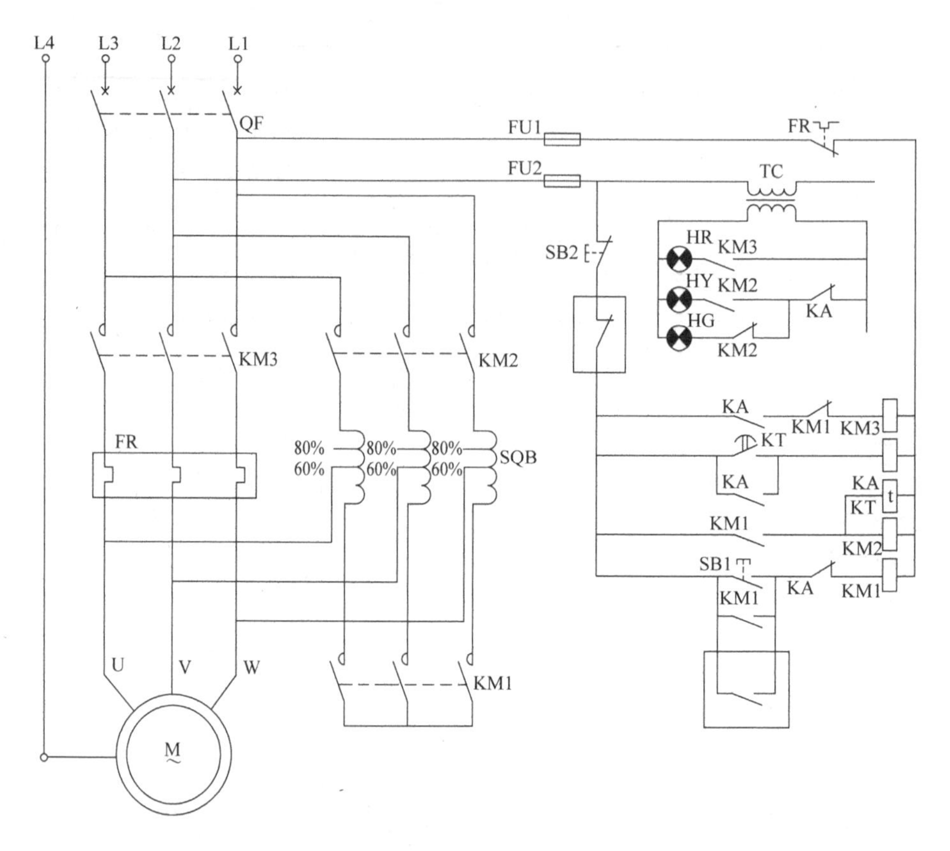

图 2-14　起动时，自耦线圈会降低起动电压，当延时结束后，切换到三角形联结

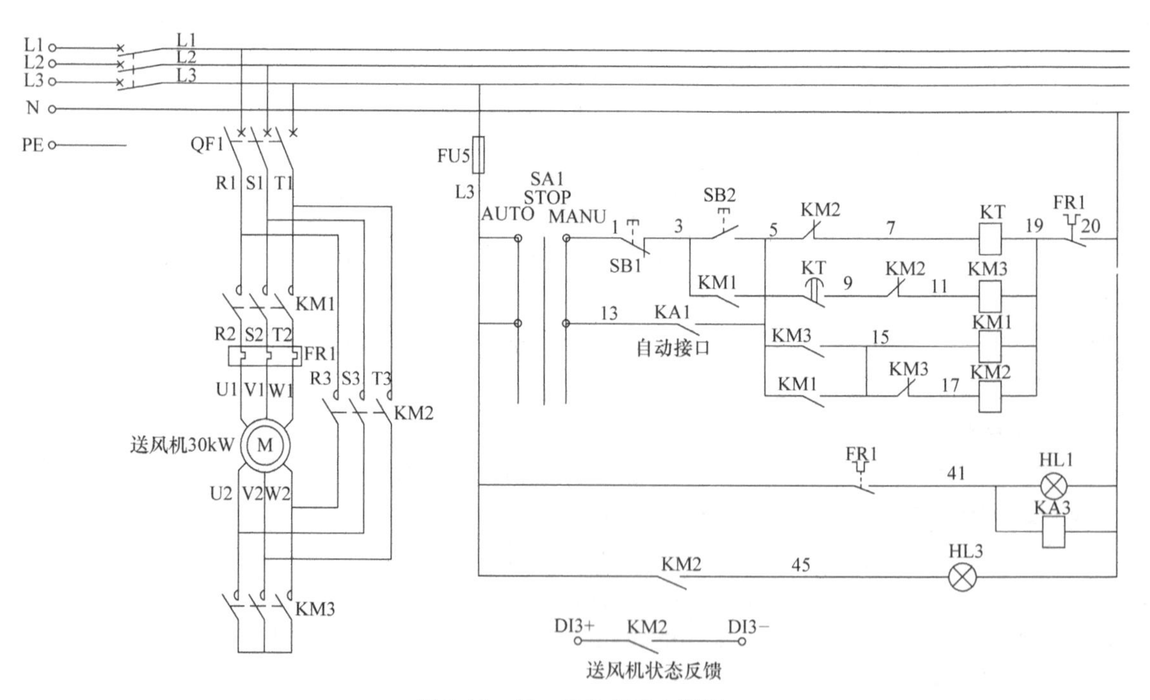

图 2-15　星 - 三角起动电路图

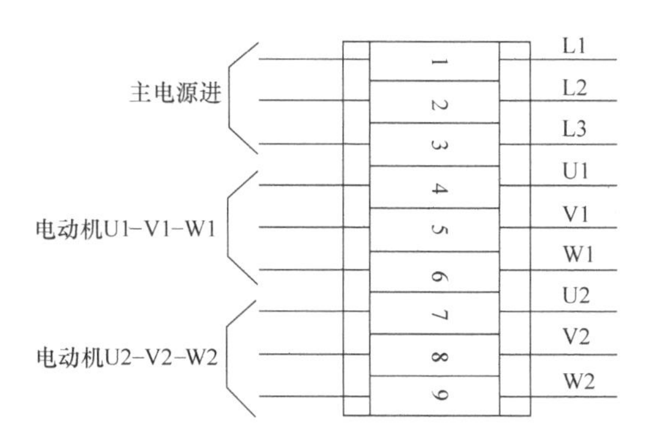

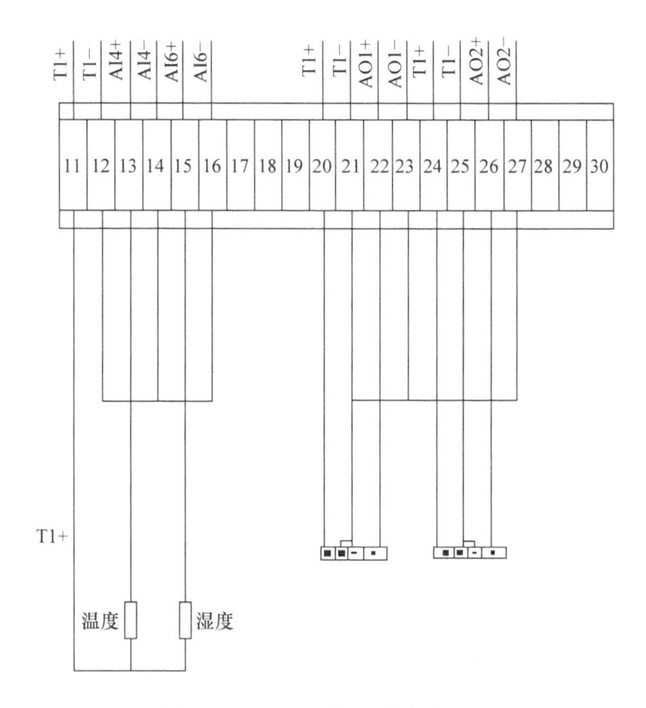

图 2-16　星 - 三角起动接线图

图 2-18 为最简单配置情况下的变频控制原理图。

图 2-18 为西门子变频控制设备 M430 控制系统的电路图。变频控制的原理是对电源进行变频处理。为了在变频后，特别是在低频情况下电动机不至于因为直流成分过大而显著发热，往往在变频的同时还要变压，使得电动机更加平稳。工作原理：这是一个广泛应用在工程中的电路图。如果说电动机带动的是一个空调机组的风机，那么这个风机就受变频器的控制。变频器的 205/206 端一旦短接，则相当于电动机的开关合上了。在这个电路图上，205/206 受 KA 控制。KA 是一个中间继电器。KA 本身受起动电路控制。在外接紧急停机端子 9/10 端接的情况下有两种起动 KA 的方式，即自动和手动。自动和手动方式由转换开关选择。转换开关往往装在电控箱的面板上。手动时，按下起动按钮 START，则 KA 得电并自保，变频器接通主电路；自动时，7/8 - DDC 开关输出触点（DO）一旦接通，则 KA 接通，无须自保，同时变频器接通主电路。这是变频器的第一个作用，接通主电路。变频器的第二个作用

是通过3种方式来进行频率控制。第1种方式是变频器自备旋钮，直接改变频率输出；第2种方式是通过外接电信号（毫安信号或者伏特信号）来控制频率，而DDC的模拟量输出端（AO）输出的是毫安信号或伏特信号；第3种方式是通信方式。相互通信的设备利用通信的方式将控制数值发送给变频器，由变频器来控制电动机的转速。

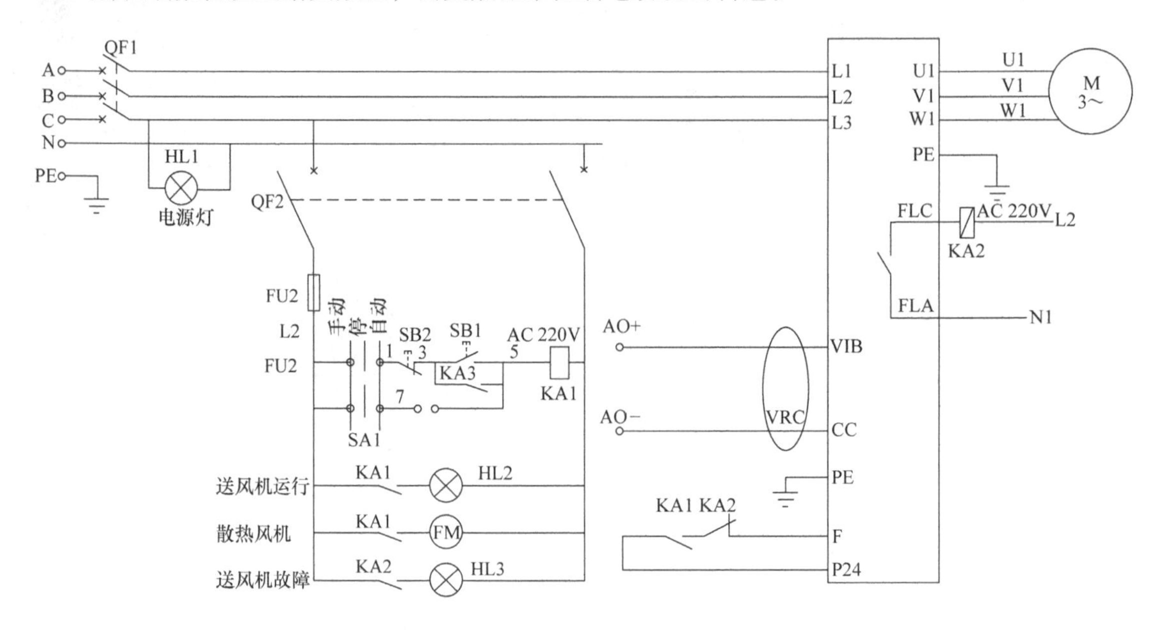

图2-17　一个常见的变频控制电路图

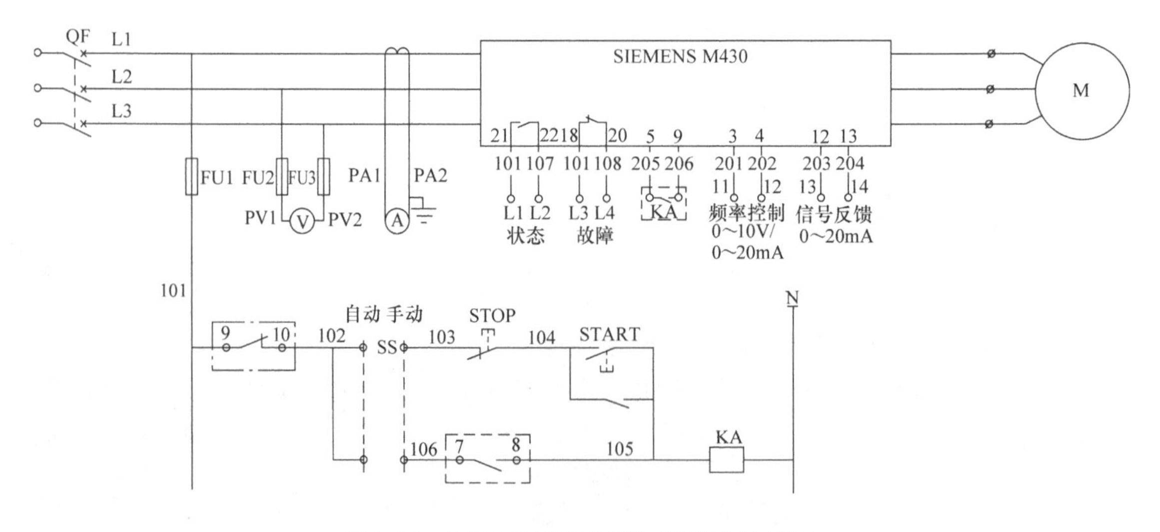

图2-18　最简单配置情况下的变频控制电路图

第3章　控制原理简论

控制原理可以划分为经典控制理论与现代控制理论。经典控制理论成熟于20世纪50年代，主要研究单输入单输出关系，使用的方法有时域分析法、根轨迹法和频率特性法。现代控制理论则采用状态方程法，主要研究多输入多输出的对象特性，结合计算机技术的发展，提出了许多新的控制方法。很多工程项目在安装和编程上都合乎要求，但是在参数设置这个环节上却不能很好地调试和整定。这时就需要用控制原理来指导我们的研究，按照明确的方向逐步地整定出一套合理的参数。

3.1　基本原理和基本概念概要

1. 自动控制系统的基本概念

控制原理的研究内容：第一是研究对象的特性；第二是设计合适的控制方式。

自动控制：利用控制设备或装置来控制对象的运行，使运行参数处在合适的数值。

自动控制系统：控制设备或流程使之正常运行的系统。

受控对象：控制系统控制的机械、装置或过程。

被控参数：表征被控对象的工作状态且需要加以控制的物理量。

给定值：希望被控参数达到的数值。

干扰：引起被控量发生不期望的变化的各种激励。

控制器（又称调节器）：起控制作用的设备或装置，是组成控制系统的两大要素之一（另一大要素为被控对象）。

负反馈控制：将系统的输出信号反馈至输入端，与给定的输入信号相减，所产生的偏差信号通过控制器变成控制变量去调节被控对象，达到减小偏差或消除偏差的目的。

2. 自动控制原理的组成和框图

典型自动控制系统的基本组成可用图3-1所示的框图来表示。其中的基本环节有

受控对象：需要控制的装置、设备及过程。

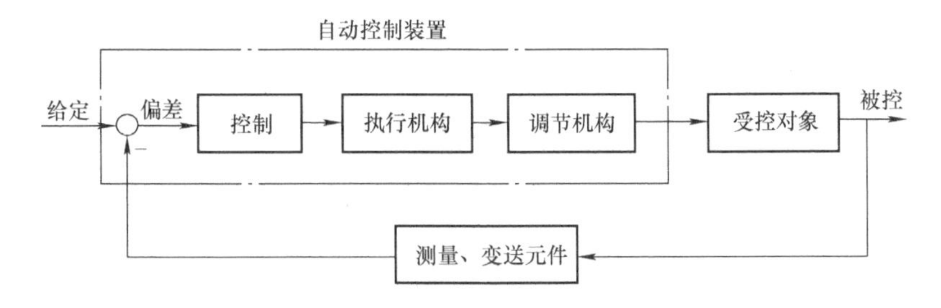

图3-1　典型的自动控制系统框图

测量变送元件：测量被控量的变化，并使之变换成控制器可处理的信号（一般是电信号）。

执行机构：将控制器发来的控制信号变换成操作调节机构的动作。

调节机构：可改变受控对象的被控量，使之趋向给定值。

控制器：按照预定的控制规律将偏差值变换成控制量。

3. 自动控制系统的基本控制方式

自动控制系统的基本控制方式有开环控制和闭环控制两种。

开环控制适用于控制任务要求不高的场合。工程上绝大部分的自动控制系统都为闭环控制。反馈控制往往是闭环系统。

4. 自动控制系统的分类

按给定输入的形式分为：恒值控制系统、随动控制系统和程序控制系统。

按元件的静态特性分为：线性控制系统和非线性控制系统。

按信号是连续的还是离散的分为：连续（时间）控制系统和离散（时间）控制系统。

其他分类：多变量控制系统、计算机控制系统、最优控制、模糊控制和神经网络控制系统等。

5. 对控制系统的性能要求

控制系统的主要性能要求是稳定性、快速性和准确性。

6. 控制系统的典型输入信号

分析控制系统时，常常参考系统对典型输入信号的响应。一般可以用阶跃激励，这是最强的扰动。也可用一些稍微软弱的激励，如斜坡、抛物线、脉冲和正弦信号等。

3.2 自动控制系统的数学描述

控制系统的数学模型是描述自动控制系统输入、输出以及内部各变量的静态、动态关系的数学表达式。控制系统的数学模型有多种形式：代数方程、微分方程、传递函数、差分方程、脉冲传递函数、状态方程、框图、结构图、信号流程图和静态/动态关系表等。

对象特性的数学模型的求取可采用解析法或实验法（白盒和黑盒）。建立合理的数学模型是分析和研究自动控制系统最重要的基础。

1. 微分方程

用解析法建立系统微分方程的步骤如下：

① 确定系统的输入、输出变量；

② 根据系统的物理、化学等机理，列出各环节的输入、输出运动规律的动态方程；

③ 消去中间变量，写出输入、输出变量关系的微分方程。

2. 拉氏变换与传递函数

（1）拉氏变换的作用　我们看了微分方程表达的对象特性，可以感觉到分析时的一些困难。乘除法比加减法复杂，微分方程比乘除法复杂。而拉氏变换可以将微分方程简化为代数方程，这样就大大方便了我们的分析。达到这个效果的就是拉氏变换的微分定律和积分定律。

（2）传递函数的定义　在零初始条件下，系统（或环节）输出量的拉氏变换与其输入量的拉氏变换之比。

（3）传递函数的性质

① 传递函数是线性系统在复频域里的数学模型；

② 传递函数只与系统本身的结构与参数有关，与输入量的大小和性质无关；

③ 传递函数与微分方程有相通性，两者可以相互转换。

（4）传递函数的表达形式　设系统的动态方程为一个 n 阶微分方程

$$a_0y^{(n)} + a_1y^{(n-1)} + \cdots + a_{n-1}y' + a_ny = b_0r^{(m)} + b_1r^{(m-1)} + \cdots + b_{m-1}r' + b_mr$$

其中，（$n>m$），系统的传递函数为

$$G(s) = \frac{Y(s)}{R(s)} = \frac{b_0s^m + b_1s^{m-1} + \cdots + b_m}{a_0s^n + a_1s^{n-1} + \cdots + a_n}$$

传递函数也可写成分子、分母多项式因式分解的形式，即

$$G(s) = \frac{Y(s)}{R(s)} = \frac{k(s+z_1)(s+z_2)\cdots(s+z_m)}{(s+p_1)(s+p_2)\cdots(s+p_n)} = \frac{k\prod_{i=1}^{m}(s+z_i)}{\prod_{j=1}^{n}(s+p_j)}$$

式中，k 为传递系数，$k=\frac{b_0}{a_0}$；$-z_i$ 为分子多项式的根，又称为系统的零点；$-p_j$ 为分母多项式的根，又称为系统的极点。

（5）典型环节的传递函数　一个自动控制系统可以是由一些典型环节（一些元件和部件）组成的。常见的典型环节及其传递函数有以下几种

比例环节：$G(s) = \frac{Y(s)}{R(s)} = k$

积分环节：$G(s) = \frac{Y(s)}{R(s)} = \frac{1}{Ts}$

微分环节：$G(s) = \frac{Y(s)}{R(s)} = \frac{k_dT_ds}{1+T_ds}$

惯性环节：$G(s) = \frac{Y(s)}{R(s)} = \frac{k}{1+Ts}$

二阶振荡环节：$G(s) = \frac{Y(s)}{R(s)} = \frac{1}{T^2s^2+2T\zeta s+1} = \frac{\omega_n^2}{s^2+2\zeta\omega_ns+\omega_n^2}$

3. 框图

框图的基本形式如图 3-2 所示。

框图是反映系统各个元、部件的功能和信号流向的图解表示法，它是一种数学模型。利用结构图可以求出系统的输入对输出的总的传递函数。在图 3-2 中：

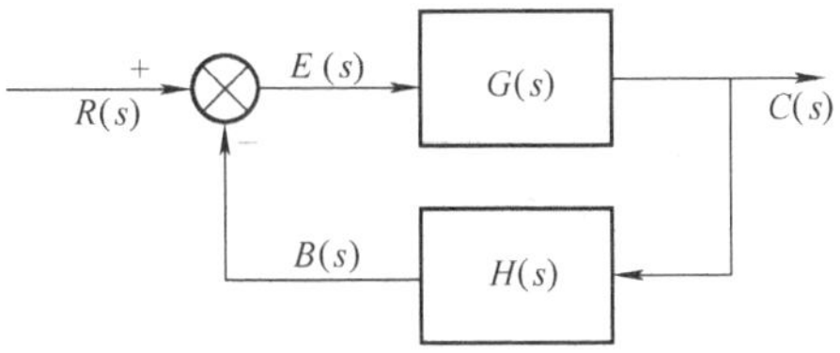

图 3-2　框图的基本形式

开环传递函数为 $G_o(s) = G(s)H(s) = \frac{B(s)}{E(s)}$。

闭环传递函数为 $G_b(s) = \frac{G(s)}{1+G_o(s)} = \frac{G(s)}{1+G(s)H(s)} = \frac{C(s)}{R(s)}$。

3.3　控制系统的时域分析

1. 控制系统的时域分析法

系统加入典型输入信号后，分析其输出响应特性的动态性能和稳态性能，研究其是否满足生产过程对控制系统的性能要求。一般研究一阶滞后和二阶滞后的激励响应。高阶系统一般可以简化为低阶系统，靠近原点的极点作用大，远离原点的极点作用小，可以忽略。

2. 控制系统的性能指标

动态性能指标有

最大超调量 σ_p；

上升时间 t_r；峰值时间 t_p；

调整时间 t_s。

稳态性能指标有稳态误差 e_{ss}。

输出响应的稳态值与希望的给定值之间的偏差，是衡量系统准确性的重要指标。

控制器性能指标如图 3-3 所示。

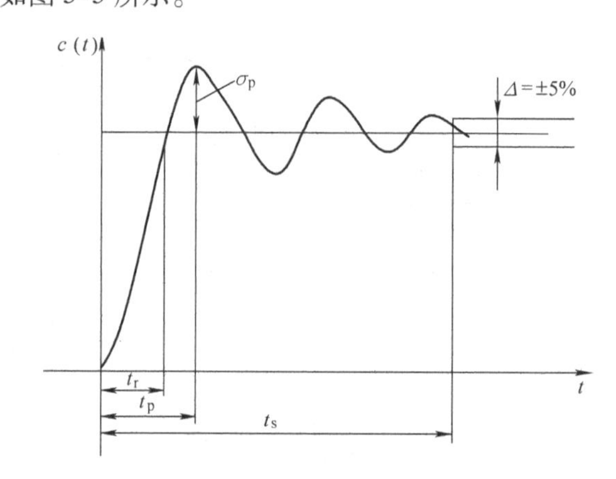

图 3-3　控制器性能指标

3. 二阶系统的数学模型和动态性能指标的计算

二阶系统的闭环传递函数为

$$G(s) = \frac{C(s)}{R(S)} = \frac{K}{Ts^2 + s + K}$$

式中，T 为受控对象的时间常数；

K 为受控对象的增益。

其典型结构图如图 3-4 所示。

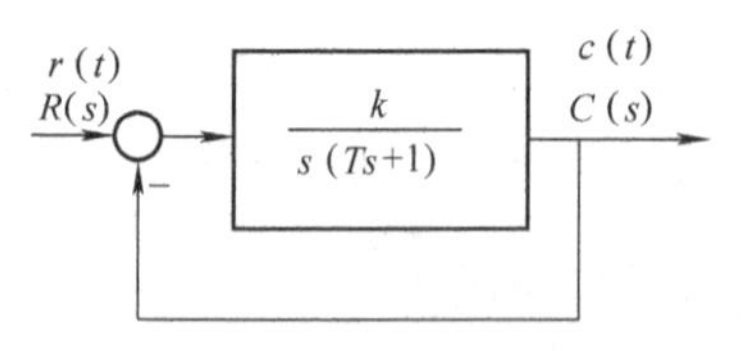

图 3-4　单回路框图

上阶系统的闭环传递函数可改写成标准形式：

$$G(s) = \frac{\omega_n^2}{s^2 + 2\zeta\omega_n s + \omega_n^2}$$

式中，ω_n 为无阻尼自然振荡频率，$\omega_n = \sqrt{\frac{k}{T}}$；$\zeta$ 为阻

尼比，$\zeta=\dfrac{1}{2\sqrt{TK}}$。

二阶系统动态性能指标的计算（$0<\zeta<1$ 的欠阻尼情况）

上升时间 $t_r=\dfrac{\pi-\theta}{\omega_d}$

上式中：$\theta=\arctan\dfrac{\sqrt{1-\zeta^2}}{\zeta}$

$$\omega_d=\omega_n\sqrt{1-\zeta^2}$$

峰值时间 t_p：$t_p=\dfrac{\pi}{\omega_d}=\dfrac{\pi}{\omega_n\sqrt{1-\zeta^2}}$

超调量 $\sigma_p=e^{-\pi\zeta/\sqrt{1-\zeta^2}}\times 100\%$

调整时间 $t_s=\begin{cases}\dfrac{3}{\zeta\omega_n} & (\Delta=\pm 5\%)\\[2mm] \dfrac{4}{\zeta\omega_n} & (\Delta=\pm 2\%)\end{cases}$

其他性能指标：衰减指数 m 和衰减率 ψ。

衰减指数 m 为

$$m=\frac{\zeta}{\sqrt{1-\zeta^2}}=\frac{\zeta\omega_n}{\omega_d}$$

衰减率 ψ 为

$$\psi=e^{\frac{-2\pi\zeta}{\sqrt{1-\zeta^2}}}=e^{-2\pi m}$$

4. 控制系统的稳定性分析与代数判据

稳定的定义：控制系统受扰动偏离了平衡状态，当扰动消除后系统能自动恢复到原来的平衡状态，或能稳定在一个新的平衡状态，则称系统是稳定的，反之，称系统是不稳定的。

控制系统稳定的充分必要条件：系统的特征根全部具有负的实部。

劳斯和赫尔维茨稳定性代数判据：

判断特征根是否全部为负，可以使用劳斯判据，读者可参考相关书籍。

系统的稳定性属于系统本身的特性，它只与自身的结构与参数有关，与初始条件、外界扰动的大小等无关。系统的稳定性只取决于系统的特征根（极点），与系统的零点无关。

3.4 根轨迹法

1. 根轨迹的定义

开环系统传递函数的某一参数从0变化到∞时，闭环系统特征方程的根在 S 平面（根平面）上的变化曲线称为根轨迹。

2. 绘制根轨迹的基本条件

根轨迹方程为

$$G(s)H(s)=-1$$

或写成

$$G(s)H(s)=\frac{k\prod_{i=1}^{m}(s+z_i)}{\prod_{j=1}^{n}(s+p_j)}=-1$$

式中，$-z_i$ 为系统的开环零点；

$-p_j$ 为系统的开环极点。

绘制根轨迹的两个基本条件为

幅角条件：

$$\angle G(s)H(s)=\sum_{i=1}^{m}\angle(s+z_i)-\sum_{j=1}^{n}(s+p_j)=\pm(2k+1)\pi$$

幅值条件：

$$|G(s)H(s)|=\frac{k\prod_{i=1}^{m}|s+z_i|}{\prod_{j=1}^{n}|s+p_j|}=1$$

或写成

$$k=\frac{\prod_{j=1}^{n}|s+p_j|}{\prod_{i=1}^{m}|s+z_i|}。$$

3. 绘制根轨迹的基本规则

常规根轨迹（又称180°根轨迹）的绘制：

根轨迹的分支数等于开环极点数 n，每一条根轨迹分支都起始于一个开环零点。其中，m 条根轨迹终止于 m 个开环有限零点，其余 $n-m$ 条根轨迹终止于无穷远处（无限零点处）。

根轨迹与实轴对称。

实轴上根轨迹右边的开环实数零点和实数极点的总数为奇数。

根轨迹的渐近线：当 $n>m$ 时，有 $n-m$ 条根轨迹的终点趋向无穷远处（趋向渐近线）。

渐近线的倾角 ϕ_a 为

$$\phi_a=\pm\frac{(2k+1)\pi}{n-m}\ (k=0,1,2\cdots)$$

渐近线与实轴的交点为

$$\sigma_a=\frac{\sum_{j=1}^{n}p_j-\sum_{i=1}^{m}z_i}{n-m}$$

根轨迹的分离点（会合点）可通过解方程$\frac{dk}{ds}=0$ 的根的方法求出，或用下式求出：

$$\sum_{j=1}^{m}\frac{1}{d-p_j}=\sum_{i=1}^{m}\frac{1}{d-z_i}$$

式中，d 为分离点坐标。

说明：应检验并舍去不在根轨迹上的点。

根轨迹复数极点的出射角和复数零点的入射角可分别由下述两式计算确定：

出射角：$\theta = \pm 180° + \sum_{i=1}^{m} \alpha_i - \sum_{j=1}^{n} \beta_j$

入射角：$\theta = \pm 180° - \sum_{i=1}^{m-1} \alpha_i + \sum_{j=1}^{n} \beta_j$

根轨迹与虚轴的交点可用劳斯判据或令特征方程中的 $s = j\omega$ 来求得。

根轨迹上任一点 s 的 k 值可由下式求得：

$$k = \frac{\prod_{j=1}^{n} |s + p_j|}{\prod_{i=1}^{m} |s + z_i|} = \frac{\prod_{j=1}^{n} b_j}{\prod_{i=1}^{m} a_i}$$

式中，b_j 为开环极点至 s 点的模；

a_i 为开环零点至 s 点的模。

可以对下列传递函数的放大系数 K 的取值范围进行分析：

$$G(s) = \frac{K(s+1)}{s(Ts+2)(s+7)(s+11)}$$

确定 $T=1$ 时使系统稳定的开环增益 K 的取值范围，来分析调节器放大倍数如何影响调节过程的稳定性。

确定 $K=1$ 时使系统稳定的积分时间 T 的取值范围，来分析调节器积分作用如何影响调节过程的稳定性。

3.5 控制系统的设计与校正

1. 控制系统的校正和校正装置

研究控制原理有两方面的内容：第一是分析对象特性，第二是对特定对象设计调节策略。一旦已经确定了对象，我们就可通过控制原理的相关知识来设置调节方式，获得一个收敛的调节过程，使偏离设定值的被控参数能够逐渐衰减它的偏离值。所以，可以通过控制系统来校正不稳定对象的整体控制特性。控制系统的设计和校正是指在已选定系统不可变部分（例如受控对象）的基础上加入一些装置（调节器、控制器），使系统满足各项要求的性能指标。

2. 控制系统的校正方式

校正方式是指校正装置与受控对象的连接方式，可分为串联校正、反馈校正和复合校正等方式。

如果 $G_c(s)$ 表示校正装置的传递函数，$G_0(s)$ 表示受控对象的传递函数，则各种校正方式的框图如下所示。

普通单回路框图如图 3-5 所示，串联校正如图 3-6 所示。$G_c(s)$ 可以设计成超前、滞后和滞后－超前等环节的形式，成为超前校正装置，滞后校正装置和滞后－超前校正装置。

校正装置 $G_c(s)$ 常设计成比例环节或微分、比例微分环节等形式。反馈校正除了能改善

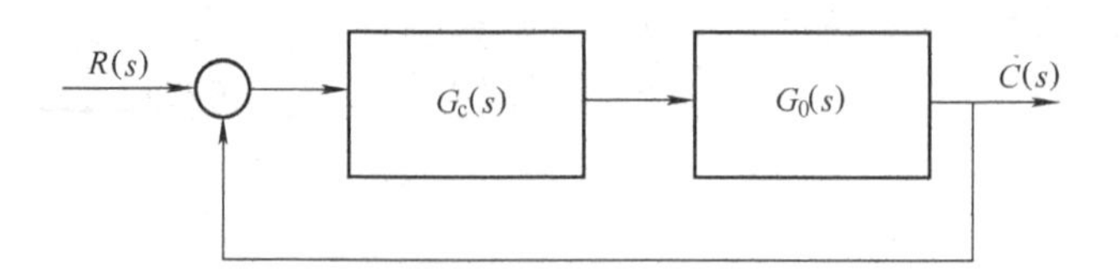

图 3-5　普通单回路框图

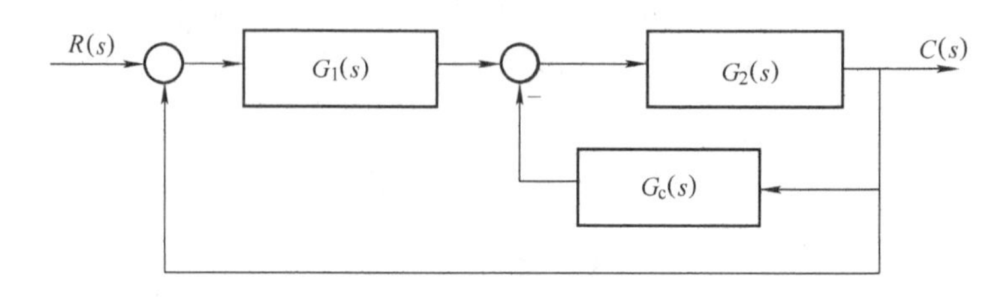

图 3-6　串联校正

系统的性能外，还能削弱系统非线性特性的影响，减弱或消除系统参数变化对系统性能的影响，抑制噪声的干扰等。

复合校正可分为前置校正和扰动补偿校正两种方式，分别如图 3-7 和图 3-8 所示。前置校正可以改善和提高系统的动态性能，少用积分环节，从而较好地解决了稳定性和精度（准确性）的矛盾。

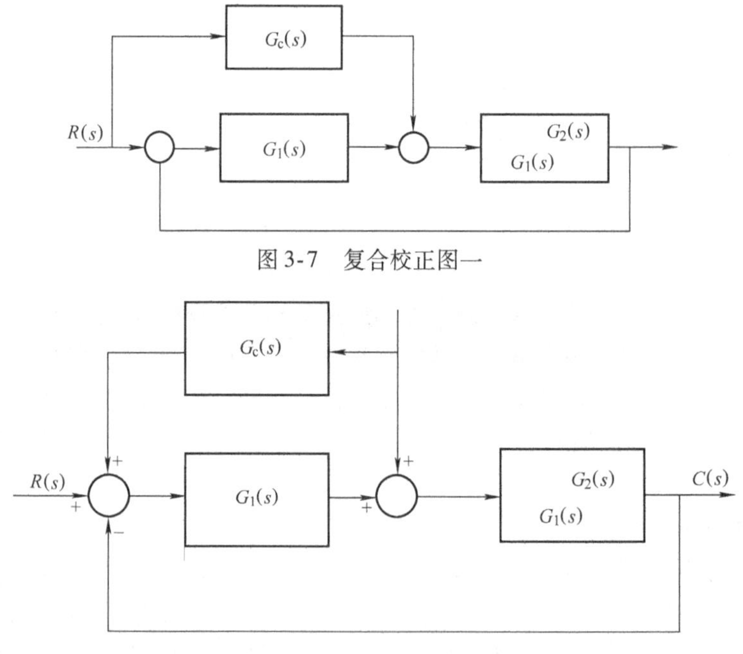

图 3-7　复合校正图一

图 3-8　复合校正图二

扰动补偿校正的目的是为了提高系统的准确度。通过直接或间接测量出扰动信号，是扰动对系统的影响得到部分或全部的补偿。图 3-8 的系统又称为前馈 - 反馈复合控制系统。在生产过程控制性能要求较高的场合，常采用这种复合控制方式。

3. 常用校正装置的特点及优缺点

超前校正装置能增加稳定裕量，提高了系统控制的快速性，改善了平稳性，故适用于稳态精度已满足要求，但动态性能较差的系统。缺点是会使抗干扰能力下降，改善稳态精度的作用不大。

滞后校正装置能提高系统的稳态精度，也能提高系统的稳定裕量，故适用于稳态精度要求较高或平稳性要求严格的系统。缺点是使频带变窄，降低了系统的快速性。

滞后－超前校正装置能发挥滞后校正和超前校正两者的优点，从而全面提高了系统的动态和稳态性能。缺点是分析和设计较复杂。

第4章　组态软件与通信协议

4.1　HONEYWELL Excel 5000 的软件组态与开发

软件组态与开发是工程技术人员最重要的工作之一，终端设备、节点设备、网络连接、规范和标准都与软件组态开发有关。工程软件通常被分为系统软件和应用软件。系统软件是控制设备厂商提供给我们的一个开发平台。这个平台做了绝大部分的幕后工作。但是，厂商不可能针对每个工程开发应用软件，所以厂商就搭建了一个平台，再让每个具体项目的执行者在这个平台上结合工程实际情况进行组态开发。

一般的系统软件可以分为下位机软件和上位机软件。下位机软件是发送给 DDC 控制器的，执行具体的控制任务；上位机软件是安装在计算机上的，用来产生一个人机界面，使我们可以在显示器上看到流程、数据和显示报警。目前，有些产品已经不细分上位机软件和下位机软件了。

还有一些是通用组态软件，如昆仑通态和组态王，它们开发了巨量的设备驱动程序，可以识读到这些设备的数据并在显示器上有合适的画面显示。下面以 Excel 5000 和 OPTISYS 两个产品为例，来说明软件组态与开发的一般流程。

4.1.1　CARE 与 EBI

1. CARE

Excel Computer Aided Regulation Engineering（CARE）是一个微软 Windows 风格的应用程序，也是设备自动化工程师非常熟悉的一个软件，算得上是高端 BA 工程下位机软件的首选。它利用了菜单工具栏、对话框以及单击编程的特性。用户可以执行以上功能而不需要在编程语言方面具备全面的知识，通过选择控制系统图形元件，如照明、供暖、通风和空调等系统设备的图形元件，生成控制策略和开关逻辑，从而使编程工作快速而有效地完成；同时，作为设计过程的一部分，CARE 自动地生成全部文件和材料表格。

软件为 Excel 5000 控制器创建数据文件和控制程序提供了一个图形化的工具。其中 Excel 5000 控制器包括 Excel 50、Excel 80、Excel 100、Excel 500、Excel 600 和 Excel Smart 控器制，还有中国市场特有的 Excel 800。

利用 CARE 软件可以开发：

Schematics（原理图）；

Control Strategies（控制策略）；

Switching Logic（开关逻辑）；

Point Descriptors and Attributes（点描述和分配）；

Point Mapping Files（点映像文件）；

Time Programs（时间程序）；

Job Documentation（工作文档）。

2. CARE 中涉及的几个重要概念

（1）Plants（设备）　CARE 的所有功能都是基于设备的。

一个设备是一个被控系统。例如：一个设备可以是空气处理器（Air Handle），锅炉（Boiler）或是冷却设备（Chiller）。控制器（如 Excel 50、Excel 80、Excel 100、Excel 500、Excel 600 以及 Excel Smart）可容纳一个或多个设备，这取决于控制器内存以及点的容量。一个控制器可以包括多个设备，但不同的控制器不能包含相同的设备。

（2）Projects（工程）　创建一个设备的第一步就是定义一个工程。

图 4-1 所示为有 4 个设备和 3 个控制器的工程。

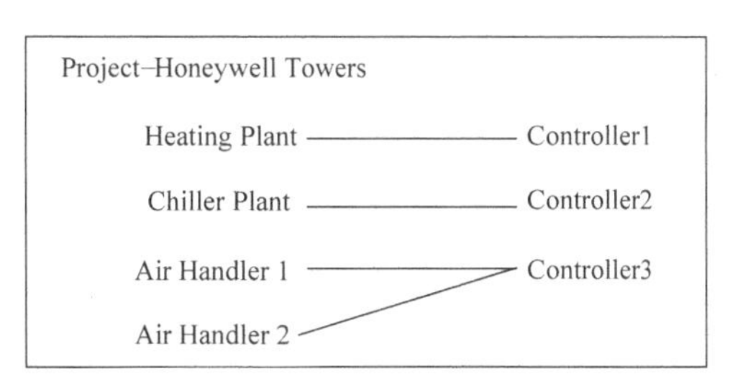

图 4-1　有 4 个设备和 3 个控制器的工程

（3）Plant Schematics（设备原理图）为每个设备创建一个原理图。

一个设备原理图是若干片段的组合，这些片段表示出设备中各组件以及它们是如何安排的。片段是一个控制系统，如风机、表冷器以及其他设备的组成元件等。元件包括传感器、状态点和阀门等。CARE 提供了一个宏库，它有预定义的元件和设备。

（4）Control Strategy（控制策略）　建立一个原理图后，就可以创建控制策略，使得控制器具有处理系统的智能。控制策略根据具体情况、数据计算，或时间表来作出决策，控制可由控制器的模拟点、数字点或软件点完成。CARE 提供了标准控制算法，如 PID、最小值、最大值和平均值等几十种，也可以用 MAT 来自编算法。

（5）Switching Logic（开关逻辑）　除增加控制策略外，还能为原理图增加开关逻辑，用于数字量控制，如切换状态等。开关逻辑基于逻辑表，建立逻辑与、或、非等。例如，一个典型的开关逻辑顺序可能是：在送风机起动之后延迟 20s 再起动回风机。开关逻辑同样可以用到模拟量，如低于 27℃打开回风机。

（6）Time Programs（时间程序）　可以建立时间程序控制设备在一天内的开关次数。定义日程表和周程表。

（7）Linking to Controller（链接至控制器）　完成一个设备后，可以使用 CARE 的其他功能编辑默认值，并把设备文件转换成控制器格式，下载到控制器中，并测试控制器的操作。

通过图 4-2 总结 CARE 的工程、设备以及功能结构。

3. EBI

EBI（或者 Symmetr E）是一个上层管理软件。它提供企业建筑物集成系统的基本概念，描述集成实现的后台概念，以及满足安装的特殊要求的可用功能并描述，包括：

EBI 系统的元素；

EBI 系统构架；

EBI 系统功能的原理；

EBI 如何处理通路控制和安全；

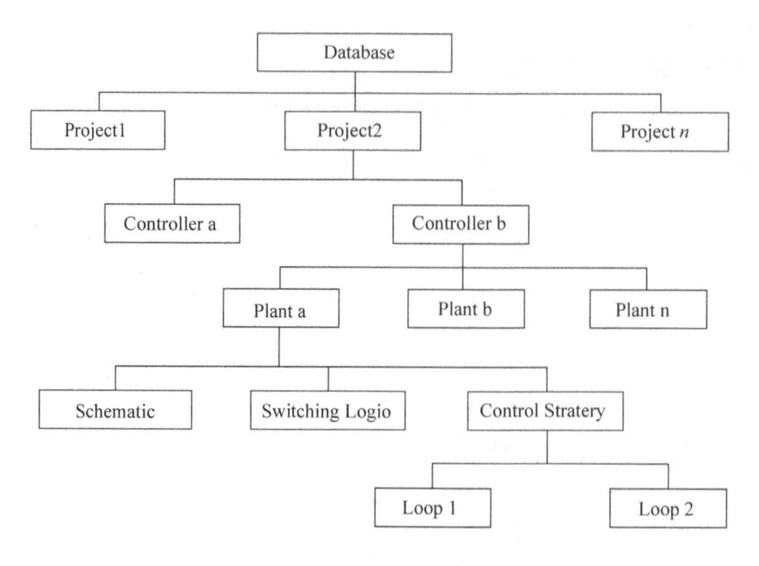

图 4-2　CARE 功能图

EBI 如何管理建筑物的设备；

安防管理和火灾报警监控。

同时，EBI 系统还提供了丰富的安全管理能力、建筑物管理能力、火灾监控能力，具有集成软件的功能。

4.1.2　安装

1. BA 系统设备检测及调试步骤（STAM）概述

下面所述的检测与调试步骤是按照某系统设计要求编制的，可以让我们了解到相关的知识：

1）在实际调试工作开始之前准确制定调试计划，并使用户能够了解调试步骤。

2）如何指导调试人员进行系统调试。

3）如何按调试步骤制定及生成准确的调试记录和报告。

检测与调试的数据作为工程档案保存，工程档案表头见表 4-1。

表 4-1　工程档案表头

编制	
Date	
Approved By	
Date	

2. Excel 50 加电检测与程序下载

（1）Excel 50 加电检测步骤

1）供电之前。对 DDC 盘内的所有电缆和端子排进行目视检查，以修正显性的损坏或不正确安装。确认安装按安装手册详细步骤实施完毕。检查接线端子，以排除外来电压。

2）不正确现场接线的检查。控制盘安装完后，先不安装控制器，使用万用表或数字电压表将量程设为高于220V的交流电压档位，检查接地脚与所有AI、AO、DI间的交流电压。测量所有AI、AO、DI信号线间的交流电压。若发现有220V交流电压存在，查找根源，修正接线。注意：盘柜的所有内部线和外部线均要进行测试和检查，坚决杜绝强电串入弱电回路！

3）接地不良测试。将仪表量程设在0～20K电阻档。测量接地脚与所有AI、AO、DI接线端间的电阻。

任何低于10kΩ的测量都表明存在接地不良。检查敷线中是否有割、划破口，传感器是否同保护套管或安装支架发生短路。检查第三方设备是否通过接口提供了低阻抗负载到控制器的I/O端。为毫安输入信号安装500Ω的电阻。

4）通电

将DDC盘内的电源开关置于断开位置。此时将主电源从机电配电盘送入DDC箱。

闭合DDC盘内的电源开关，检查供电电源的电压和各变压器的输出电压。

断开DDC盘内的电源开关，安装控制器模块，将DDC盘内的电源开关闭合。检查电源模块和CPU模块指示灯是否指示正常。

（2）Excel 50程序下载过程

1）控制程序的编译。在进行程序编译和下载之前，确保该控制器中所有PLANT的物理点、参数点，控制策略，控制逻辑和物理点端子排列等编程工作均已完成且完全符合实际情况。

从CARE的最上层菜单中选择“Database”™“Select”项，打开要下载的项目（Project）和控制器。

从最上层菜单中选择“Controller”的“Translate”。在完成编译后按“确认”按钮。

2）控制器的设置。将串行通信线插入控制器模块的B－Port接口。然后在CARE程序界面上选择Upload/Download图标，CARE将模拟XI582的操作界面，如图4-3所示。

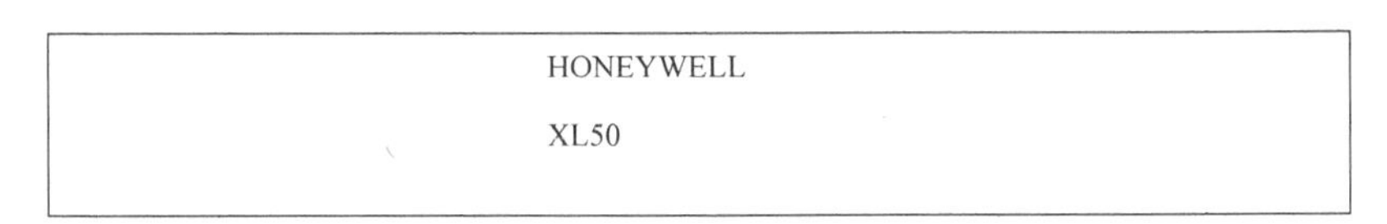

图4-3　Excel 50控制器的设置步骤

单击回车键，显示如图4-4所示。

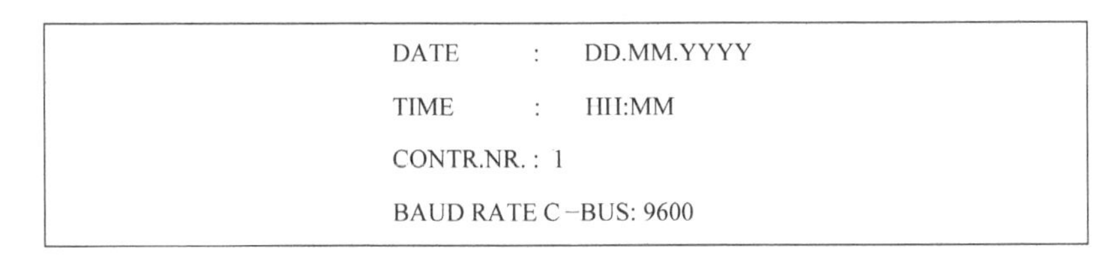

图4-4　Excel 50控制器的设置步骤

上述显示中的“NEXT”应处于黑底白字的反转模式。这表明了光标的当前位置，使用向上箭头键移动光标至“CONTR. NR. : 1”位置，此时数字“1”处于黑底白字的反转显示模式。按回车键，数字“1”由反转显示模式变为闪动模式。

使用〈+〉,〈-〉键选择所要求的控制器编码。按回车键以确定所选择的编码。等待5~10s后，新的控制器编码将退回闪动模式进入反转显示模式。这表明控制器编码修改已完成，如图4-5所示。

GENERATE DEFAULT DATA

SELECT FIXED APPLICATION

REQUEST DOWNLOAD.

图4-5 Excel 50控制器的程序下载步骤

按照上面的操作完成C-BUS通信速率的设置和MMI的设置（若不用MMI，MMI的速率不用设置）。当完成设置后，使用向下箭头将光标移至“NEXT”处按回车键。

使用向下箭头键将光标移至“REQUEST DOWNLOAD”处，按“继续”键，显示如图4-6所示。

PLEASE EXECUTE DOWNLOAD

图4-6 Excel 50程序下载步骤

至此已完成为程序下载而做的控制器设置。下面讲述如何进行程序下载。

3）程序下载。下载/上载Excel 50 DDC应用程序的详细步骤如下：

在Upload/Download界面下完成控制器设置后，然后在顶层菜单中选择“Controller”中的“Open Fileset”（或直接单击“打开文件夹”按钮），选择该控制器对应的编译文件（*.pra）。

在顶层菜单中选择“Controller”中的“Download”（或直接单击“下载”按钮）。这样即可完成程序的下载。

当DDC控制器下载完毕后，签署调试报告（见表4-2）。

表4-2 调试报告

Excel 50 DDC测试报告	
DDC编号……………………	备　注
A项　加电之前	
所有设备已安装和接线	θ……………………
按安装手册正确安装	θ……………………
外来电压检查	θ……………………

（续）

Excel 50 DDC 测试报告	
DDC 编号……………………	备　注
不正确接线检查	θ……………………
接地不良测试	θ……………………
安装 250Ω 或 500Ω 的电阻	θ……………………
安装 Excel 50 控制器	θ……………………
B 项　供电	
机电配电盘供电	θ……………………
开关闭合，检查市电电压	θ……………………
开关闭合，检查变压器输出电压	θ……………………
检查电源和 CPU 模块的 LED 指示灯状态	θ……………………
设置控制器时间、日期和地址	θ……………………
设置控制器的 C－BUS 速率	θ……………………
C 项　下载程序	
DDC 数据编译	θ……………………
程序下载至 CPU	θ……………………
D 项　签署检查测试表	
DDC 程序下载完成后签署测试表	θ……………………
注释：	
调试签字：……………………	日期：……………………

其他控制器模块加电检测与程序下载步骤与 Excel 50 类似，此处不再赘述。

4.1.3　CARE 开发

1. CARE 开发步骤

1）启动 CARE。
2）创建一个工程并且定义工程的一般信息。
3）为该工程定义一个设备，选择设备类型。
4）创建设备原理图显示设备的元件和输入/输出。
5）如果需要，为设备创建开关逻辑表。
6）如果需要，为设备创建控制策略。
7）定义一个控制器（DDC，直接数字控制器），将设备连接到控制器中。
8）修改数据点信息，如额外的描述（报警）、工程单位和特性等。
9）在每日和每周的基础上为设备操作创建时间程序。
10）将设备信息翻译成适合下载到控制器的格式。
11）打印文档。

12）如果需要，备份文件。

13）退出 CARE。

图 4-7 展示了使用 CARE 创建一个控制器文件所需的主要步骤。

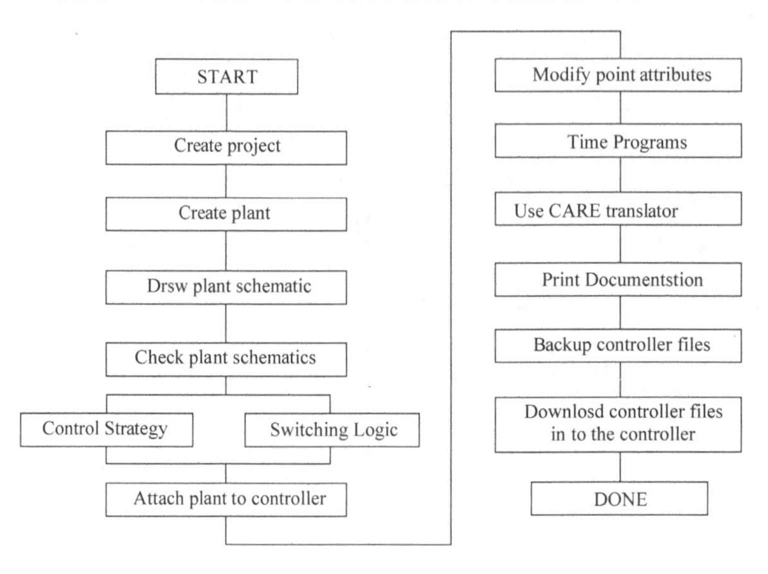

图 4-7　CARE 流程图

2. CARE 开发环境总览

CARE 是一个微软 Windows 风格的应用软件。作为一个图形开发工具，CARE 可以快速地生成控制程序。

如果在 Windows 操作系统上已经安装了 CARE，就可以双击桌面上的 CARE 图标（如果存在），或者用鼠标单击“开始”，在“程序”组中选“HONEYWELL XL5000”，在“CARE 2.02.00”项上双击，即进入 CARE 集成环境，如图 4-8 所示。

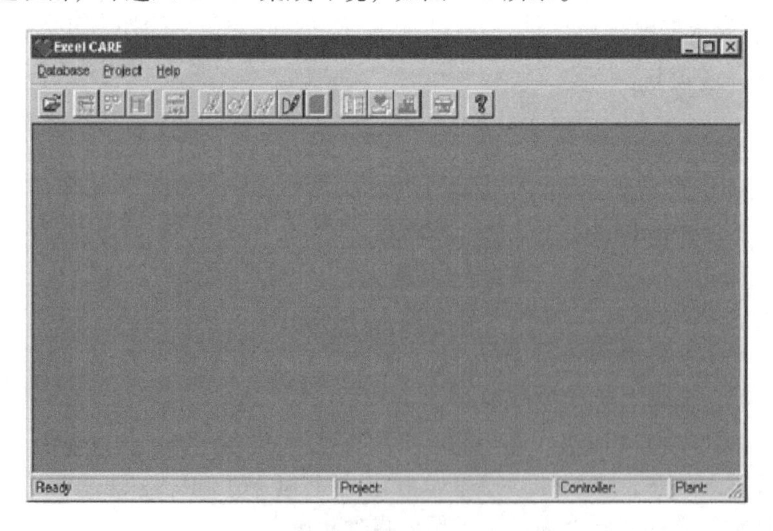

图 4-8　CARE 主窗体

此时，CARE 主窗体的菜单栏只包括 3 项（Database，Project 以及 Help）。在这种情况下只能使用有限的功能，如选择一个存在的工程、设备或控制器；定义一个新工程；删除一个工程、设备或控制器；导入元件库；导出一个图形或元件库；备份或恢复数据库；编辑控制器的默认值（如工程单位、报警文本、I/O 特性和点描述等）；显示在线帮助文件；退出 CARE 等。当程序执行不同的功能时，主菜单及其下面的子菜单会发生变化。

（1）CARE 菜单栏　完整的主菜单栏包括 Database，Project，Controller，Plant，Window 以及 Help 菜单项，可以完成所有的 CARE 功能。

1）Database 菜单。Database 菜单项主要用于 CARE 数据库的管理和控制，如图 4-9 所示。

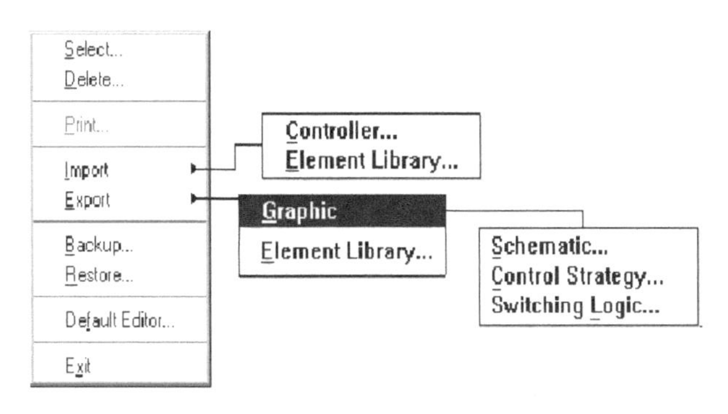

图 4-9　Database 菜单

Database 菜单项见表 4-3。

表 4-3　Database 菜单项

Select	显示 Select 对话框，列出数据库中的工程、设备和控制器以供选择
Delete	显示 Delete Objects 对话框，列出数据库中的工程、设备和控制器以供删除
Print	打印设备报表，如工程信息、设备控制器分配、原理图、控制回路和开关表等

Import 提供两个下拉项：Controller 和 Element Library，将控制器文件和元件文件复制至 CARE 数据库中。

Export 提供两个下拉项：Graphic 和 Element Library。导出图片功能创建原理图、控制策略回路以及开关表的 Windows 元文件（.WMF）。导出元件库功能创建可以导入到其他 CARE PC 元件库中的元件文件。

Backup 和 Restore：备份 CARE 数据库以备日后使用，恢复 CARE 数据库。

Default Editor：自定义特定区域的默认值。

Exit：终止 CARE 程序。

2）Project 菜单。Project 菜单项主要用于工程的管理和控制，如图 4-10 所示。

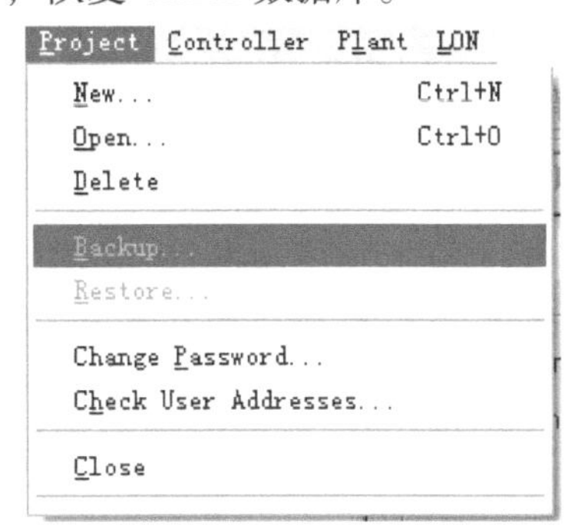

图 4-10　Project 菜单项

New：显示 New Project 对话框，定义一个新工程。

Open：显示 Open Project 对话框，打开一个工程。

Delete：显示 Delete Project 对话框，删除选中的

工程。

Backup：备份工程。

Restore：恢复一个工程。

Change Password：修改工程密码。

Check User Addresses：查看变量地址或者名称。

3）Controller 菜单。Controller 菜单项主要用于控制器的管理和控制，如图 4-11 所示。

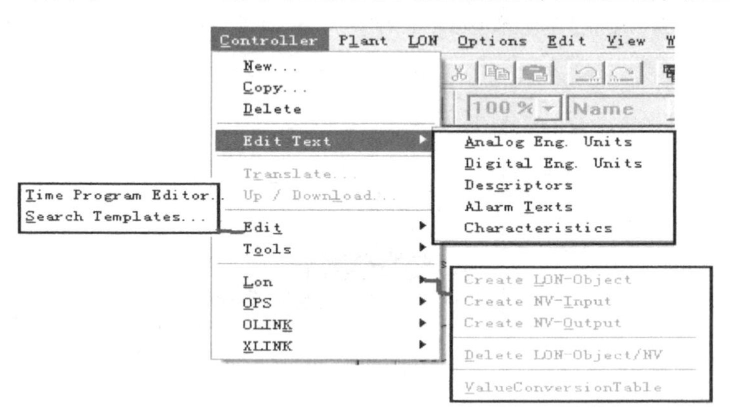

图 4-11 Controller 菜单项

New：显示 New Controller 对话框，定义一个新的控制器。

Copy：显示 Copy Controller 对话框，通过复制当前选中的控制器来创建一个新的控制器。

Translate：将设备信息转换成能被控制器使用的格式。通常设备编译要在“Edit”完成之后。

Up/Download：启动 Upload/Download 工具。

Edit：提供了用于改变当前选中控制器数据以及在控制器中附加或分离设备的下拉项。设备必须在编辑其文件之前加到控制器里。

Time Program Editor：为设备运行设定时间表的编辑器。

Search Templates：建立查询模板，在 XI581/XI582 操作员终端上寻找用户地址组。

Tools：提供了用于 CARE 其他功能的下拉项。

Live CARE：Live CARE 软件为 Excel 50、Excel 80、Excel 100、Excel 500、Excel 600 和 Excel Smart 控制器提供了仿真检验的功能，使其能完成正确的控制操作。

Program Eprom：固化控制器 EPROM 芯片。

4）Plant 菜单。Plant 菜单项主要用于设备的管理和控制，如图 4-12 所示。

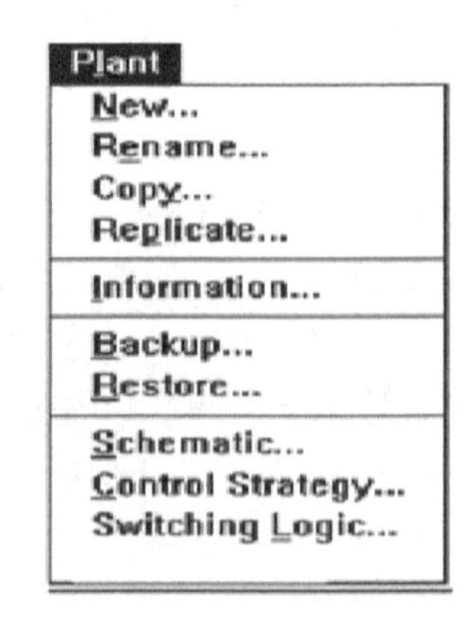

图 4-12 Plant 菜单项

New：显示 New Plant 对话框，定义一个新设备。

Rename：显示 Rename Plant 对话框，改变当前选中设备的名称。

Copy：显示 Copy Plant 对话框，选中目标工程和新名称。

Replicate：显示 Replicate Plant 对话框，设定复制数量及分配给设备副本的名称。

Information：显示 Plant Information 对话框，包括设备名称、设备类型、设备操作系统版本以及工程单位。

Backup 和 Restore：备份选中的设备以备日后使用，恢复选中的设备。

Schematic：显示该设备的原理图窗体，创建或修改设备原理图。

Control Strategy：显示该设备的控制策略窗体，创建或修改该设备的控制策略。

Switching Logic：显示该设备的开关逻辑窗体，创建或修改该设备的开关逻辑。

5）Window 菜单。Window 菜单项主要用于显示窗体的管理和控制。

6）Help 菜单。Help 菜单项主要用于提供在线帮助。

（2）CARE 工具栏　快捷工具栏位于 CARE 窗口菜单栏的下面。这些工具按钮提供了快速访问各种 CARE 功能的方法。从左到右分别是：

打开选择对话框，选择可用的工程、设备和控制器。

为当前选中的设备启动原理图功能。

为当前选中的设备启动控制策略功能。

为当前选中的设备启动开关逻辑功能。

显示附加/分离设备对话框，在当前选中的控制器中附加或分离所选设备。

启动数据点编辑器。

启动时间程序编辑器。

启动默认文本编辑器。

启动查询模板功能。

启动编译器。

启动 Live CARE 软件。

启动上传/下载软件。

启动 XI584 软件。

启动终端分配功能。

显示 About CARE 对话框，列出软件版本号以及和软件相关的其他信息。

如果相关的选项没被选中，按钮是不被激活的。比如，如果没有选中当前设备，原理图、控制策略以及开关逻辑按钮都是灰色的，未激活的。对于下拉菜单项，也一样。因此，在制定控制策略和开关逻辑之前，必须创建一份原理图。

下面一个例子显示了 3 个打开的窗口，如图 4-13 所示。工程窗口显示了工程的相关信息。

控制器窗口显示了控制器信息，如名称和编号等。设备窗体显示了设备原理图。

3. 工程和设备

（1）工程　CARE 软件用工程来管理设备。当启动 CARE 软件后，第一步就是选择一个已有的工程或者定义一个新工程。每个工程都有自己的密码，如果要对工程进行显示或做任何修改时，用户必须首先输入密码。

1）创建新工程。单击 CARE 菜单栏中 Project 的下拉菜单项 New，进入 New Project 窗

Database Project Controller Plant Window Help
Ready
New_Controller_Exhibition

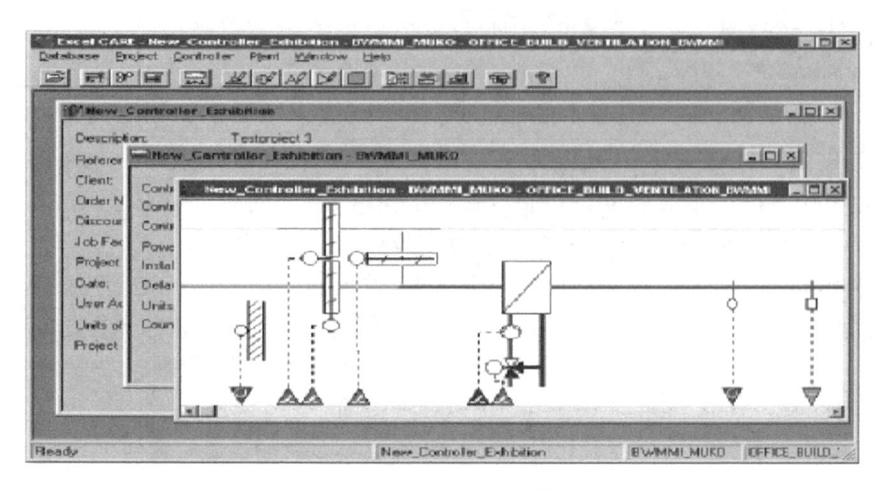

图 4-13　CARE 子窗体

口，如图 4-14 所示。在此窗口下可以定义工程名称、密码以及一般信息，如参考编号和订单编号等。

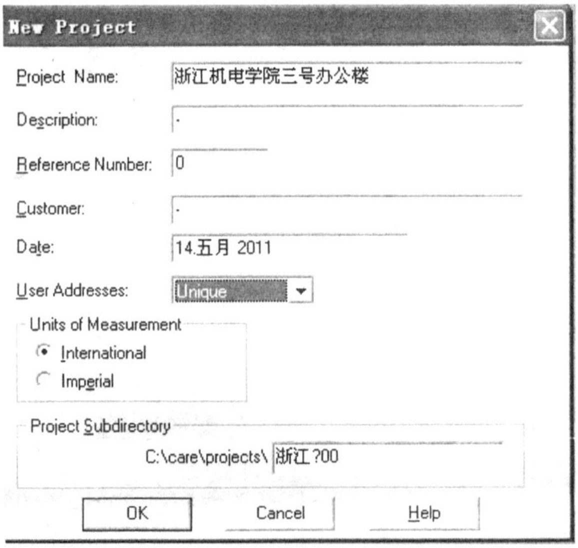

New Project
Project Name:
浙江机电学院三号办公楼
Description:
Reference Number:
0
Customer:
Date:
14.五月 2011
User Addresses:
Unique
Units of Measurement
International
Imperial
Project Subdirectory
C:\care\projects\
浙江?00
OK
Cancel
Help

图 4-14　创建新工程窗口

① Project name：工程的名称。最多允许 32 个字符，不能有任何空格，第一个字符必须是字母，可以使用下画线来分隔字符。

② Job factor：工程的难度系数（0～99.99）。当计算工程费用时，软件将根据这个系数估计额外服务，该系数可能造成整体费用的增加或减少。

③ User Addresses：可以选择工程中的用户地址是唯一的还是不唯一的。默认值是唯一的，推荐选择唯一的用户地址。如果选择该选项，软件将检查工程中是否有重复名称的点。如果软件检测到重复点，就发出一个警告信息，此时不能把有重复点的设备附加到控制器上。

2）修改工程密码。当填好所有的信息后，单击“OK”按钮，此时打开 Edit Project Password 对话框，如图4-15所示。由于每个工程都要有自己的密码，当建立好新工程后就需要定义密码。

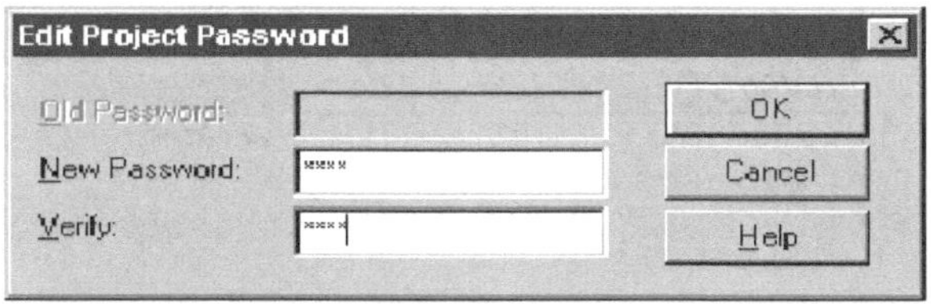

图4-15　定义工程密码

在完成一个工程定义之后，还可以改变工程信息。

（2）设备　CARE 功能如原理图、控制策略以及开关逻辑都隶属于特定的设备。因此，当启动 CARE 软件时首先必须选择一个工程中的一个设备或者创建一个新设备。也可以复制已存在的设备然后修改其副本，这样可以更快地创建新的设备。

1）打开已有设备。选择一个设备，在其基础上创建或修改设备图、控制策略、开关逻辑以及其他的设备参数。单击 CARE 菜单栏中 Database 的下拉菜单项 Select，或者单击工具栏上的选择对话框按钮，进入 Select 对话框窗口，如图4-16所示。

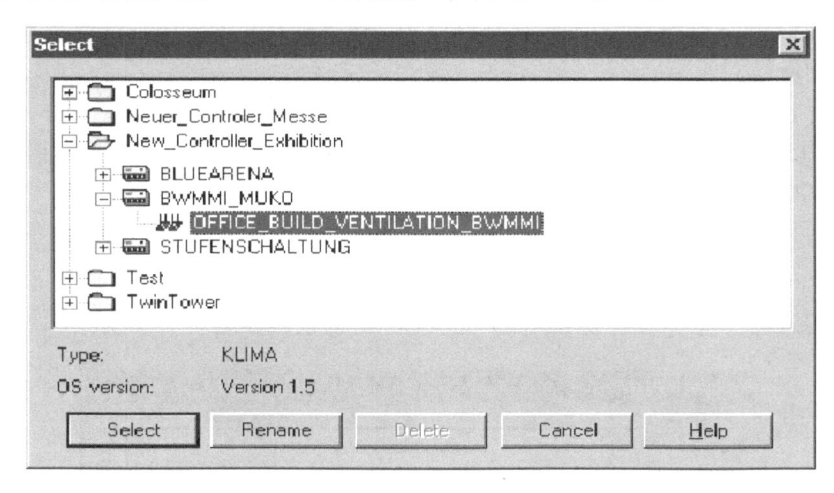

图4-16　选择对话框

展开相应的工程文件夹，选择所需的设备，将会出现一个带有设备名称的新窗口。如果该设备已有原理图，则窗体里显示设备原理图，但此时只是显示，不能对原理图做任何修改。

2）创建新设备。先在选择对话框中选中新设备所隶属的工程，然后单击 CARE 菜单栏中 Plant 的下拉菜单项 New，进入 New Plant 对话框，如图4-17所示。在此对话框下可以定义设备名称以及选择设备类型等。

① Name：设备的名称。最多30个字符，不能有任何空格，第一个字符不能为数字。

② Plant Type：设备类型。默认为空调系统。可以选择所需的设备类型，如空调、空气处理或者风机系统；冷却水、冷却塔、冷凝水泵以及冷却器系统；热水锅炉、转炉以及热水

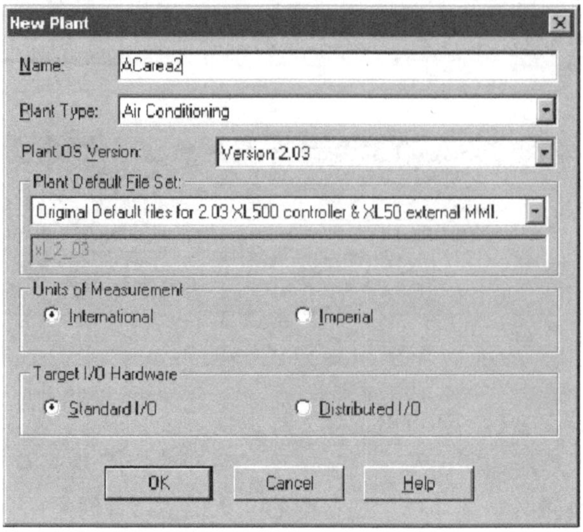

图 4-17　创建新设备窗口

系统等。

③ Plant OS Version：设备所要下载的控制器操作系统的版本号，默认为 2.0 版本的。

④ Plant Default File Set：设备默认文件格式。设备默认文件是用于默认文本编辑器中特定领域的定制默认文件。

⑤ Target I/O Hardware：I/O 硬件目标。

Standard I/O：标准 I/O，设备的硬件点安排在 IP 总线模块上。

Distributed I/O ：分布式 I/O，设备的硬件点安排在 LON 总线模块上。

3）复制设备。创建设备及其信息的一个或多个副本作为其他设备的基础。这个功能可以减少在一个工程中建立类似设备所花费的时间。选择一个设备作为母版，单击菜单栏中 Plant 的下拉菜单项 Replicate，显示 Replicate Plant 对话框，如图 4-18 所示。

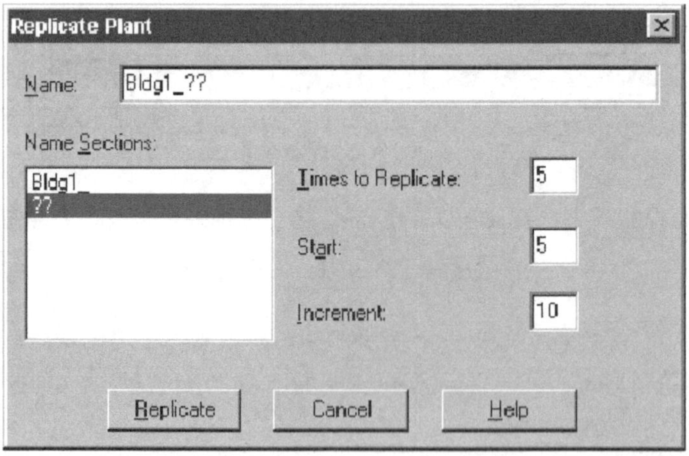

图 4-18　Replicate Plant 对话框

为了使创建的设备副本有唯一的名字，可在母版设备名字上加一个或多个问号（通常在结尾）。软件将根据问号所在的位置添加额外的字符。还可以设定所需复制的次数，开始的数值（0~100）以及递增的数值（1~100），其中开始数和递增数默认为1。

例如：选择Bldg1设备作为母版，为了使副本有唯一的名字，名字变成Bldg1_??，开始数为5，递增数为10，复制次数为5，则软件将创建出的设备副本名称为Bldg1_05，Bldg1_15，Bldg1_25……同时，这些副本设备内的用户地址也将做出相应的变化。

例如：新建一个工程AirHandle，并创建一个设备Air，如图4-19所示。

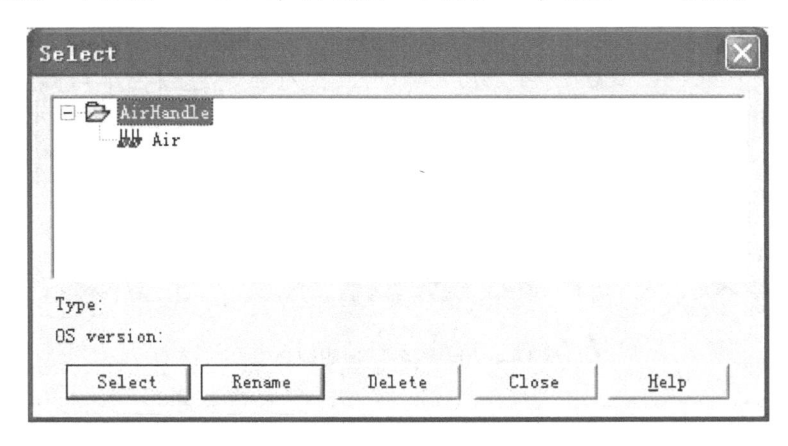

图4-19 工程和设备举例

4. 项目原理图步骤的介绍

在开发进行各种控制应用的直接数字控制（DDC）程序时，其合理的步骤是首先生成符合项目要求的系统原理图。CARE可以使这一步很容易做到，它把每一种应用（HVAC，照明等）用与原理图相似的图形显示出来，这种方式给用户提供了一个熟悉的、舒适的平台进行程序的开发和修改。CARE的每一份设备原理图都代表一个系统，如制冷、供暖或风机系统，定义了设备中的元件以及它们内部的连接关系。

（1）设备原理图窗口　一份设备原理图是若干段的组合，这些段包括诸如传感器、状态点、阀门以及泵等元件。每段都有用于较佳控制的最少数量的数据点。CARE库包含了很多预定义的段，称作宏。可以使用宏快速地增加段，也可以保存自己创建的段作为一个宏，放入库中以备今后使用。在设备图窗口的工作区中，可以增加或插入段，也可以删除段，就像使用积木搭建小房子。除此之外，还可以修改一些点的默认信息，如类型和用户地址等。

首先选择需要建立原理图的设备，然后单击CARE菜单栏中Plant的下拉菜单项Schematic，或者单击工具栏上的原理图功能按钮。图4-20所示为原理图窗口中的一份设备原理图。

（2）相关知识

1）段。可以为设备选择元件类型，这些元件被分门别类地用各种段表示。不同的设备类型包含不同的段的类型。预定义的段以Segments菜单栏的形式出现在下拉式表格中。

2）三角箭头。原理图底部的三角箭头表示点。它们是有颜色区别、有方向性的（箭头向下代表输入，向上代表输出），并且用一个符号表示额外的信息。原理图底部的三角箭头表示含义见表4-4。

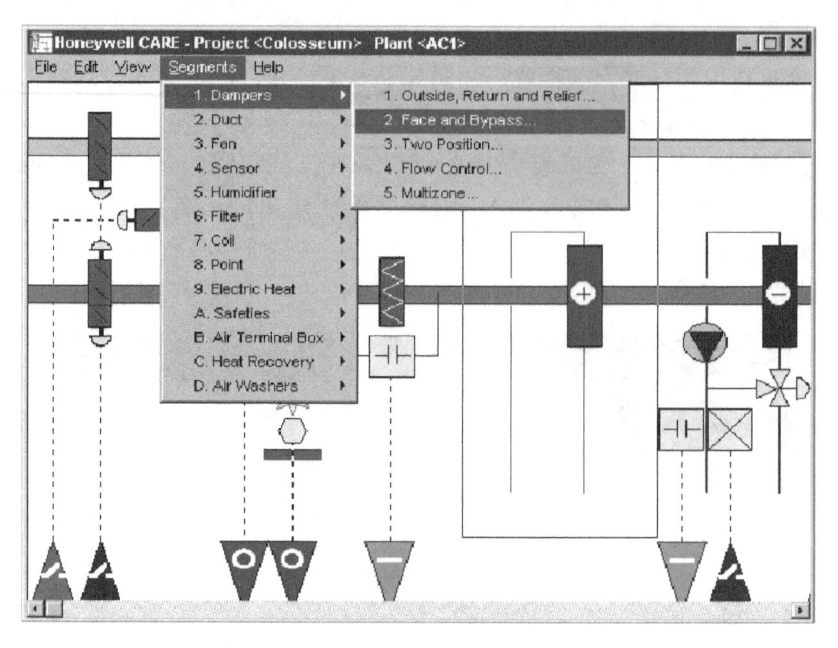

图 4-20　设备原理图窗口

表 4-4　原理图底部的三角箭头表示含义

颜色	三角箭头方向	符号	点类型
绿色	向下	—	数字量输入
红色	向下	0	模拟量输入
蓝色	向上	—	数字量输出
紫色	向上	0	模拟量输出

如果数字量或模拟量有切换器，则用_ /_ 和脉冲符号来代替符号—和 0。点也称为数据点，可以是输入点、输出点，也可以是模拟量、数字量。输入点代表环境中测量和报告情况的传感器，如温度、相对湿度和流量传感器等；输出点代表环境中完成某些功能的执行器，如冷却阀、加热阀、节气阀和启/停继电器等。模拟量是有连续信号特性的控制器输入或输出，如温度计的变化范围可以为 0 ~ 100。数字量是有离散信号特性的控制器输入和输出，如泵有两个状态，开和关。模拟量和数字量都可以是物理点或伪点（硬件点或软件点），输入点、输出点或者全局点。

3）用户地址。唯一的用来表示物理点（硬件点），创建控制策略和开关逻辑时要使用用户地址，必须确保不会重复，尽量根据点的性质来命名，便于控制。用户地址可以被理解为特定的变量名字。

5. 原理图操作

（1）段的操作　通过增加和插入段可以创建和修改原理图。通常情况下，段按顺序依次从左到右。当给原理图增加段时，CARE 软件将其放在原理图的末端。而当在原理图中插入段时，软件只是将其放在当前被框中的段的左边。增加和插入功能通过原理图窗口菜单栏中的 Edit 项的“Insert mode on/off”来控制。

例如，将一个送风机段增加到一份空调原理图中（如图 4-21 所示），其基本步骤是：

1）单击菜单项 Segments，选中下拉项 Fan，获得 5 个选择项：Single Supply Fan，Single Return Fan，Multiple Supply Fans，Multiple Return Fans 以及 Exhaust Fan。

2）选中 Single Supply Fan，列表框中列出 Single Speed，Single Speed with Vane Control，Two Speed 以及 Variable Speed。

3）再选中 Single Speed 选项，出现 5 个选择项：Control with Status，Control Only，Status Only，Control with Feedback 以及 No Control or Status。

4）选择 Control with Status，在设备图工作区中得到图 4-21 所示的原理图片段。

可以持续从 Segments 菜单项的下拉菜单中选择段，直到所需系统的图形在原理图中显示出来。

（2）用户地址的修改　三角箭头代表点，可以通过单击原理图窗口菜单栏中 View 菜单项下的 User Address 选项查看用户地址。CARE 软件在各个点的下面显示了默认的名字，如图 4-22 所示。

如果需要，可以修改用户地址，可以按照习惯定义一个命名规范，如 FanCMD、FanStatus 和 FanMode 等。通过单击三角箭头选中点，按 <F5> 键打开修改点对话框进行修改。

例如图 4-23 显示了数字输入量修改点对话框：

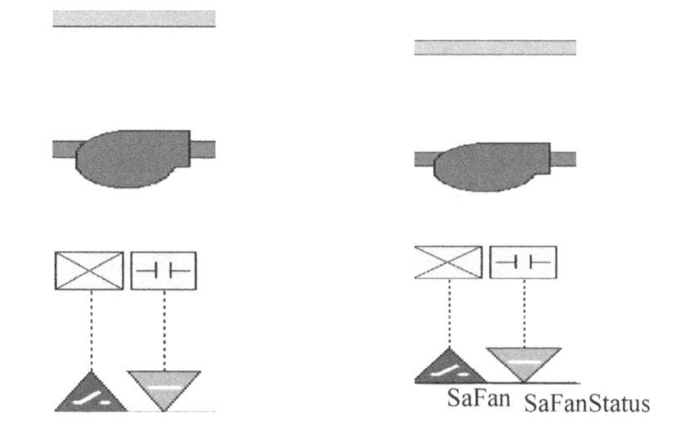

图 4-21　原理图片段　　图 4-22　用户地址修改

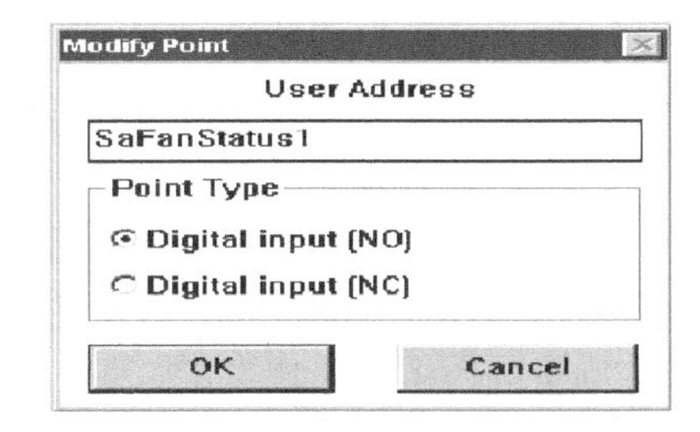

图 4-23　修改点对话框

其中，如果切换器是常开的，则选择 Digit input（NO）；如果切换器是常闭的，则选择 Digital input（NC）。

（3）设备信息的修改　在继续 CARE 的下一步之前，可以显示和检查设备信息，做一些修改。比如，可以对控制器点的数目做一个统计，或是核对用户地址，列出段的详细说明，查看附加的文本，显示控制器输入/输出信息等。

当完成一份原理图之后，就可以结束设备原理图功能，然后根据需要为其创建控制策略图或（和）开关逻辑表。

例如：空气处理设备 Air 的设备原理图如图 4-24 所示。

4.1.4　EBI

EBI 系统是 Excel 5000 的上位机软件，应用于楼宇集成管理的程序。EBI 的模块化设计方案，不论是大型楼宇系统，还是小型用户，都能提供对其系统的彻底控制。EBI 包含功能

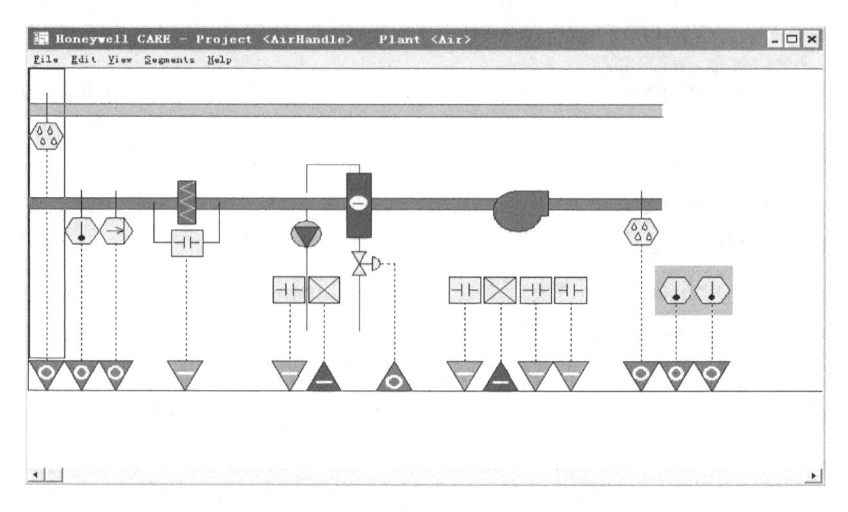

图 4-24　空气处理设备 Air 的原理图

强大的组件：楼宇自控管理系统（Building Automatic Control System）、生命保障（火灾报警）管理系统（Life & Safety Management System）、安保管理系统（Security Management System）。其中的任何一个组件都能管理大楼中的每一个细节，而它们的组合提供了楼宇自控管理的“全景图”。

EBI 系统的特点如下：

① 专业的图形人机交互界面；

② 支持本地及远端的多个高性能工作站；

③ 对各类楼控设备数据的实时监控；

④ 强大的报警管理；

⑤ 提供大量的历史数据和趋势图；

⑥ 灵活多样的标准或用户自定义的报表；

⑦ 强大的应用开发技术；

⑧ 支持基于工业标准网络的本地及远端多客户机/服务器体系；

⑨ 详细安保数据与人事系统的集成；

⑩ 针对大型高端用户的多服务器功能。

1. EBI 系统丰富的功能

EBI 系统涉及建筑物的安全管理、建筑物管理和火灾监控。系统由若干窗口组成，允许以网页方式访问采暖通风与空气调节系统，照明、能源、安全防范和安全子系统，以及财政和人事记录，环境的控制和供应链数据库，从而控制整个智能建筑系统。

EBI 的广泛应用包括大型商业建筑物、电信、工业场所、赌场、教育、保健、政府、监狱和飞机场。当然，EBI 兼容其他特定的应用，而且兼容第三方控制器。EBI 的思想是提供一个开放的标准来整合和容纳开放技术。

EBI 系统也完全与 Microsoft Windows NT/Windows 2000、工业网络标准 BACnet 和 Echelon LONmark 装置无缝集成。TCP/IP 网络访问方式包括局域网、广域网、串行和拨号访问。

EBI 基于 C/S 架构。一个高性能实时的数据库是由数据库服务器维护的。EBI 提供实时信息给 LAN 或者 WAN 客户。由于 EBI 是模块化设计，因此是极其成本化并且可扩展的解决应用。配置范围可以从单一节点系统到多服务器集成系统，如图4-25所示。

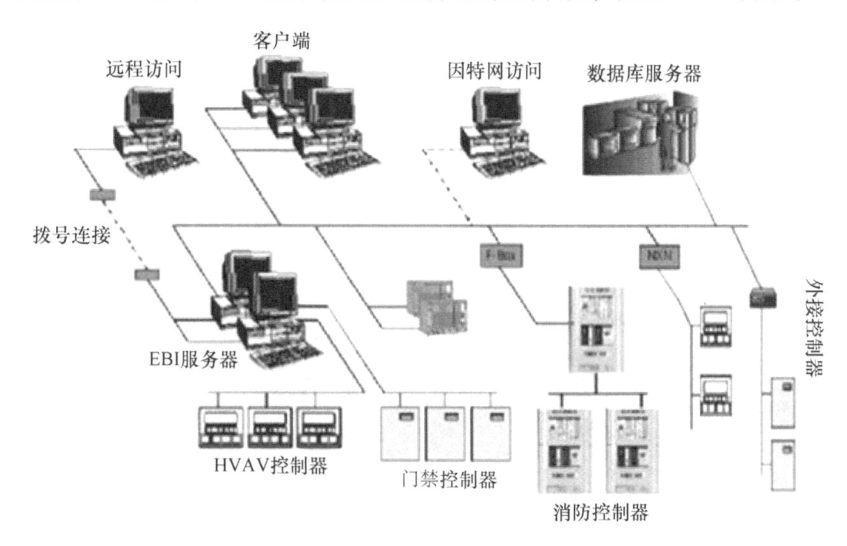

图4-25　带安防和建筑管理冗余服务器系统

2. EBI和安防管理

EBI安全管理功能提供一个确保人身、资产和财产安全的保证。它根据你的所有安全要求，以适合表达的方式来处理控制和安全，包括持卡者有效的管理；包括图像ID在内的访问卡设计和创建，在你的位置对所有的持卡者的全面的控制和监视；包括移动管理和访客管理\ 迅速智能警报；包括操作员响应指令和deadman定时器。

3. EBI和建筑物管理

建筑物管理功能提供了工具和数据来更好地管理环境，以达到提高能源效率和显著节省费用的目的。维护人员可利用计算机来完成维护功能和信息，以缩减维护费用，这包括日历；详细的HVAC数据；报警页；电话控制和HVAC报告。

4. EBI和火灾报警管理

安全防范功能允许一个工作站监控并且测试建筑物的面板。工作站操作员被提供关于建筑物的防火保护系统和来自工作站显示的火警或建筑物损害的连续信息。

5. EBI系统架构因素

在EBI系统中，硬件、软件和架构被以下因素所决定。

① 需要组件的数字和类型；

② 位置地面区划；

③ 职员水平；

④ 是否需要一个系统；

⑤ 确认一个基本的系统需求和一些有用的功能模块。

6. 硬件

（1）典型的EBI系统由以下各项硬件组成

1）各种控制器。包含Honeywell和第三方连接系统的通信硬件（如电缆、调制解调器等）。

2）EBI服务器。在最基本的系统中有一部单独计算机运行Windows NT或者Windows

2000，当作 EBI 服务器和工作站。这部计算机同时运行服务器软件，包括服务数据库客户软件（Station, Quick Builder and Display Builder）。服务器被连接到控制器上既被用作一个网络，又作为一个终端和服务器连接（终端服务器提供一个和串口设备连接的控制器依次连接到传感器和输出控制）。

3）打印机。作为打印报警、报告和工作站显示被连接到服务器上。

（2）网络架构。在较大的系统中，服务器通常通过网络被连接到附加工作站和控制器上。一个大的 EBI 系统可能连接若干个网络工作站。图 4-26 显示了一个局域网络的典型配置：

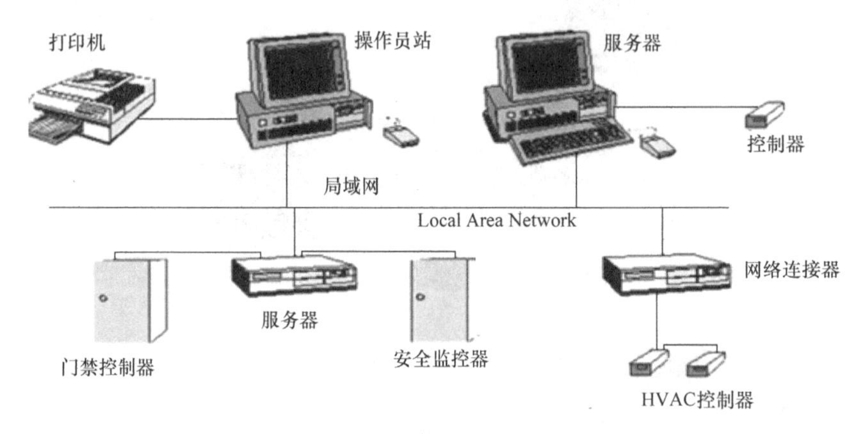

图 4-26 基于 LAN 的系统

1）EBI 通过以下的网络系统连接方式和网络通信。

局域网：局部同一区域的网络连接系统组件。

广域网：此类型的连接网络连接的是在分散的位置之上的配置，如不同城市等。广域网在正常操作时，对主数据库的所有变化自动地经由 TCP/IP 局域网被转移到备份的数据库，确定数据库数据总是被镜像为一致。

2）局域网络的终端机服务器。Honeywell 通信通过串行线连接服务器和串行设备。双重的以太网局域网络（推荐）有冗余的服务器和一个双重的网络系统，如图 4-27 所示。

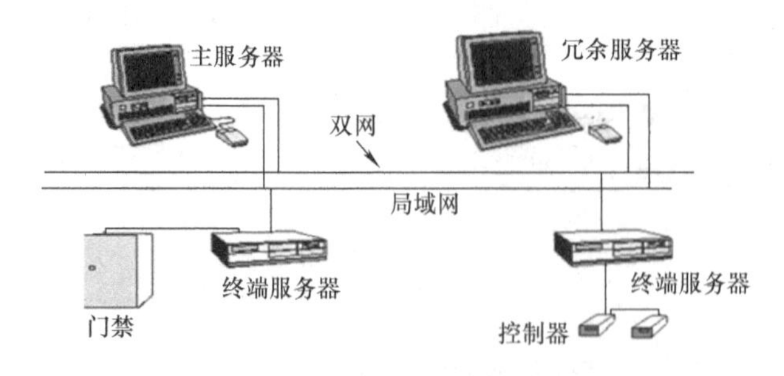

图 4-27 双重的以太网局域网络

3）分散的服务器架构。分散的服务器架构选项允许把多样的 EBI 服务器整合到一个单一操作的系统。分配服务器架构对地理上分散的系统是适用的，也适用于逻辑的分散定位在同一设备的不同部分中的 EBI 系统。

典型的分散服务器结构系统如图 4-28 所示。

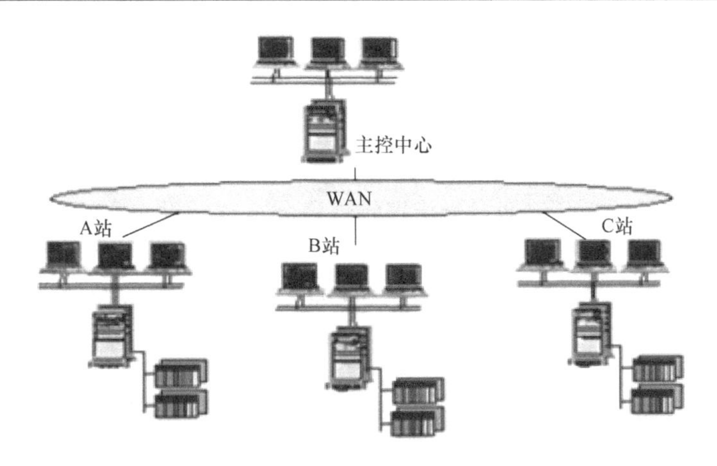

图4-28　典型的分散服务器结构系统

4）工作站。工作站是运行 Windows NT，或者 Windows 2000 的个人计算机。工作站使用“工作站软件”使操作员能够监视，并且控制系统。

在一个入门级的系统中，工作站被配置在和服务器同一台计算机上，称之为“服务器工作站”。在较大的系统中，如基于 LAN 的系统，工作站和服务器是不同的计算机；它们通过同一个 TCP/IP 网络服务器（局域网络或广域网）连接。工作站可以用键盘或者鼠标来控制，也有一些工作站采用触敏式的面板，而不是键盘来进行操作。

5）控制器。控制器（如 HVAC 控制器、安全监控面板、PLC、访问控制面板、CCTV 开关、防火灾面板和电梯通道控制器等）收集数据并送到服务器。依据控制器的类型，控制器能被服务器连接并用于

a. 网络

b. 终端机服务器（连接装置和网络进行串行通信）专有的网络通信：被用来连接控制器到服务器的通信连接称为通道。通道的逻辑描述被储存在服务器中。通常，每个类型的控制器都使用一个不同的连接记录。如此，每个控制器都有它自己的通道。由于一些复杂内存架构，一些控制器需要一些逻辑通道来描述单一通信连接。

c. 打印机：在入门级的系统中，一台打印机通过串行或者并行口被直接连接到服务器上；在较大的系统中，一个打印服务器使数据报告能够被送到被连接到网络的打印机上。

7. EBI 软件

（1）EBI 功能组成　Station，Display Builder，and Quick Builder（被用于配置和操作 EBI 的工具）网络 API，Microsoft Excel 数据交换，ODBC 客户端，OPC 服务器连接（被用于在连接到网络的 PC 的 EBI 数据库中访问数据）指南和 Deadman Timer 的功能 。

（2）EBI 服务器任务　EBI 服务器软件运行在 Windows NT 或者 Windows 2000 的服务器版上。它处理所有使 EBI 能够检视和控制你的系统的功能，监听连接控制器到服务器的通道通信的质量。

服务器任务包括：

为现在的数据扫描控制器；

为工作站上的图形显示处理数据；

为控制器写值，以实现控制；

产生事件日志和报警；

储存事件数据，方便事后分析；

检测在不同系统组件之间的通信质量；

储存关于系统配置的信息。

（3）工作站　工作站是一组通过显示器实现控制系统的界面。数据呈现为一系列的显示，每个显示都描述相应的数据，而且有相关的一套控制对象，如按钮和滑块等。EBI 内置有许多的标准系统显示，也允许使用 Display Builder 创建自己习惯的显示。

工作站提供系统主要的视图，它不需要在服务器上运行以持续不断地检测数据。

图 4-29 是一个报警事件报告。

Alarms　Message Summary

Area: (all areas)　View: (all alarms)　Clear All Filters

Date & Time	Source	Description	Value	Un...
2011-4-12 13:21:22	EXCEL5000	Notifications from server EXCEL5000 UNAVAI...		
2011-4-12 13:20:47	EventSDC	Event Archiving Reset Failed		
2011-4-12 13:20:44	Demo System	Stopping Server In 300 Minutes		
2011-4-6 15:22:37	EventSDC	Event Archiving Reset Failed		
2011-4-6 15:22:34	Demo System	Stopping Server In 300 Minutes		
2011-4-4 15:08:03	EXCEL5000	Notifications from server EXCEL5000 UNAVAI...		
2011-4-4 15:07:28	EventSDC	Event Archiving Reset Failed		
2011-4-4 15:07:26	Demo System	Stopping Server In 300 Minutes		
2011-3-7 13:17:41	Event Archiving	Event Archive Initialization Failed		

图 4-29　报警事件报告

（4）Quick Builder　Quick Builder 是在服务器数据库中配置或修改系统的信息的工具等。通过 Quick Builder，可以创建一个名字叫“Project”的配置文件，然后下载到服务器上。存在于服务器中的信息可以被上传到 Quick Builder 的 Project 中修改，或确保 Quick Builder 的 Project 文件总和服务器配置保持一致。

Quick Builder 使用一系列被定位的页组织配置数据，并且提供默认特征和选择列表对话框。

Quick Builder 具有强大的安排、分类、过滤和选择特征，因此可快速地看到 Project 数据的任何部分。

Quick Builder 的功能如下：

1）快速地配置多样的对象（如点、控制器、工作站等），浏览被选择对象的通用属性。

2）粘贴和剪切对象。

3）使用过滤限制用户看到的那些对象。

4）输入配置信息来自试算表申请，如 Microsoft Excel 等。

Quick Builder 的使用细节可以参考 Quick Builder 在线的帮忙。

（5）Display Builder　Display Builder 是一个为工作站创建定制显示的特殊画图应用，是一个为工作站创建常用显示的专门画图应用。

定制显示同 EBI 提供的标准的系统显示以同样的方式工作。定制显示对现在的数据在一定程度上允许你更个性化的应用。对操作员来说，定制显示使得复杂的处理以可视的形式更容易被识读，并且减少了操作员产生错误的可能性。

一个典型的显示可能是你的数据显示在预置的位置规划或分布，比方报警来自哪里或一个空调的基本情况。

你能创建即时的事件显示并且连接到数据库，达到实时显示的目的。Display Building 有一个图形库，很容易建立一个显示画面。比较复杂的定制可以用 VBScript 脚本创建，并且可以在工作站运行。

定制显示举例（见图 4-30）：

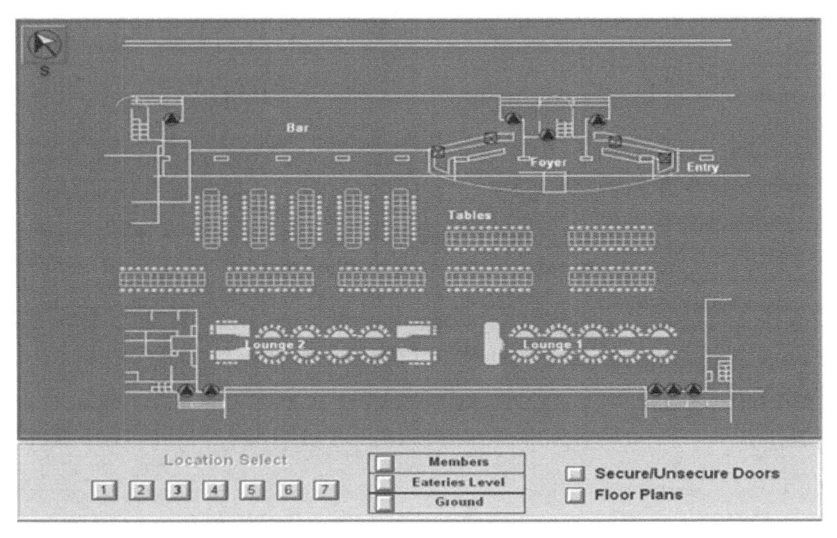

图 4-30　Display Building 定制显示

（6）动态网络数据交换　动态网络数据交换（DDE）功能允许你从服务器、计算表或其他支持 DDE 的基于视窗的应用合并实时的和历史的数据。

（7）Microsoft Excel 数据交换　Microsoft Excel 交换功能允许你合并从服务器到 Microsoft Excel 计算表的点数据和静态或者动态的历史数据。通过向导使用 Microsoft Excel 数据交换可以通过简单的单击取回你需要的数据。

（8）网络应用程序接口　网络应用程序接口（API）功能允许应用程序开发者通过 Visual C/C + +, and Visual Basic 创建网络应用。API 有功能库、头文件、文档、在线帮忙和范例源程序帮助应用程序开发者创建网络应用。

8. EBI 如何工作

需要说明以下问题：

EBI 如何接收数据；算法被用于扩充数据处理和初始化动作；监听程序被转换到一个图形工作站显示；送入数据改变激发报警；为控制器建立的手册和自动控制。

（1）关于点和扫描

1）扫描是被服务器运行包括读状态以及输入/输出值再加上读控制器的内存地址位置的过程。服务器根据控制器使用的通信协议传送不同类型的信息进行扫描。

2）控制器被扫描常使用一些策略。因为每次扫描对服务器和网络都是一个负荷，所以扫描策略很重要。当获得需要的数据时，扫描策略将以保持最小的系统负荷作为目的。

3）当 EBI 读（或扫描）来自控制器的值时，它在服务器数据库中的点中储存有已取得的数据。点是表现某个域的值的特别数据结构。EBI 使用不同的类型点作为不同的类型数据：

① 读卡器信息认证的点。(例如，当一张卡被出示时是否访问被通过或禁止)

② 模拟量点表示连续的值 。(如温度输入等) 。

③ 状态量点是数字值。(例如，一个空调系统的开关状态)

④ 累计量点为累计值。(例如，一个开关被打开的次数)

4) EBI 使用一个组合点数据结构来表现多个域的值作为一个单点。例如，维持房间温度的一个控制通常需要以下多个变量：

① 记录当前的室温值 (或 PV)；

② 改变房间的温度输出变量 (或 OP)；

③ 修正室温设定点 (或 SP)。

5) 从手动到自动控制来改变回路的一个模式 (或 MD) (在自动模态下，控制器逻辑自动地切换输出变量为开或者关。在手动模式下，输出变数被操作员手动切换为开或关。手动模式在控制器的内部逻辑中失效或者被忽略。因为控制指令由 EBI 发出，这是优先的控制)。

6) 通过组合点数据结构，服务器能将这些相关的变量作为一个变量存储。将服务器数据库中相关的域变量组合在一起，是一种更逻辑的组织点数据的方式，这样可以使操作者更容易监控一些相关数据。

7) 点的算法延伸了点的功能。它们在点处理的基础上执行，执行一个基于点的值的特定的动作 (如打印一个报告等)。

有两种类型的算法：

PV：算法在每一次点被扫描时被使用。例如，为了监控平均温度，会使用一个计算平均值的 PV 算法。可以把这个算法联系到点上以便在每次的点扫描时被重新计算。

Action：只有当点的值改变时，算法才被使用。例如，当控制器中的一个特别数值改变状态时，需要打印报告。必须为做这件事情附上一个 Action 算法。

(2) 点服务器　点服务器 (SERVER) 是一个允许 EBI 和其他控制器应用交换数据的软件。例如，针对 Lon Works (典型的建筑物管理) 和 ELPAS (被用于物业管理功能) 的点服务器。

点服务器负责为满足监听/控制应用服务的 EBI 服务作出响应，以及作出通知 (警报、事件、信息和延迟)。点服务器把这些请求映射到一个装置。独立的专用协议和通信满足请求。

点服务器运行在 EBI 服务器上，也可以运行在其他机器上。

1) 显示数据。对于 EBI，可通过以下方式得到监测数据：

使用显示 (系统或定制) 展现压缩机，门禁，警报，温度等的状态。使用警报提供变化的一个声光报警。

2) 工作站显示。有两个基本的显示类型。

系统：工作站提供大约 450 个系统显示。这些显示形成 EBI 的基础。系统显示由包含系统配置细目的标准化的目录和电子表格组成 (如警报摘要、细节显示和访问级别描述等)。

定制：利用 Display Building 为系统创建一个特定的显示画面。使用复杂的图形，包括动画，可以更容易解释系统活动。

3) 系统显示。显示数据属性，如本数据的上下限值、访问级别等。

4) 摘要，状态和配置显示。摘要，状态和配置显示为警报，点，控制器，通道，访问权限和时区的当前值。配置显示指的是一些在线的配置，如访问权限的配置等。

图 4-31 所示为一个典型的报警摘要显示。

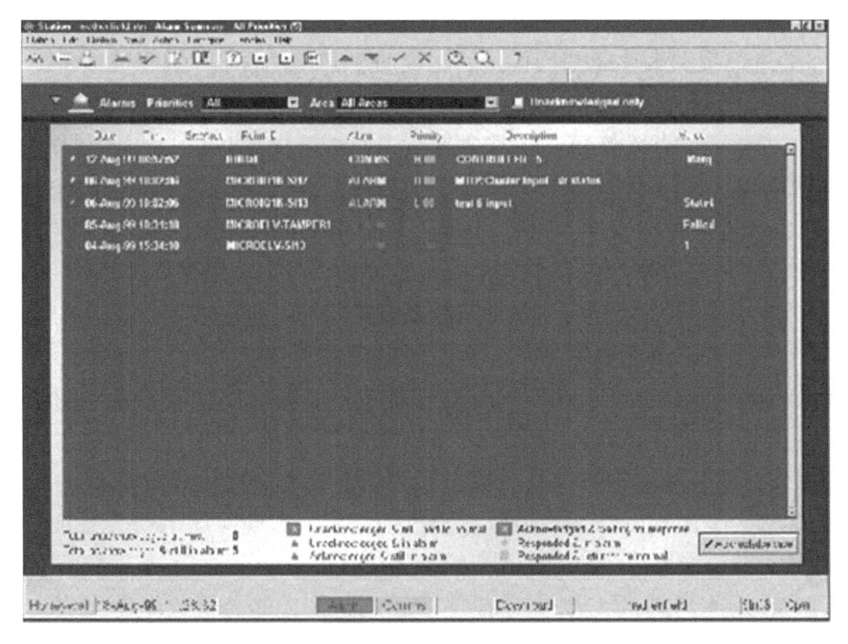

图 4-31　报警摘要显示

5）扫描统计显示。显示当前系统的性能扫描和负载扫描。

6）操作组显示。操作组显示是指在同一个显示上浏览逻辑相关的点。例如，创建一个检测关于一个水泵（如水泵状态、关联值状态、流量、温度和压力等）不同变量之上的操作组，与水泵的动作关联的所有的数据能在同一个标准显示画面上被看到。

7）典型的操作组显示（见图 4-32）。

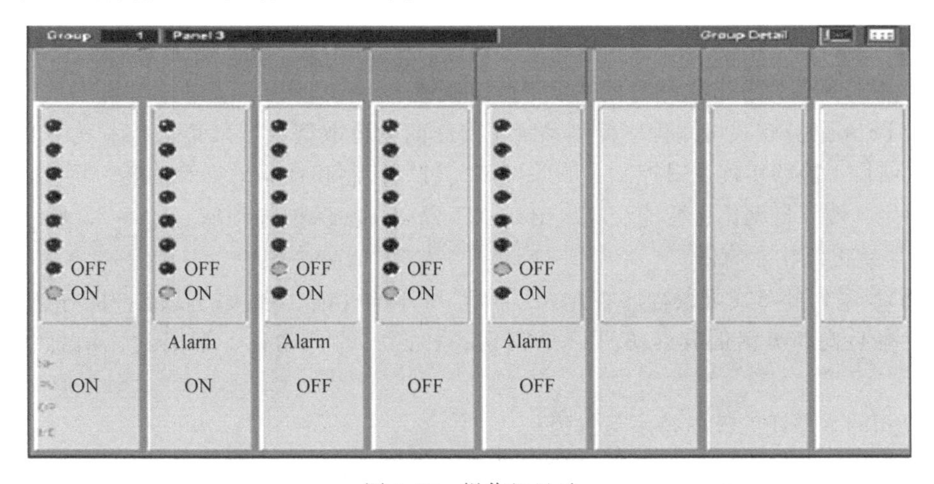

图 4-32　操作组显示

8）趋势组合显示。趋势组合显示被用来浏览历史数据。EBI 使用一些不同的类型趋势组合显示，作为细节分析历史。数据点的值趋势是获得操作周期的强有力的方法。一个多图趋势显示展现了一个典型的趋势组合显示。

9）定制显示。当用户有非常特定的需求时，可以创建一个定制显示。例如，需要使用动画或图形物体使对象更直观。所有的定制显示都通过 Display Builder 被设计而且建造。

（3）如何通过警报和事件通知操作员　当侦听到建筑物设备被改变时，EBI 产生事件并报警，指示不寻常的情况。例如一个温度的改变或者安全区域的移动异常，就会触发报警。报警会保持到触发报警的条件恢复到正常或者某人确认警报。

所有系统的改变，如警报改变、操作员变化和安全级别变化等，都会被记录成日志。

1）EBI 如何产生警报和事件：所有的警报、事件都在日志中记录，包括当警报产生时，并且它被确认、回到常态时。

警报通常被分成不同的优先级，以便先看紧要的警报。优先权是：紧急的，高，低点和日志。日志警报除了被记录为事件之外，不在警报摘要上显示。

2）操作员权限。操作员可以在工作站上看事件和报警。状态区在显示的底部总是展现最近的（或最旧的）和没有被确认的最高优先权警报。

3）管理操作员对警报的确认。高级警报管理功能被用来提供给管理员一系列的步骤跟踪特殊的报警。当一个操作员确认警报后，警报指令显示出现。如果要关警报，操作员一定要完成警报回应页。

4）分析系统数据。分析系统数据以描述 EBI 的特征，能分析数据使用报告，事件历史和趋势组合显示。

5）理解报告。一个有效率的报告系统有利于集成管理用户的系统。EBI 预先配置的报告范围也能产生如 Microsoft Access 或者 Crystal 报告 。

4.2 浙大中控 OptiSYS 的软件组态与开发

4.2.1 OptiSYS 概述与特点

1. OptiSYS 系列分布式可编程序控制系统概述

OptiSYS 系列分布式可编程序控制系统主要面向以分散型数据采集与控制为主的公用工程自动化项目，能够实现逻辑控制、顺序控制、过程控制和数据采集等功能，可广泛应用于工厂自动化、楼宇自动化、智能交通、给排水工程和环境保护等领域。图 4-33 是一个 OptiSYS 控制系统的结构示意图。

OptiSYS 系列分布式可编程序控制系统具有可靠的性能、强大的功能、良好的开放性、简便的结构形式和灵活的安装方式，是实现各种设施的自动化、智能化、信息化的最佳选择。

2. OptiSYS 系统的技术特点与优势

（1）优化的结构设计　OptiSYS PCS－300 分布式可编程序控制系统结构的设计特点：

1）外形紧凑的模块化。

2）无槽位规则限制，无需风扇运行。

3）DIN 标准 35mm 导轨直接安装，弹簧卡式固定。

4）背板总线集成在模块上，通过总线连接器进行装配。

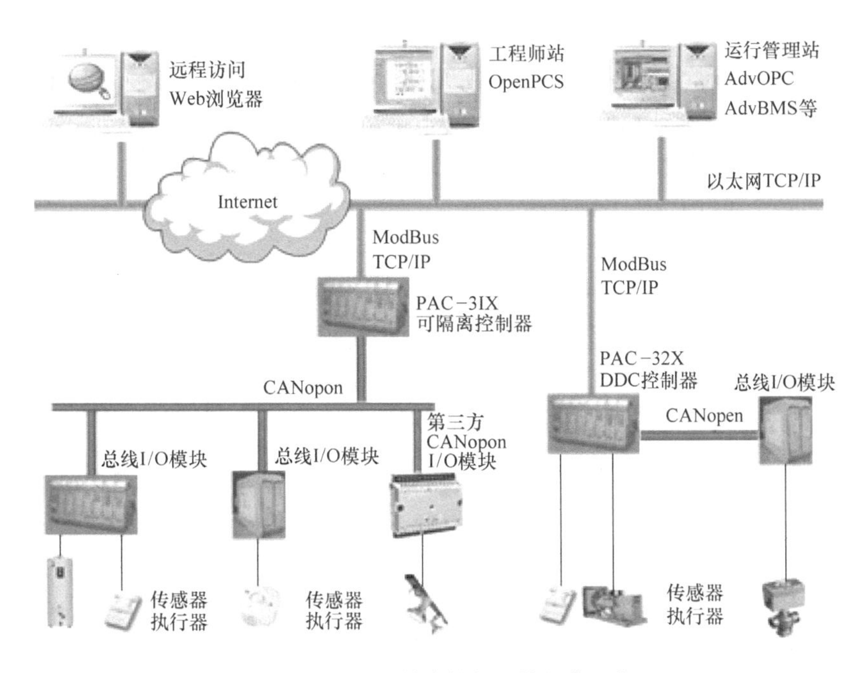

图 4-33　OptiSYS 楼宇控制系统的典型应用

5）端子全部可脱卸，每 IO 点 2 个以上端子，免外部配线。

6）0.5～2.5mm 2 端子接线规格，现场电缆可直接接入模块。

7）模块品种多样，高集成度，高密度。

8）分布式结构与集中式结构均可。

（2）先进的分布式系统　OptiSYS PCS－300 分布式可编程序控制系统采用分布式现场总线设计：

1）CAN 现场总线分布式智能 IO 模块：8 种速率可选，10kbit/s～1Mbit/s。

2）分布距离 25～5000m 可选。

3）集中式结构使用时，高速通信。

4）分布式结构使用时，经济可靠。

5）配置灵活，易于扩展。

6）符合 CANOpen DS401 标准的通信协议。

7）电源冗余、模块热插拔设计。

8）电源反接保护、防浪涌保护、总线短路保护等多种保护功能设计，针对分布式系统应用。

（3）开放的网络化通信。OptiSYS PCS－300 分布式可编程序控制系统具有以下多种网络通信物理接口：

1）工业以太网，符合 IEEE 802.3 和 IEEE 802.3u 标准，用于区域和单元联网。

2）CAN 现场总线，符合 ISO 11898 标准，适用于单元设备联网。

3）RS485，符合 IEEE 标准，多点总线通信，用于现场和单体设备联网。

4）RS232，符合 IEEE 标准，用于单体设备联网；支持多种开放的通信协议，提供相应的 OPC。

（4）服务器软件

1）EPA（Ethernet for Process Automation），通过工业以太网接口。

2）Modbus UDP/TCP，通过工业以太网接口。

3）Modbus RTU，通过 RS－232、RS－485 接口。

4）CANOpen，通过 CAN 现场总线。

5）可编程串口，通过 RS－232、RS－485 接口。

6）可编程 UDP/TCP 通信，通过工业以太网接口。

（5）标准化程序设计　OptiSYS PCS－300 分布式可编程序控制系统通过 OpenPCS 软件进行编程，该编程软件包含从项目组态、编程、调试以及测试的所有功能，有以下特点

1）用户友好、面向任务的中文图形化编程环境。

2）符合 IEC 61131－3 OpenPLC 国际标准，提供 5 种编程语言。

3）指令表（IL），高效的指令编程工具。

4）梯形图（LD），传统的图形化、自动化控制编程工具。

5）结构化文本（ST），一种类似 PASCAL 的高级语言。

6）功能块图（FBD/CFC），通过复杂功能的图形化内部连接生成任务，对较大的、复杂的应用特别有利。

7）顺序功能块图（SFC），对顺序控制或生产过程进行图形化组态。

8）具有在线模拟、在线修改和断点调试功能。

9）通过 RS－232、RS－485 或工业以太网直接编程与调试。

3. OptiSYS 系统的主要组成

OptiSYS PCS－300 系列分布式可编程控制系统是一套基于工业以太网和 CAN 总线的分布式现场总线控制系统。OptiSYS PCS－300 系统包括电源模块、高性能控制器和智能总线 IO 模块，如图 4-34 所示。模块的塑料外壳符合安全标准 IP20，紧凑型设计为装配节约出更

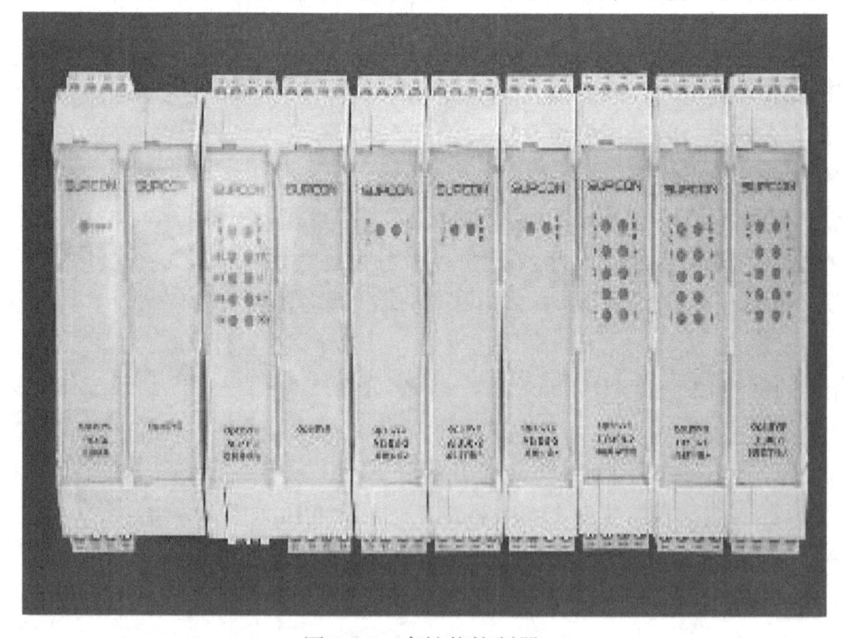

图 4-34　高性能控制器

多的空间。模块安装容易、维护更换方便，为系统的开发和维护减少了很多开支。

高性能以太网控制器具有以下技术特点与优势：

1）32位RISC处理器，大容量SRAM及Flash存储器。

2）兼具10/100M以太网和CAN总线，简化建筑智能化布线。

3）符合IEC 61131－3标准的5种编程语言和图形化编程软件，通过以太网编程和调试。

4）EPA、Modbus RTU/UDP/TCP开放通信协议。

5）可编程串口、可编程TCP/IP通信，方便集成其他设备或系统。

可供选择的具体型号与指标见表4-5。

表4-5　OptiSYS的系统组成

PAC31X控制器	PAC313－1	PAC314－1	PAC316－1
电源	DC 18～35V	DC 18～35V	DC 18～35V
功耗	<4W	<4W	<4W
背部总线	有，5芯电源和CAN总线	有，5芯电源和CAN总线	有，5芯电源和CAN总线
处理器	32位RISC处理器，45MIPS	32位RISC处理器，45MIPS	32位RISC处理器，200MIPS
实时时钟	内置	内置	内置
可连接的总线IO模块（最大）	16，CANOpen协议	32，CANOpen协议	32，CANOpen协议
最大可扩展的数字量输入/输出范围	256	512	512
最大可扩展的模拟量输入/输出范围	128	256	256
用户程序区	64KB	128KB	1MB，可通过USB存储方式扩展
数据存储区	4KB	8KB	16KB
数据掉电保存区	2KB	2KB	16KB
数据掉电保存时间	>10年，Flash存储	>10年，Flash存储	>10年，Flash存储
编程软件	OpenPCS V5.12 符合IEC 61131－3标准 中文图形化编程 指令表（IL） 梯形图（LD） 结构化文本（ST） 功能块图（FBD/CFC） 顺序功能块图（SFC）	OpenPCS V5.12 符合IEC 61131－3标准 中文图形化编程 指令表（IL） 梯形图（LD） 结构化文本（ST） 功能块图（FBD/CFC） 顺序功能块图（SFC）	OpenPCS V5.12 符合IEC 61131－3标准 中文图形化编程 指令表（IL） 梯形图（LD） 结构化文本（ST） 功能块图（FBD/CFC） 顺序功能块图（SFC）
编程调试口	10/100Mbit/s以太网	10/100Mbit/s以太网	10/100Mbit/s以太网

（续）

PAC31X 控制器	PAC313 - 1	PAC314 - 1	PAC316 - 1
每 1000 条指令执行时间	<8ms	<8ms	<2ms
通信接口	1 个以太网	1 个以太网	1 个以太网
	10/100Mbit/s 自适应 1 个 CAN 最大 1Mbit/s 1 个 RS485 最大 115. 2kbit/s 1 个 RS232 最大 115. 2kbit/s	10/100Mbit/s 自适应 1 个 CAN 最大 1Mbit/s 1 个 RS485 最大 115. 2kbit/s 1 个 RS232 最大 115. 2kbit/s	10/100Mbit/s 自适应 1 个 CAN 最大 1Mbit/s 2 个 USB2. 0 480Mbit/s 1 个 RS485 最大 115. 2kbit/s 1 个 RS232 最大 115. 2kbit/s
支持的通信协议	CANOpen 总线通信 Modbus UDP/TCP Modbus RTU SUPCON FCU 通信 可编程串口通信	CANOpen 总线通信 Modbus UDP/TCP Modbus RTU SUPCON FCU 通信 可编程串口通信	CANOpen 总线通信 Modbus UDP/TCP Modbus RTU SUPCON FCU 通信 可编程串口通信

OptiSYS PCS - 300 系统的所有智能总线 IO 模块均采用模块化、标准化设计，满足以下通用技术特征（外观如图 4-35 所示）。

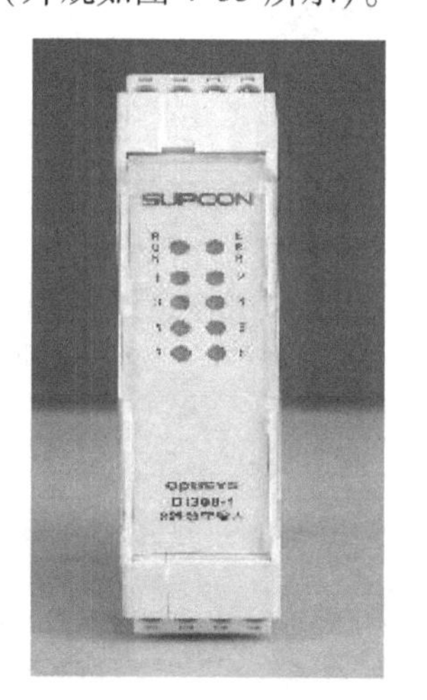

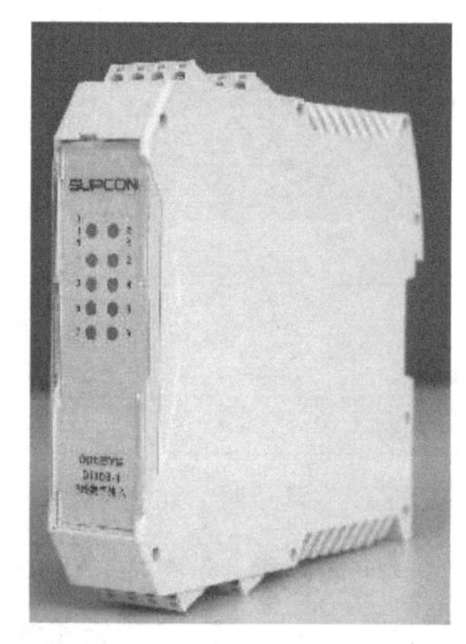

图 4-35　智能总线 IO 模块

1）电源：DC 18 ~ 35V。

2）内置处理器：4MIPS。

3）背部总线：5 芯，电源、保护地、CAN 总线。

4）CAN 总线：10kbit/s ~ 1Mbit/s，8 种速率可选。

5）符合 CANOpen DS401 标准的通信协议。

保护：电源反接保护、防浪涌保护、总线短路保护。

每通道均配置 2 个接线端子，无需外部配线。

智能总线IO模块系列包括表4-6所示模块。

表4-6　智能总线IO模块系列表

分　类	模块型号	功能描述
数字量输入模块	DI308－1	8点有源、无源开关量输入
	DI316－1	16点有源、无源开关量输入
数字量输出模块	D0308－2	8点继电器输出，AC 220V，2A，DC 24V，2A
	D0316－2	16点继电器输出，AC 220V，2A，DC 24V，2A
	D0312－4	12路继电器输出（10路常开，2路常闭），AC 220V，2A，RF遥控
模拟量输入模块	AI304－1	4点通用输入，0～20mA，0～10V，热电阻（Pt100/Pt1000），16位，0.5%精度
	AI304－2	4点常规模拟量输入，0～20mA，0～10V，16位，0.5%精度，带光隔离
	AI308－2	8点常规模拟量输入，0～20mA，0～10V，16位，0.5%精度
	AI308－3	8点热电阻输入，热电阻（Pt100/Pt1000），16位，0.5%精度
	AI304－4	4点热敏电阻输入，NTC（10K），16位，0.5%精度
模拟量输出模块	A0304－1	4点电压输出，8位，0.5%精度，0～10V
	A0304－3	4点电压/电流输出，8位，0.5%精度，0～10V，0～20mA

4.2.2　安装软件

1. OptiSYS软件安装要求

（1）操作系统　Windows 2000或Windows XP。

（2）基本硬件　70MB以上硬盘剩余空间；CD－ROM驱动器；以太网卡；Microsoft Windows支持的彩色显示器、键盘和鼠标。

2. 主要安装步骤

安装软件包括setup.exe和一些驱动程序包。双击setup.exe开始安装软件，弹出安装欢迎界面。

安装程序向导将引导您一步一步进行安装。注意以下两个步骤，它将影响您能否正常使用本软件：

① 程序复制结束，安装程序自动提示输入软件授权信息，请通过正规渠道获取授权信息。

② 安装软件OEM驱动程序包：

单击界面中的“选择”按钮，找到驱动包路径，并选择打开需要安装的驱动包。

此时，信息栏将显示驱动程序的信息。单击界面上的“安装”按钮，直至底部进度条走完，信息栏出现“＊＊＊添加驱动完成＊＊＊”，如图4-36所示。

4.2.3　组态

打开“设备”页面，出现如图4-37所示配置显示。鼠标右键单击空白表格，选择“添加设备”，弹出如图4-38所示的“离线配置”对话框。选择正确的模块地址和正确的模块

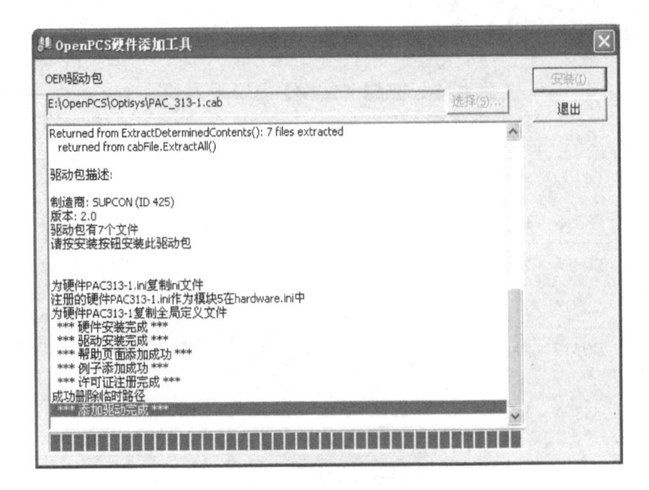

图 4-36　硬件添加

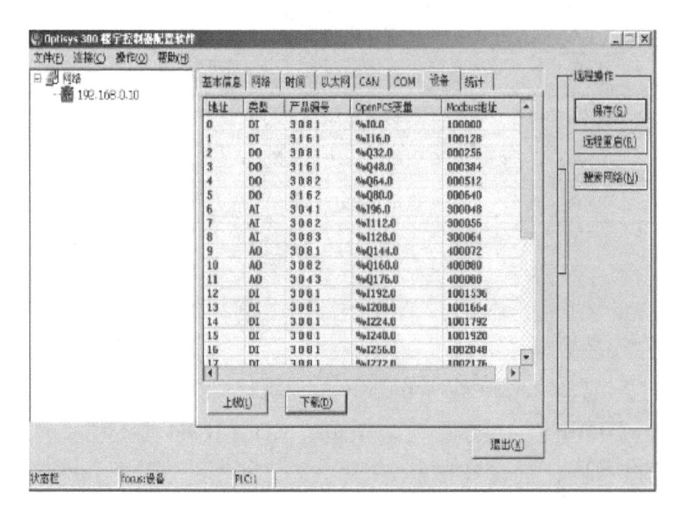

图 4-37　配置显示

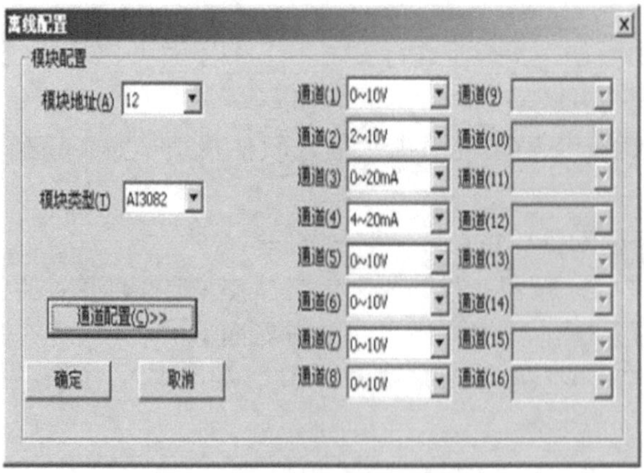

图 4-38　离线配置设备的添加

类型，单击“确定”按钮，设备表格中就添加了一个设备。一个模块显示有地址、类型、产品编号、OpenPCS 变量和 Modbus 地址这 5 项内容，以方便编程。对于模拟量输入/输出模块，在添加模块的同时需要对其功能做相应设置，具体选何种通道类型需根据具体的现场情况而定。

PLC 还提供了在线模块检测功能，单击图 4-46 所示的“上线”按钮，弹出如图 4-39 所示的对话框。PLC 将自动检测其在线设备和设备的 CAN 地址，并且在设备在线浏览器中显示。

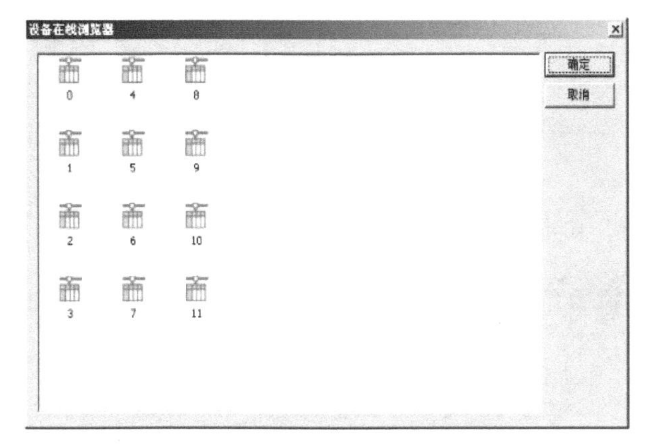

图 4-39　PLC 在线模块检测功能

4.2.4　连接

PLC 与 PLC 的编程口为以太网连接。(需要更改设置使用)

PLC 具有初始连接设置，IP 地址为 10.10.70.6。安装光盘内有 OPSconfig 程序，能搜索网上 PLC，并且对 PLC 的内部参数进行设置。打开 OptiSYSConfig.exe，单击菜单命令文件→搜索网络，搜索到 PLC 后，可以对 PLC 内部参数做相应的修改。具体参数视控制系统的需要而设定。设定好 PLC 的内部参数后，再进行程序的相关设置。

单击编程软件菜单命令 PLC→Connections，弹出如图 4-40 所示的对话框。

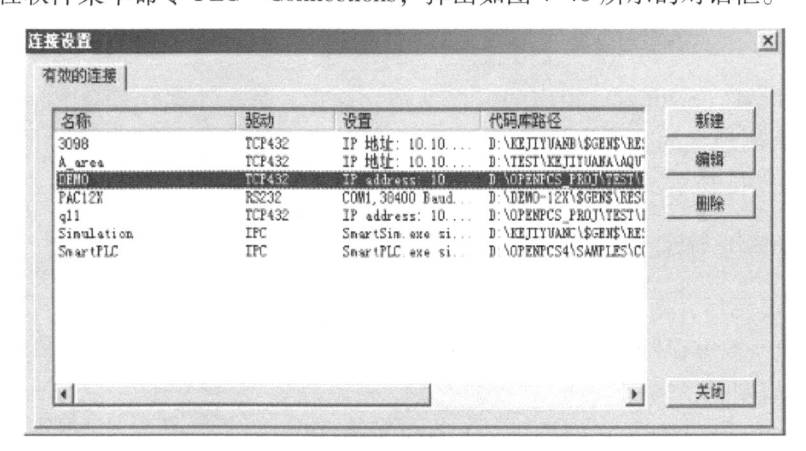

图 4-40　PLC 连接设置

单击“新建 (New)”按钮，弹出如图 4-41 所示的对话框。

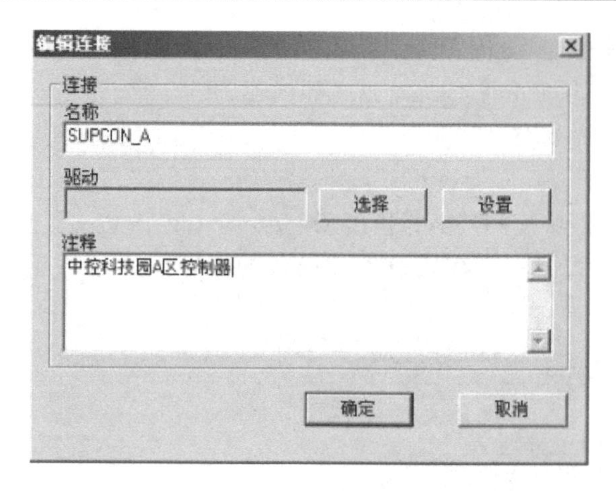

图 4-41　编辑连接

输入名称（Name），根据实际连接选择（Select）相应的连接形式，如图 4-42 所示。

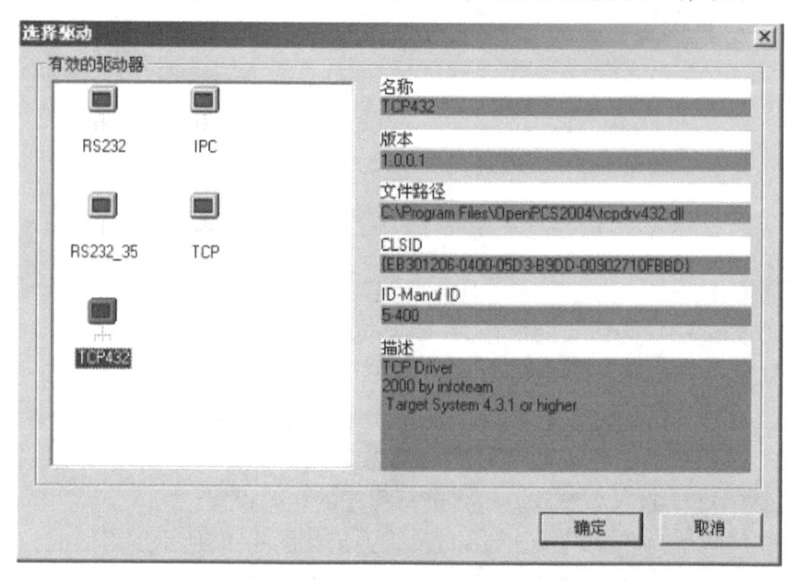

图 4-42　选择连接

确定后，设置（Settings）相应的连接参数，这里以 TCP432 以太网连接为例，设置好相应的 IP 地址及端口号，如图 4-43 所示。

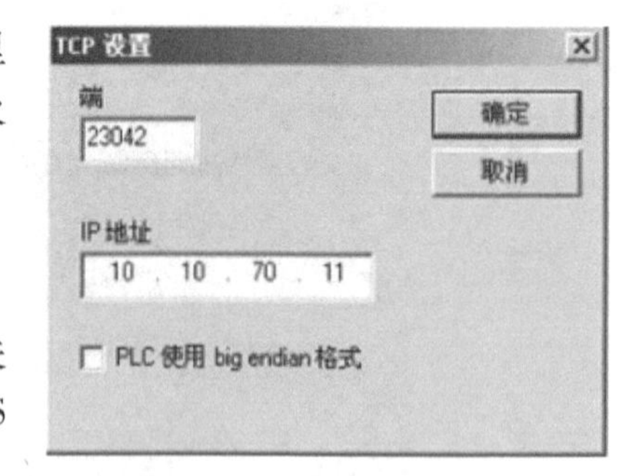

图 4-43　地址设置

4.2.5　硬件编址与定义

完成上述设置后，即可对 PLC 进行编程了。有关模块输入/输出及内容存储器地址的定义如下：OptiSyS 系统变量声名规则。

（1）开关量　一个开关量模块支持 8 点（或者 16 点），分别用 1 个字节中的 8 个 bit（或者 1 个字的 16 个 bit）对应。

变量声明方法：‘%Q’ + ‘addr’ + ‘.’ + ‘bit’

说明：addr 的计算方法：（addr = 模块地址 * 16），其中模块地址为 0 ~ 31；如果模块上的点位为第 9 ~ 16 点，则 addr 相应加 1（addr = addr + 1）。

Bit 的计算方法：如果模块上的点位为第 1 ~ 8 点，则相应的 bit 为第 0 ~ 7 位。

如果模块上的点位为第 9 ~ 16 点，则 bit 为相应的点位数减 9。

举例：

1）声明一个表示模块地址为 5 的第 6 个 bit 位的变量 D0—TEST 1，D0—TEST 1 at %Q80.5：bool；

其中，80 = 16 * 5

2）声明一个表示模块地址为 5 的第 10 个 bit 位的变量 D0—TEST 2，D0—TEST 2 at %Q81.1：bool；

其中，81 = 16 * 5 + 1

（2）模拟量　模拟量一个模块支持 8（或 16）个字节。

变量声明方法：‘%I’ + ‘addr’ + ‘.0’

说明：addr 的计算方法：（模块地址 * 16 + 变量号 * 该变量类型的长度），其中，模块地址为 0 ~ 31，bit 位为 0。

举例：声明 4 个表示模块地址为 5 的 unsigned int（该变量类型长度 = 2）类型变量 AI - TEST0，AI - TEST1，AI - TEST2，AI - TEST3：

AI - TEST0 at %I80.0 ：usint；（80 = 16 * 5 + 0 * 2）

AI - TEST1 at %I82.0 ：usint；（80 = 16 * 5 + 1 * 2）

AI - TEST2 at %I84.0 ：usint；（80 = 16 * 5 + 2 * 2）

AI - TEST3 at %I86.0 ：usint；（80 = 16 * 5 + 3 * 2）

（3）内部存储器　最大为 2048B。

变量声明方法：‘%M’ + ‘addr’ + ‘.0’

说明：addr 的计算方法：内部的地址小于 2048。

举例：声明 4 个内部变量 VAR - TEST0，VAR - TEST1，VAR - TEST2，VAR - TEST3：

VAR - TEST0 at %m0.0 ：dword；

VAR - TEST1 at %m10.0 ：uint；

VAR - TEST2 at %m20.0 ：uint；

4.2.6 程序设计

编程软件支持 5 种编程语言来编写程序，分别是 SFC（Sequential Function Chart）、CFC（Continuous Function Chart）、ST、IL 和 LD，可以结合各种语言的优缺点或根据个人的编程习惯来选择相应的编程语言。有关语言的使用，可参考其语言帮助。

编程窗口主要有几大部分：工程浏览窗口、代码窗口、输出窗口，如图 4-44 所示。

工程浏览窗口分为 Files，Resources，OPC - I/O，Lib，Help 5 页。Files 显示的是各个程序文件，可以通过此窗口打开程序代码；Resources 显示的是各个代码文件的变量，可以在此定义某个程序的运行方式，具体操作是打开某一程序属性，选择其运行方式为 cyclic、timer 或 interrupt，同时设定相应的运行方式参数；OPC - I/O 显示的是可调用的 OPC；Lib 显示的是可调用的库文件程序；Help 是编程软件帮助。

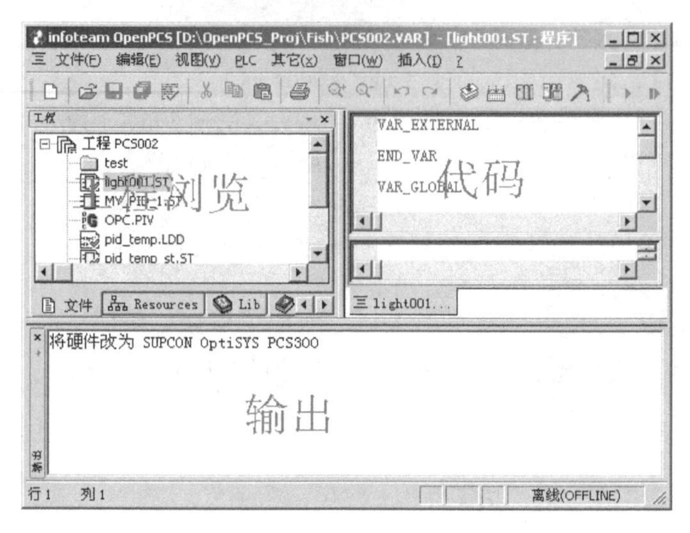

图 4-44 编程窗口

代码窗口分变量定义和程序两个窗口。所有的输入/输出、内部地址以及其他自定义变量都必须有变量名称定义。

4.2.7 下载调试

写完程序，单击 PLC Build Active Resource/Rebuild Active Resoutce/Build All Resources 或者单击工具栏上的相应编译工具图标，编译程序，输出窗口将显示编译信息。

编译成功后，单击 PLC Online 工具栏上的相应图标即可下载程序到 PLC，同时会增加变量监控窗口。从浏览栏的 Resources 页中可添加所需监控的变量至监控栏中。在线状态下可使 PLC 启动或停止。

4.3 BA 系统监控设备的现场调试方案

以下详细描述了某 BA 系统监控设备的现场调试步骤。

4.3.1 空调机组的调试方案

1. 空调机组“关”状态下的目视及功能测试

目视检查所有设备的接线端子（所有端子排接线，机电设备安装就绪，做好运行准备等）。

目视检查温度传感器、压差开关、水阀执行器、风阀执行器的安装和接线情况，如有不符合安装要求或接线不正确的情况应立即改正。

通过 BA 系统手持终端（手操器），依次将每个模拟输出点，如水阀执行器、风阀执行器和变频信号等手动置于 100%、50%、0；然后测量相应的输出电压信号是否正确，并观察实际设备的运行位置。

通过手操器依次将每个数字量输出点，如风机起停等分别手动置于开启，观察控制继电器动作的情况。如未响应，则检查相应线路及控制器。

将电器开关置于手动位置，当送风风机关闭时，确认下列事项：

① 送风风机起停及状态均为“关”；

② 冷热水控制阀关闭；

③ 所有的风阀都处于“关闭”位置；

④ 过滤器报警点的状态为“正常”；

⑤ 风机前后的压差开关为“关”；

⑥ 空调机组送风风机起停检查。

保证无人在空调机内或旁边工作后，确认送风风机可安全起动。按下列步骤检查：

① 用鉴定合格的压差计标定风机前后压差开关。当压差增至设定值（可调）时，使压差开关状态翻转。标定好后，做好标定记录。

② 用鉴定合格的压差计标定过滤器报警压差开关，使压差开关在压差增加至设定值（可调）时状态翻转。标定好后，做好标定记录，表明该压差开关已标定。

③ 将机组电气开关置于自动位置，通过BA系统手持终端（手操器）起动送风风机，送风风机将逐渐提速，确认风机已起动，送风风机运行状态压差开关为“开”。通过BA系统手持终端（手操器）关闭风机，确认送风风机停机，送风风机运行状态压差开关为“关”。

将“自动－手动”开关仍置于“自动”位置，再次起动送风风机，以便做进一步测试。

2. 空调机组的温度控制

随着送风风机的状态为“开”，执行下列检查：

在“夏季”工况下，如果回风温度或房间温度高于设定温度，程序可以自动增大水阀开度；当回风温度或房间温度低于设定温度时，程序可自动减小水阀开度。

在“冬季”工况下，如果回风温度或房间温度高于设定温度，程序可以自动减小水阀开度；当回风温度或房间温度低于设定温度时，程序可自动增大水阀开度。

（注意，调试报告中所列的值均为参考值，以批准设计值为准。）

注：由于PID控制环节积分时间的作用，执行器将花费一定时间，才能将阀门全开或全关。

3. 空调机组过滤器报警

当空调机组送风风机状态为“开”时，确认过滤器阻塞报警点为“正常”。

用一块干净纸板或塑料板部分阻塞过滤器网，使检定合格之压差计测得的过滤器前后压差超过开关点设定值（如250Pa，可调），确认BA系统手持终端（手操器）上的报警输入点为“报警”。从过滤网上移去纸板或塑料板，确认过滤器阻塞报警点恢复正常。

4. 连锁功能测试

当空调机组运行状态为“关”时，检测以下设备是否正常：水阀执行器是否为0，风阀执行器是否为0。

当空调机组运行状态为“开”时，检测以下设备是否正常：水阀执行器是否进行正常调节，风阀执行器是否开到预置位置，当模拟风机故障时是否可以停机。

5. 机组间连锁功能的测试

对于KT/Q1－9，PF/Q6－9系统，KT/Q4－4，XKT/Q4－2，PF/Q4－5，6系统，KT/Q5－4，XKT/Q5－2，PF/Q5－4，5系统，KT/Q5－1，XKT/Q5－1，PF/Q5－3系统，XKT/Q6－2，PFQ6－10系统能否实现通风空调运行说明的连锁功能。

6. 最终调整与标定

待冷冻水机组和热交换系统调试完毕，冷热水可以供给大厦的各空调机组之后，可以进行温湿度传感器的标定和温度控制回路的细调。

让空调机组在全自动控制下运行足够长的时间，以使被控区域或房间温度趋于稳定。用检定合格的温度仪表和湿度仪表标定温度和湿度传感器，通过调试软件在 DDC 控制器内做必要的调整。

系统稳定之后，细调 PI 温度控制回路，以确保温度设定点的改变不致引起系统的振荡。一旦发生振荡，改变控制回路的 PI 参数，以获得所有负载条件下的稳定控制。

7. 固定和手动模式的复位

完成所有测试后，与空调机组相关的所有输入、输出点均应处于全自动模式，并将各个受控变量置于设计的设定值。

新风机组的测试方案和空调机组的测试方案基本相同，参考 4.3.1 节。

新风机组“关”状态下的目视及功能测试。

4.3.2 FCU 末端的调试方案

FCU 均安装于天花板上。E 总线型风机盘管通过 E—BUS 与区域控制器相连。

通电前，确保 W7752D，Q7750 接线无误。

打开 Q7750、W7752D 供电电源。用手持终端依次调节水阀、风门、风机，现场查看上述执行机构动作是否正确。将 Q7750 置于自动工作方式。

（1）FCU 调试方案

FCU 是带有可调节冷热水阀的区域定风量送风系统。

冷热盘管由墙上温度传感器直接控制。

FCU 风机起停控制。

目视检查所有设备的接线端子（所有端子排接线，机电设备安装就绪，做好运行准备等）。

目视检查水阀及执行器安装和接线情况，如有不符合安装要求或接线不正确的情况应立即改正。

通过 BA 系统手持终端（手操器），依次将冷热水阀执行器手动置于 100%、50%、0；然后测量相应的输出电压信号是否正确，并观察实际设备的运行位置。

通过手操器，依次将每个数字量输出点，如风机起停，手动置于开启位置，观察控制继电器的动作情况。如未响应，应检查相应线路及控制器。

当送风风机关闭时，确认下列事项：送风风机起停及状态均为“关”；冷热水控制阀关闭。

（2）FCU 风机起停检查。确认送风风机安全起动。按下列步骤检查：

当送风机起动后，不断调节冷热水阀以保持温度设定点。

当送风机刚起动时，冷热水阀并不动作，稍后 DDC 依照现场测定的温度和设定值，逐渐地控制冷水阀或热水阀以保持设定温度。所有设备动作无误后，做好调试记录。

（3）固定和手动模式的复位　完成所有测试之后，与空调机组相关的所有输入、输出点均应处于全自动模式，并将各个受控变量置于设计的设定值。

4.3.3　送、排风机的调试方案

1. 送、排风机“关”状态下的目视及功能测试

目视检查所有设备的接线端子（所有端子排接线，机电设备安装就绪，做好运行准备等）。

目视检查风机电控柜的接线情况，如有不符合安装要求或接线不正确的情况应立即改正。

通过手操器，依次将每个数字量输出点，如风机起停手动置于开启位置，观察控制继电器的动作情况。如未响应，则检查相应线路及控制器。

当排风风机关闭时，确认下列事项：排风风机起停及状态均为“关”；风机故障报警点为“正常”。

2. 送、排风机起停检查

保证无人在送、排风机旁边工作，确认排风机可安全起动。按下列步骤检查：

将机组电气开关置于自动位置，通过 BA 系统手持终端（手操器）起动送、排风机，确认风机已起动，风机运行状态为“开”。通过 BA 系统手持终端关闭风机，确认风机停机，风机运行状态为“关”。

将“自动 - 手动”开关仍置于“自动”位置，再次起动排风风机，以便做进一步测试。

3. 固定和手动模式的复位

完成所有测试之后，将送、排风机置于全自动模式。

4.3.4　给水系统的调试方案

1. 给水水泵“关”状态下的目视及功能测试

目视检查所有设备的接线端子（所有端子排接线，机电设备安装就绪，做好运行准备等）。

目视检查蓄水池、低区生活水箱和高区生活水箱液位变送器的接线，如有不符合安装要求或接线不正确的情况应立即改正。

目视检查水泵电控柜的接线情况，如有不符合安装要求或接线不正确的情况则立即改正。

通过手操器，依次将每个数字量输出点，如水泵起停手动置于开启位置，观察控制继电器的动作情况。如未响应，则检查相应线路及控制器。

当水泵关闭时，确认下列事项：水泵起停及状态均为“关”；水泵故障报警点为“正常”。

2. 水泵起停检查

保证无人在给水水泵旁边工作，确认水泵可安全起动。按下列步骤检查：

将水泵电气开关置于自动位置，通过 BA 系统手持终端（手操器）起动水泵，确认水泵已起动，水泵运行状态为“开”。通过 BA 系统手持终端关闭水泵，确认水泵停机，水泵运行状态为“关”。

将“自动 - 手动”开关仍置于“自动”位置，再次起动水泵，以便做进一步测试。

3. 液位变送器校准

根据水箱水位的实际变化范围和液位变送器的测量范围设置软件，并对显示的水位用实

际水位进行修正。

根据给水系统水箱（池）水位报警限进行整定，并与实际水位吻合。

4. 联动功能测试

当水泵进入自动工作状态，低区水箱水位到达起泵水位时，确认可自动起动低区生活水泵；当低区水箱水位到达停泵水位或蓄水池低水位报警时，确认可自动停止低区生活水泵；当低区水箱水位到溢流水位时，可自动报警。

高区生活水箱和高区生活泵联动功能与低区相同；中区生活水泵只监测，不控制；消防系统的水泵只监视。

当水泵出现故障时，可自动停止水泵运行，并进行报警。

5. 固定和手动模式的复位

完成所有测试之后，将水泵置于全自动模式。

4.3.5 排水系统的调试方案

1. 排污泵“关”状态下的目视及功能测试

目视检查所有设备的接线端子（所有端子排接线，机电设备安装就绪，做好运行准备等）。

目视检查集水坑高报警、高位和低位水位开关的接线，如有不符合安装要求或接线不正确的情况应立即改正。

目视检查水泵电控柜的接线情况，如有不符合安装要求或接线不正确的情况应立即改正。

通过手操器，依次将每个数字量输出点，如水泵起停手动置于开启位置，观察控制继电器的动作情况。如未响应，则检查相应线路及控制器。

当水泵关闭时，确认下列事项：水泵起停及状态均为“关”；水泵故障报警点为“正常”。

2. 水泵起停检查

保证无人在集水坑水泵旁边工作，确认水泵可安全起动。按下列步骤检查：

将水泵电气开关置于自动位置，通过 BA 系统手持终端（手操器）起动水泵，确认水泵已起动，水泵运行状态为“开”。通过 BA 系统手持终端关闭水泵，确认水泵停机，水泵运行状态为“关”。

将“自动－手动”开关仍置于“自动”位置，再次起动水泵，以便做进一步测试。

3. 水位开关的测试

手动改变水位开关的位置，看 BA 系统手持终端中液位的变化与实际状态是否一致。

如果不一致，则改接 NO 或 NC，直到状态一致。

4. 联动功能测试

当水泵投入自动，低水位为“LOW”时，确认可自动停止水泵，当高水位为“HIGH”时能自动起动水泵，当出现高报警水位“ALARM”时，可自动报警。

当水泵出现故障时，可自动停止水泵运行，并进行报警。

5. 固定和手动模式的复位

完成所有测试之后，将水泵置于全自动模式。

4.3.6 照明系统的调试方案

1. 照明回路“关”状态下的目视及功能测试

目视检查所有BA系统控制的照明电控柜的接线端子（所有端子排接线，机电设备安装就绪，做好运行准备等），如有不符合安装要求或接线不正确的情况应立即改正。

通过手操器，依次将每个数字量输出点，如照明回路起停手动置于开启位置，观察控制继电器的动作情况。如未响应，则检查相应线路及控制器。

当照明回路关闭，确认照明启停及状态均为“关”。

2. 照明回路开关检查

将回路电气开关置于自动位置，通过BA系统手持终端（手操器）打开该回路，确认该回路状态为“开”。通过BA系统手持终端关闭该回路，确认回路运行状态为“关”。

将“自动-手动”开关仍置于“自动”位置，再次开、关，以便做进一步测试。

3. 固定和手动模式的复位

完成所有测试之后，将回路控制置于全自动模式。

4.3.7 冷热站的调试方案

冷热站的所有参数和直燃机组运行参数通过MODBUS方式上传到BA系统中，而且所有参数均只监不控，所以该系统的所有参数只要能够在中央图形界面上实时反映，即可满足系统的设计要求。

直燃机房内空调机组、送排风机组，排水系统的调试流程按照前面的流程即可。

目视检查所有设备的接线端子（所有端子排接线，机电设备安装就绪，做好运行准备等）。

目视检查温度传感器、压力传感器、水阀执行器（含旁通调节阀）、水流开关的安装和接线情况，如有不符合安装要求或接线不正确的情况则立即改正。

通过BA系统手持终端（手操器），依次将每个模拟输出点，如水阀执行器手动置于100%、50%、0；然后测量相应的输出电压信号是否正确，并观察实际设备的运行位置。

通过手操器，依次将每个数字量输出点，如空调补水泵、排污泵起停分别手动置于开启，观察控制继电器的动作情况。如未响应，则检查相应线路及控制器。

空调补水系统联动功能测试。

当主楼屋顶的膨胀水箱出现低水位报警时，可自动起动补水泵进行补水；当膨胀水箱出现高水位报警时，可自动关闭补水泵。

4.4 BA系统的通信协议

在BA系统的设计及实施过程中，无须了解有关通信协议的详情，只需掌握节点设备之间的通信设置即可。通信协议如同我们的语言，由文字和语法组成。当然，一个通信协议还无法具备日常语言那样确切明细的表达能力，只能按照我们的需求尽力满足节点设备之间的信号传输。语法层次越高，传达的信息越明确，但是也更加死板；语法越初级，表达的意思越不确定，但是协议相应地也越简单，发挥的余地也更大。

楼宇自动化控制协议，最著名的是 BACnet，由 ASHRAE 制定，提供任意功能的计算机设备都可以相互交换信息的机制，甚至计算机设备执行特殊楼宇服务。这样，BACnet 协议在过程控制计算机、通用数字控制器、单一用途控制器中都可以使用。

BACnet 协议制订的动机是满足楼宇业主和操作者对系统的“互操作性”的愿望，能够集成多方设备进入相关的自动化控制系统，提高系统的竞争能力。标准项目委员会 SPC 征求和收到许多公司和个人的意见；投入了无数时间讨论本协议的每一个元素。

开放系统互连（OSI）的基本参考模型（ISO7498）是一个为开发多方计算机通信协议标准提供的模型。OSI 基本参考模型给出了计算机与计算机通信的总问题，并把它划分成七个可管理的子问题，每一个子问题都赋予一个特殊的通信功能，在协议结构中形成一个“层”。

从整体看，OSI 模型是关于计算机与计算机通信的问题，它被设计处理一些有关大型复杂网络中的计算机与全球网络中的计算机进行通信的问题。然而对大多数楼宇自动化应用采说，要实现这样一个协议，成本太高，也不必要。因此将 BACnet 设计成折叠式结构，只包括了几个已选定的 OSI 模型的层，其他层未用，于是减少了信息长度和通信处理费用。这样的折叠式结构模型使楼宇自动化工业可以利用低成本、大规模生产的处理器和已经为过程控制和办公自动化工业开发的局域网络的技术。

1. BACnet 折叠式结构

BACnet 是基于四层折叠式结构的，结构中的四层对应于 OSI 模型的物理层、数据链路层、网络层和应用层。应用层和网络层在 BACnet 标准中被定义。BACnet 中各层的作用如下。

1）物理层提供一个连接设备和传送传输数据的电信号的手段。

2）数据链路层组织数据成数据框和数据包，控制访问媒体，提供寻址、差错恢复和流量控制。

3）网络层所提供的功能包括把全局地址翻译成本地址，路由信息穿过一个或多个网络，调节网络、排序、流量控制、差错恢复和复用所允许的网络类型和最大信息量。当在 BACnet 网络中存在两个或多个网络使用不同的 MAC 层选择时，需要识别本地地址和全局地址并且路由信息到相应网络。BACnet 通过定义包含寻址和控制信息的网络层首地址提供有限的网络层能力。

4）应用层在监控和控制 HVAC&R 和其他楼宇系统时提供执行应用功能的应用所要求的通信服务。

BACnet 对应于 OSI 的数据链路层和物理层，提供五种选择：选择 1 是由 ISO 88023Type 1 定义的逻辑连接控制协议，与 ISO 88023 媒体访问控制 MAC 和物理层协议组合在一起。ISO 88023 Type 1 只提供未知的无连接服务，ISO 88023 是熟知的 Ethernet 协议的国际标准版本。选择 2 是 ISO 88023 Type 1 协议与 ARCNET（ATA/ANSI878.1）的组合。选择 3 是专为楼宇自动化控制设备设计的 MS/TP 协议，是 BACnet 标准的一部分。MS/TP 协议向网络层提供一个接口。从结构看，MS/TP 协议像 ISO 88023Type1 协议，控制访问 EIA485 物理层。选择 4 是点对点协议，它为硬件或者拨号串行、异步通信提供机制。选择 5 是 LonTalk 协议。这五点选择提供了主从 MAC、令牌通道 MAC、高速连接 MAC、拨号访问、星形总线拓扑和物理媒体的选择，物理媒体有双绞线、同轴电缆和光缆等。

2. BACnet 协议特点

1）实现全 OSI 七层结构的资源和费用对于当前楼宇自动化设备是困难的。

2）按照现行采用的计算机网络技术，继 OSI 模型之后的结构模型提供了许多优点，这将造成成本降低与其和计算机的集成更容易。

3）楼宇自动化系统的应用环境和对于楼宇自动化系统的希望，允许通过减少某些层的功能来简化 OSI 结构模型。

4）由物理层、数据链路层、网络层和应用层组成的折叠式结构是当前楼宇自动化系统的最佳选择方案。

3. BACnet 网络拓扑

为了在应用方面具有灵活性，BACnet 协议没有严格地定义网络拓扑。更确切地说，BACnet 设备是通过物理连接到四种局域网（LAN）中的一种网络上，或者经过专用拨号串行、异步通信线连接到局域网上。这些网络可以由路由器进一步互连。

按照 LAN 拓扑，每一个 BACnet 设备都连接到电气媒体或者物理段上。一个 BACnet 段由一个或者多个在物理层上由路由器连接的物理段构成。一个 BACnet 网络由一个或多个由桥互连的段构成，桥连接物理层和数据链路层上的段并且过滤 MAC 地址上的信息；一个网络形成一个单 MAC 地址域。采用不同的 LAN 技术的多网络可以通过 BACnet 路由器互连形成一个 BACnet 互联网络。在 BACnet 互联网络中，任何两个节点之间只有一条信息路径。

第5章　传　感　器

广义地来说，传感器是一种能把物理量或化学量转变成便于利用的电信号的器件。国际电工委员会的定义为："传感器是测量系统中的一种前置部件，是一种检测装置，能感受到被测量的信息，并能将检测到的信息按一定规律变换成为电信号或其他形式的信息输出，以满足信息的传输、处理、存储、显示、记录和控制等要求"。控制系统接受的是电信号，所以传感器应该是可以把物理量包括非电量转换为有对应关系的电量，如温度是非电量，工作电力是电量，传感器要把它们的数值转换为弱电信号。

传统传感器按工作原理分类，可分为物理传感器和化学传感器两大类。物理传感器应用的是物理效应，如压电效应，磁致伸缩现象，离化、极化、热电、光电和磁电等效应，被测信号量的微小变化都将转换成电信号。化学传感器包括那些以化学吸附、电化学反应等现象为因果关系的传感器，被测信号量的微小变化也将转换成电信号。和传统传感器相对的是智能传感器。智能传感器的发展非常惊人，如一个体量很小的智能传感器可以直接测量一滴血液的几十项生化参数。

传感器是实现自动检测和自动控制的首要环节，是自控系统中的重要设备，直接与被测对象发生联系。它的作用是感受被测参数的变化，并发出与之相适应的信号。在选择传感器时一般有3个要求：高准确性、高稳定性和高灵敏度。表征传感器特性的主要参数有线性度、灵敏度、迟滞、重复性和漂移等。

5.1　温度传感器

5.1.1　风道温度传感器

1. TSD111

TSD111系列风道温度传感器适用于通风空调系统，能用于排风、回风、送风等风道空气温度的测量。原理是负温度系数半导体陶瓷的电阻随温度上升而按规律下降。

TSD111系列风道温度传感器选用的传感单元为NTC10K直接输入式，配有达IP67的外壳，可以应用在恶劣环境，其外观如图5-1所示。

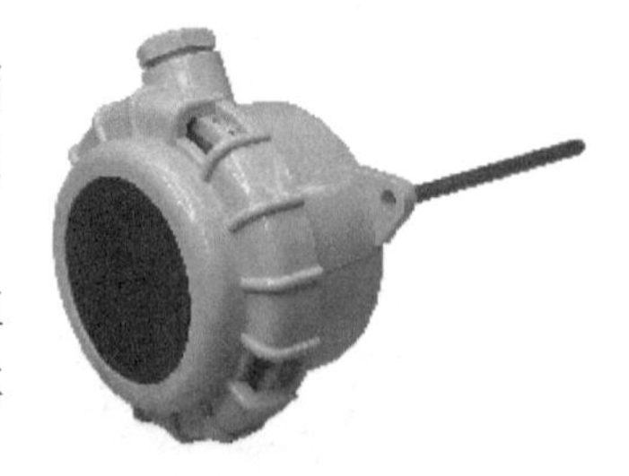

图5-1　TSD111系列风道温度传感器

1）性能参数有

温度测量范围：－10～70℃；

精度：±0.5%；

输出类型：NTC输出。

2）安装接线：选择一个合适风道，如图5-2所示把传感器放在一个预先钻好的孔并固定在风道上（孔距为85mm）。接线如图5-3所示。

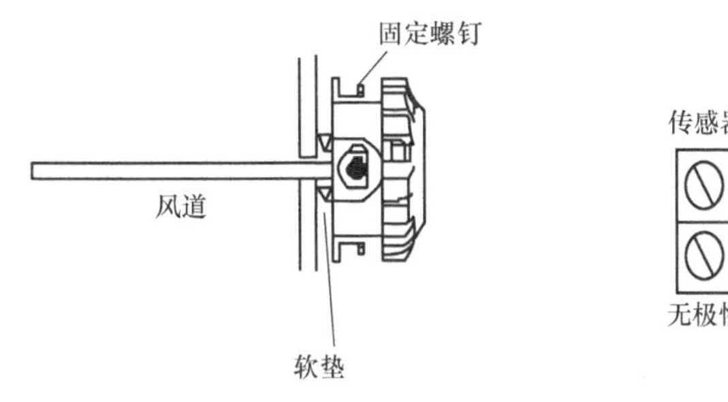

图 5-2 TSD111 安装示意图

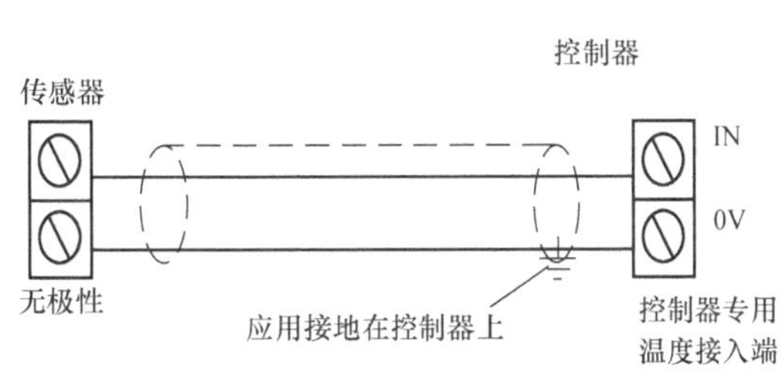

图 5-3 TSD111 接线图

安装尺寸如图 5-4 所示。

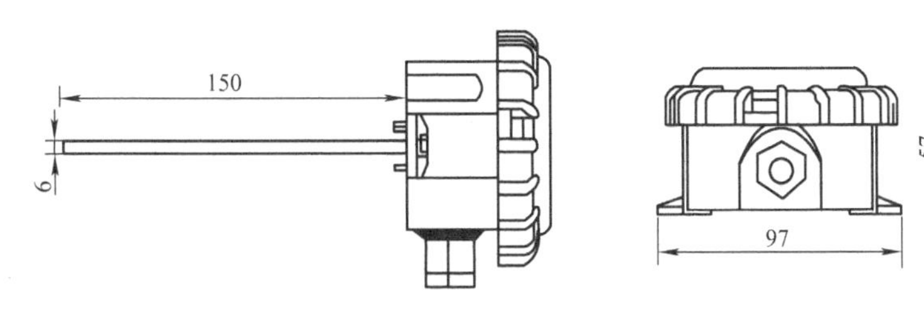

图 5-4 安装尺寸

2. TE－1000T

TE－1000T 系列风道温度传感器的原理是缠绕在骨架上的白金丝，电阻随温度升高而变化。白金丝虽然灵敏度低，但是寿命长，线性非常好，可以精确测量动态的温度，测量范围为 0～100℃，通过 Pt1000 铂电阻输出，带有 6mm 黄铜探测元件。

1）技术参数有

温度测量范围：0～100℃；

精度：±0.5%；

输出信号类型：Pt1000 铂电阻输出。

2）安装接线：

安装尺寸如图 5-5 所示。接线如图 5-6 所示。

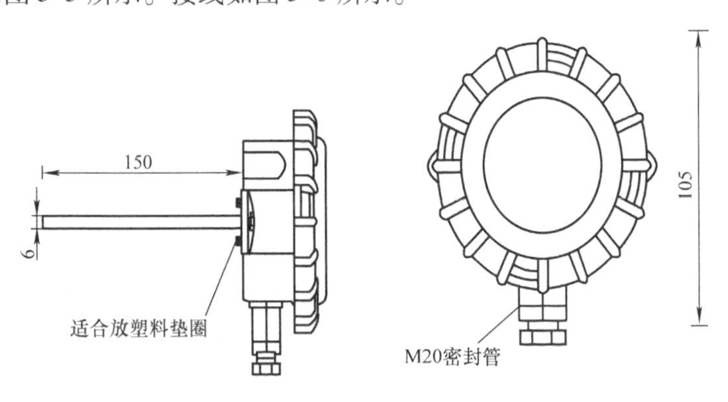

图 5-5 安装尺寸

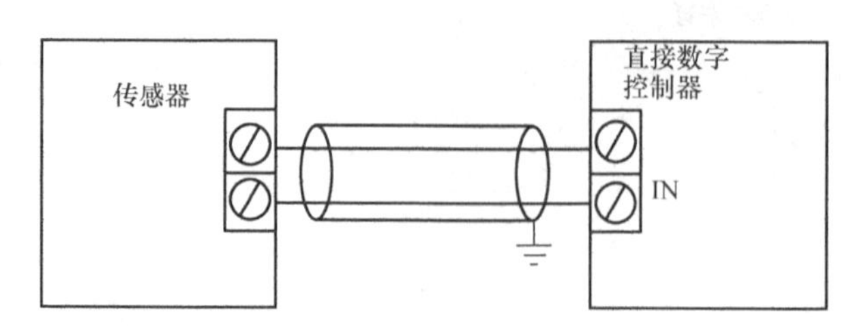

图 5-6　TE－1000T 接线图

5.1.2　风道温湿度传感器

RHD3 风道温湿度传感器（见图 5-7）能提供精确及可靠的测量数据，适用于各类楼宇控制器。此传感器利用单芯片温湿度复合传感模块，其中包括一个调校过的数字输出，确保稳定性及免于干扰。该设备包含一个电容性聚合的湿度传感元件及温度传感器。两者均与一个 14 位的模拟数字转换器无缝连接。

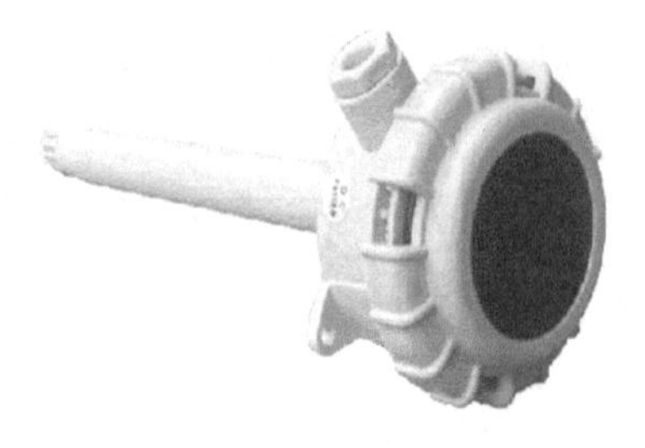

图 5-7　RHD3 风道温湿度传感器

RHD3 风道温湿度传感器具有良好的信号质量、快速的回应时间，以及良好的抗干扰性。

（1）RHD3 的特点

1）高抗干扰性，稳定性好，有数字化信号输出；

2）方便使用，湿度和温度线性输出为 0～10V

3）风道温度范围为－40～120℃；

（2）技术参数

1）湿度传感元件：电阻体聚合物；

2）精度：±3%；

3）响应时间：小于 8s；

4）长期稳定性：每年小于 2% RH；

5）滞后性：±1% RH；

6）输出：0～DC 10V；

7）RHD3 的湿度温度关系如图 5-8 所示。

（3）安装步骤如下：

1）RH 系列应该安装在合适的控制器中。

2）在空气管道中选择一个污染值小的地方安置。

3）不要让变送器沾上灰尘、土及其他污染物，并安置在相对静止的地方。

4）把线连接到接线盒内。与控制器连接；在所有其他电子元器件和测试完成后。

5）接线及跳针：接线方式将附注在随产品发出的说明书上，客户需保留产品说明书对照接线。RHD3 接线图如图 5-9 所示。

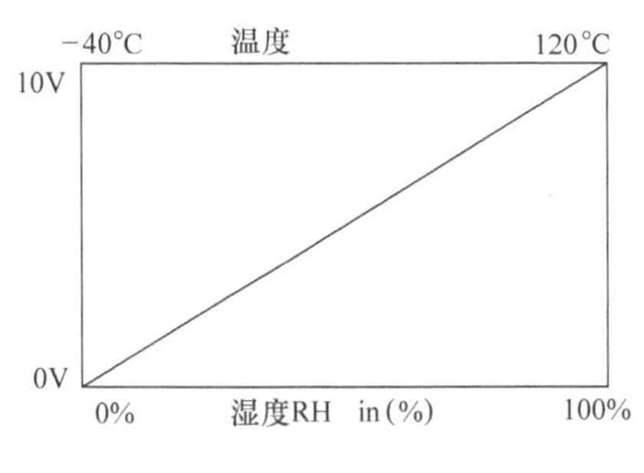

图5-8 湿度温度关系图

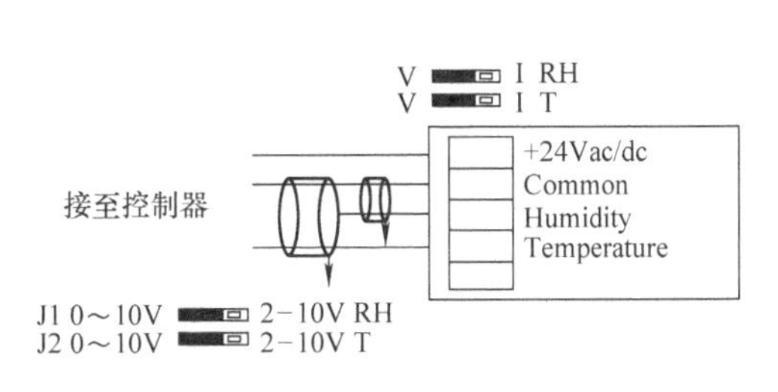

图5-9 RHD3接线图

注意：RH变送器是敏感电子设备，应保证一直采取保护措施，不要暴露在极端的环境中。变送器不该直接暴露安置于地面或潮湿的地方；避免饱和的结露区域。探针应保持整洁，不要随意拆开，拆开的话容易损坏电子元器件和传感器。

5.1.3 TSL1X1系列浸入式水管温度传感器

1. 产品类型及参数

TSL1X1系列浸入式温度传感器中TSL111的传感单元为NTC10K电阻直接输入式；TSL121、TSL131、TSL141为带变送功能，适用于高温场所。

高温型为铸铝合金外壳。外观如图5-10所示。

图5-10 TSL1X1系列传感器外观图

技术参数见表5-1。

表5-1 各型号技术参数

型 号	特 征 参 数
TSL111	-10~70℃，NTC10K，150mm长度
TSL121	-10~110℃，4~20mA，150mm长不锈钢探棒
TSL131	-10~160℃，4~20mA，150mm长不锈钢探棒
TSL141	-10~400℃，4~20mA，150mm长不锈钢探棒
TSL152	6mm水管温度传感器水路安装套管，150mm长，不锈钢材质

传感单元：NTC/PT100/PT1000。

输出：直接输出电阻值（需控制器配合）。电流输出为4~20mA。

精度：NTC -10℃~70℃，±0.5%。

PT100/PT1K -20℃~400℃，±0.5%。

2. 安装

选择一处位置，如图5-11所示安装防水套管，并确保套管与能被测量的液体接触良好。避免安装接近混流阀及T接口下游位置。将20mm螺纹防水套管固定在管道上并确保无泄漏。如图5-12所示把温度传感器安放在套管内，直至传感器的管子紧贴套管内壁，然后用防水套管提供的螺钉固定温度感应器。

安装尺寸：传感器尺寸如图5-13所示。防水套管如图5-14所示。

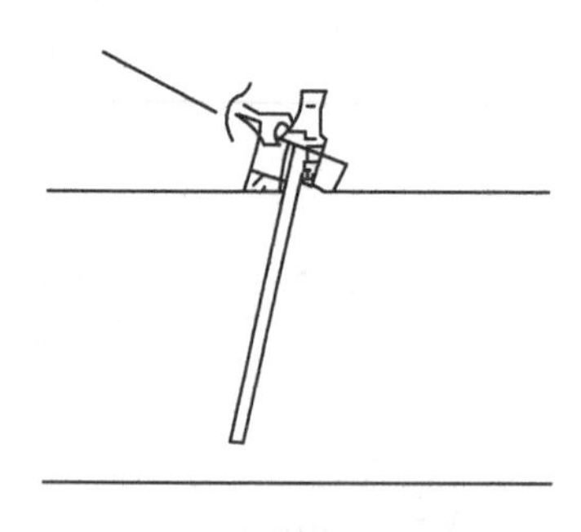

图 5-11　安装防水套管

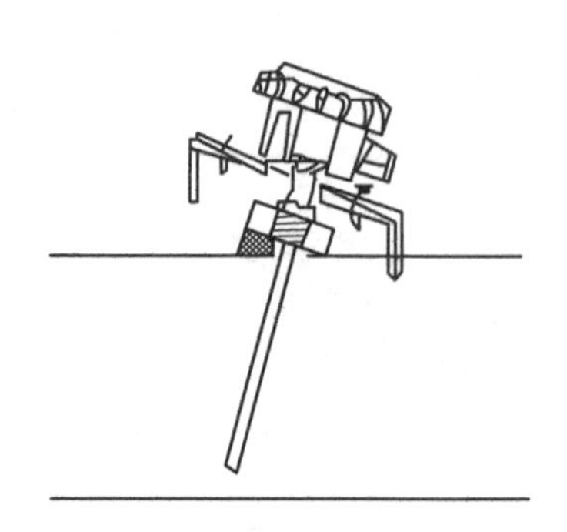

图 5-12　温度传感器的安放

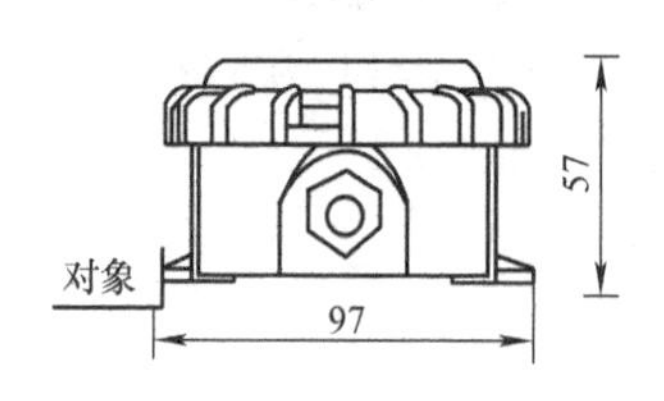

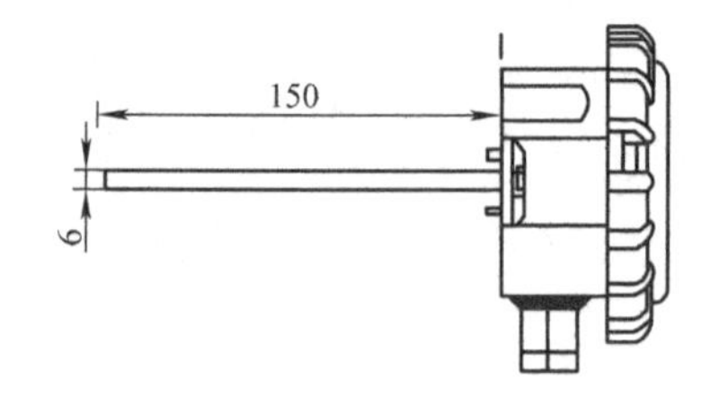

图 5-13　传感器尺寸

TSL111 型浸入式温度传感器接线原理图如图 5-15 所示。TSL121、TSL131、TSL141 浸入式温度传感器接线端子图如图 5-16 所示。

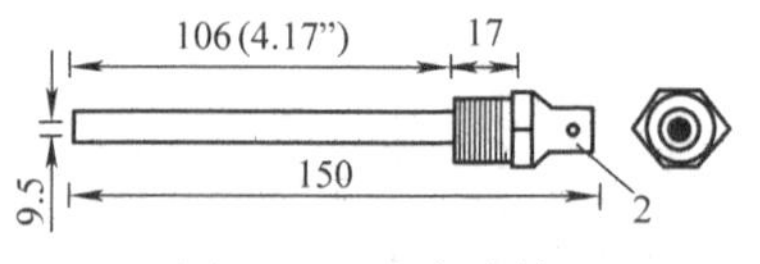

图 5-14　防水套管

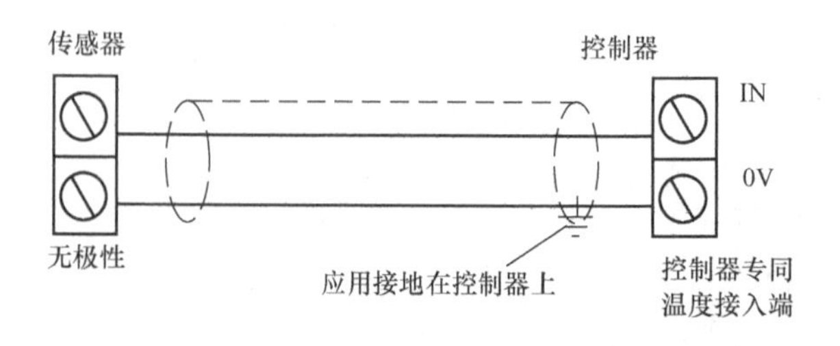

图 5-15　TSL111 型浸入式温度传感器接线原理图

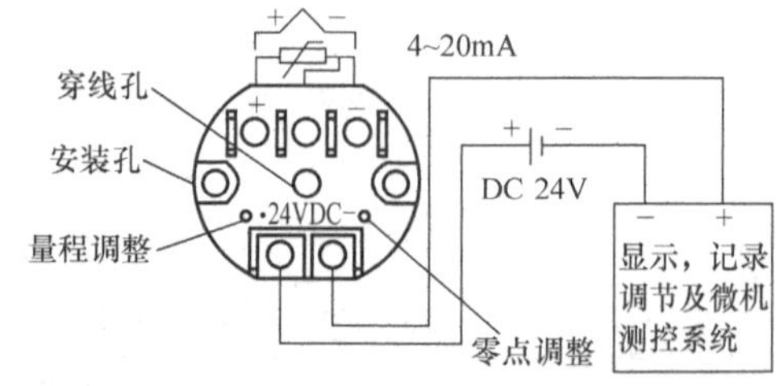

图 5-16　浸入式温度传感器接线端子图

5.2　湿度传感器

5.2.1　BD－1000HA 风道湿度传感器

1. 产品性能及参数介绍

对于各种有湿度检测及控制要求的场合，BD－1000HA 风道湿度传感器可提供快速准确的测量，并将随湿度变化的电容信号转换为成比例的电信号输出，提供 0～10V 的直流电压输出。BD－1000HA 风道湿度传感器采用高分子薄膜湿敏电容完成湿度检测，原理是当湿度变化时电容值发生变化，并由独特的电子线路将其转换成电压信号，通过标准端口输出。

BD－1000HA 风道湿度传感器（见图 5-17）可用于对环境湿度有较高要求的场合。

传感器封装在经特殊设计能够均匀检测到湿度变化的壳体中，并充分考虑到器件本身散热对测量精度的影响，可方便地安装在风道壁上。风道传感器尺寸如图 5-18 所示。

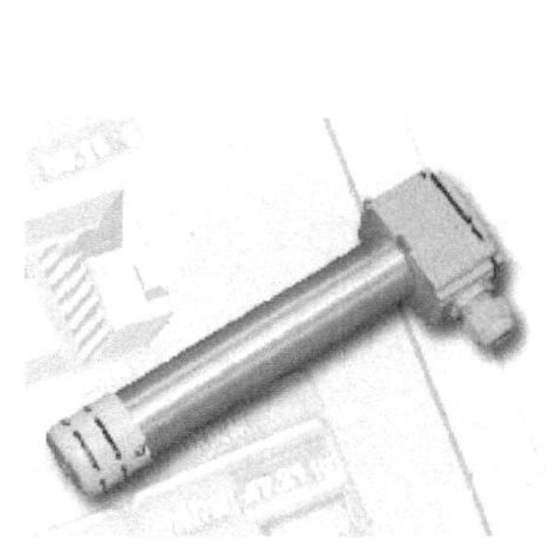

图 5-17　BD－1000HA 风道湿度传感器

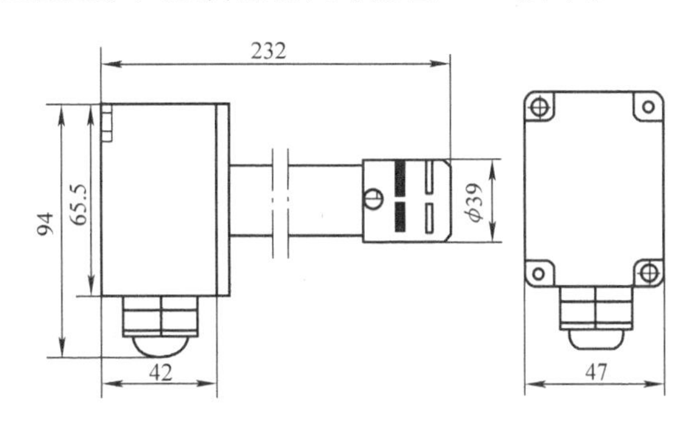

图 5-18　风道传感器尺寸

技术参数有：

1）湿度测量范围：0%～100%；

2）精度：±0.5%；

3）输出信号类型：0～10V 电压输出；

4）电源电压：DC 24V。

2. 接线

接线时注意弧度，其接线弧度示意图如图 5-19 所示。。

各接线端子可接 1.5mm 以下（如使用 RVVP2×1.0）的导线，最好采用屏蔽电缆以预防干扰。如采用屏蔽电缆，需将屏蔽层接在控制器一侧的接线端子上（通常为地）。传感变送器的接线应与电源走线或其他对高电感性负载（如接触器、线圈、电动机等）供电的导体分开，电压输出型传感变送器应避免电缆长度超过 50m。BD－1000HA 风道湿度传感器接线图如图 5-20 所示。

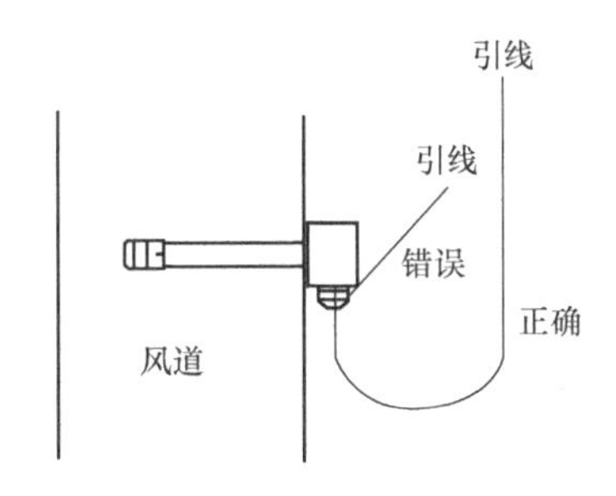

图 5-19　风道传感器接线弧度示意图

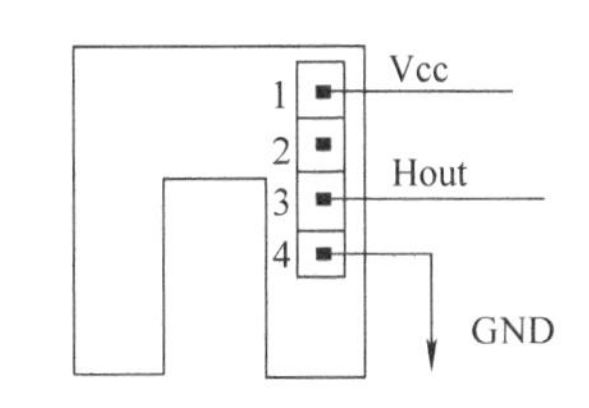

图 5-20　BD－1000HA 风道湿度传感器接线图

5.2.2　室外温湿度传感器

RHE3 系列室外温湿度传感器（见图 5-21）的原理和上述风道湿度传感器一样。对于各种有温湿度检测及控制要求的场合，RHE3 系列室外温湿度传感器可提供快速准确的测量，并将随温度变化的电阻信号及随湿度变化的电容信号转换为成比例的电信号输出，该产品提供了 0 ~ 10V、4 ~ 20mA 的直流输出及电阻输出等多种形式。

室外温湿度传感器可用于各种对环境温湿度需要监测的场合。

5.2.3 H7012 室内相对湿度传感器

H7012 室内相对湿度传感器（见图 5-22）的外观小巧，对室内温度感应灵敏，适于墙体安装。

图 5-21 RHE3 系列室外温湿度传感器

图 5-22 H7012 室内相对湿度传感器

1. 技术参数有

相对湿度范围：5% ~ 95% 相对湿度；

相对湿度传感元件：电容性；

相对湿度输出信号：DC 0 ~ 1V/DC 0 ~ 10V；

电源：AC24V/0.48V · A。

2. 安装接线

安装尺寸与接线图分别如图 5-23 和图 5-24 所示。

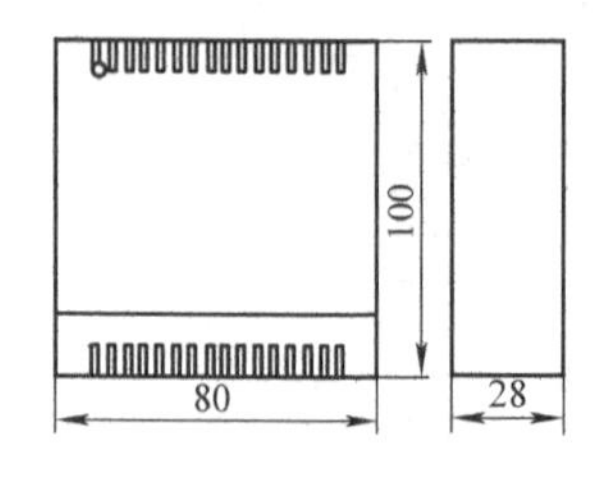

图 5-23 安装尺寸

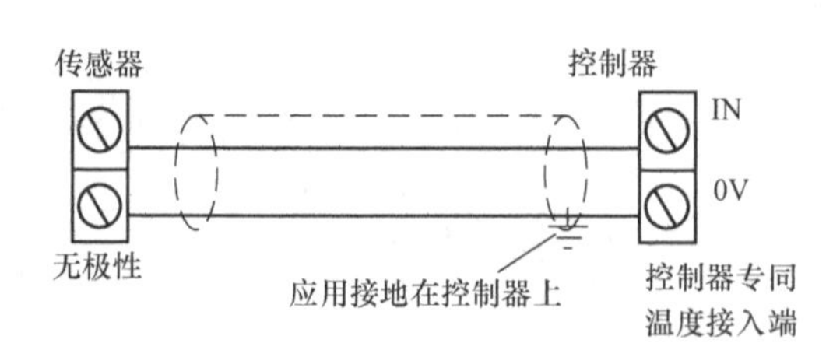

图 5-24 接线图

5.2.4 室内温湿度传感器

RHR3 室内温湿度传感器（见图 5-25）采用集成芯片技术，能提供精确可靠的测量数据，适用于各类楼宇控制器。此传感器利用单芯片温湿度复合传感模块，其中包含经精确计量的数字输出，确保稳定性及抗干扰性。采用 CMOS 专利技术保障了高度可靠性及卓越的长期稳定性。该设备包含一个电容性聚合的湿度传感器元件及带透气缝隙的温度传感器。两者均与一个 14 位的模拟数字转换器无缝连接，这充分保证了优良的信息质量、快速的反应度及对外界干扰的不敏感性。

特点有：

数字化信号输出，高抗干扰性和高稳定性。

安装使用方便，湿度和温度均由 0 ~ 10V 线性输出。

湿度值至 100% 无精度损益。

较宽温度范围至 -40 ~ 120℃。

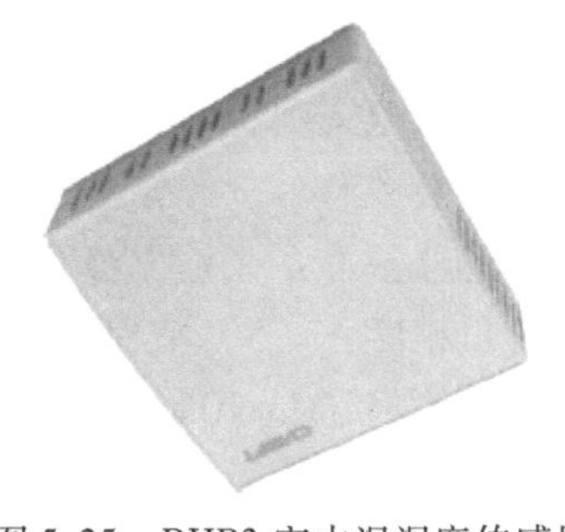

图 5-25 RHR3 室内温湿度传感器

5.3 照度传感器

5.3.1 室外照度传感器 LC11x

图 5-26 LC11x 系列室外照度传感器

LC11x 系列的传感器（见图 5-26）采用了由先进的电路模块技术开发的变送器，用于实现对环境光照度的测量，并限流输出标准电流信号；采用硅光电池将光照强度转换为伏特信号。传感器的灵敏度高，产品外观精美并采用了防水接头，可广泛用于温室、智能门窗和楼宇等环境的光照度测量。

1. 技术参数

传感器感应：硅光电池；

电源：24V DC；

测量精度：±2%。

2. 安装接线

安装尺寸如图 5-27 所示。

接线如图 5-28 所示。

室内传感器（室外传感器）

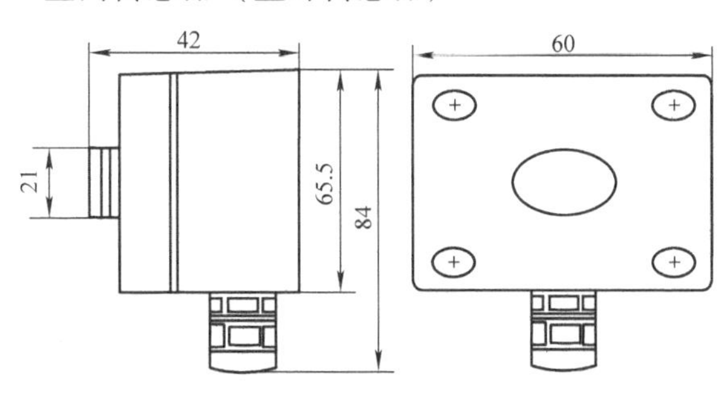

图 5-27 安装尺寸

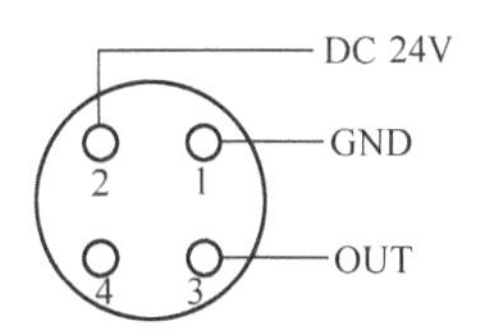

图 5-28 LC11x 接线

安装说明：该传感器尽量安装在四周空旷或射面上没有任何障碍物的地方。光照度传感器在使用一段时间后，应尽量擦试上方的滤光片，以保持测量数值的准确性。

5.3.2 室内照度传感器 LC1x1

LC1x1 系列的传感器（见图 5-29）返回 0 ~ 10V 的线性信号代表传感器元件的光亮等级。

采用光敏二极管，根据照明变化需要，该值用于确定最佳能效。传感器的测量范围为10～2000Lux，适于安装在室内。

技术参数有

传感器基准：光敏二极管；

测量精度：±5%量程内；

信号输出：0－10V DC输出。

图5-29 照度传感器

5.4 流量传感器

流量传感器的种类多、造价高、技术多样，有电磁流量计（见图5-30）、涡街流量计、涡轮流量计、超声波流量计和孔板流量计多种类型。电磁流量计利用导电粒子在电磁场中向管壁两边的电极积聚，形成的电压和导电粒子流速之间的对应关系来测量流量，几乎没有压头损失；涡街流量计则利用涡街频率与流速的对应关系来测量流量；涡轮流量计利用电动机原理测量流量，相对来说压头损失大一点，不过测量精度很好，尤其对低速流体。下面以DWM2000电磁流量计为例介绍流量传感器。

DWM管道式电磁流量计由转换和传感器组成，是一款新型多功能智能流量计。采用大屏幕图形液晶显示器，可同时显示瞬时流量、积累总量、介质温度和压力等参数。全中文操作界面，多参数智能设定，给现场人员的操作带来方便。

DWM系列电磁流量计可以用来对导电介质（液体、浆料和悬浮液）的流量进行测量。DWM2000流量计的输出信号是4～20mA的电流。

图5-30 电磁流量计

1. 功能特点

适用管径为DN50～DN400（mm），输出信号为4～20mA。

介质温度：－40～180℃（注：受衬里材料耐温特性的限制）。

精度等级优于0.5%，宽量程，下限测量流速可以达到0.1m/s。

适用于各种导电液体的流量测量，如自来水、污水和泥浆。测量结果不受温度、压力、密度和电导率等介质物理特性和工况条件的影响。

其输出信号与被测流体的体积流量成正比。

具有正/反双向流量测量功能。

浸湿部分为不锈钢和陶瓷。

无活动部件，免维护。

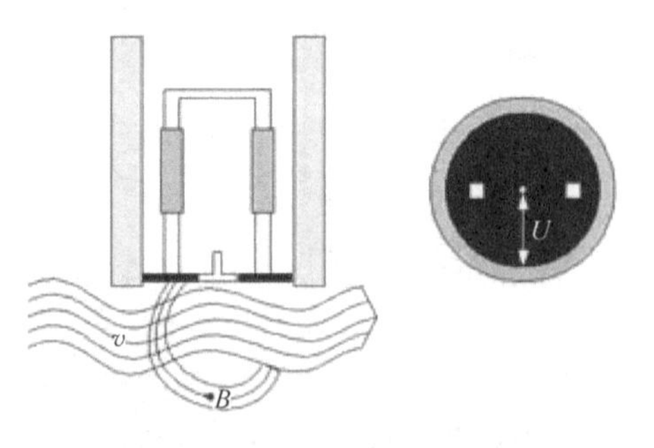

图5-31 导体在磁场中运动

2. 工作原理

当导体在磁场中运动时（如图5-31所示），运动导体的两端将产生电压U。在本流量计中，具有微导电性的液体相当于导体，磁场B方向与液体流动方向垂直。产生的感应电压U与流经测量管的液体流速v成线性关系，则且满足下列公式。

$$U=KBvD$$

式中，K 为仪表常数；B 为磁场强度；v 为流体流速；D 为电极间距。

感应电压经过电极、中间环节流至接地电极（测量管）。

3. 技术参数

DWM2000 流量变送器，4～20mA 的电流输出，其参数见表 5-2。

表 5-2　电磁流量计参数

范围和输出	满量程范围	1～8m/s 可调
	输出	无源电流输出 4～20mA 接线端（5/6）
		最大负载：500Ω（DC 24V）
	功耗	≤50mA（DC 24V/20℃）

4. 安装

入/出口直管段：入口为 10 倍口径，出口为 5 倍口径。

连接标尺套口径为 ϕ45mm。

50mm≤管径≤400mm 时，安装位置和插入深度如图 5-32 所示。

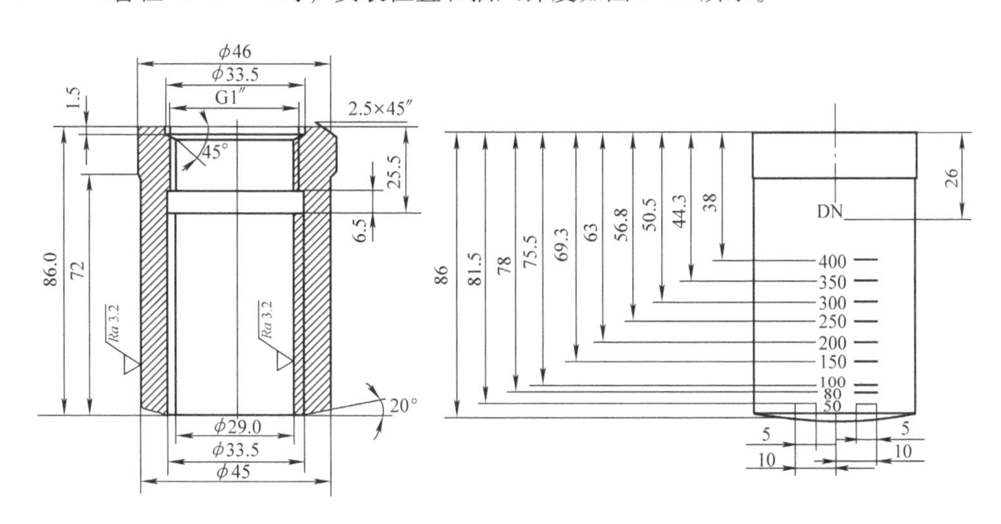

图 5-32　安装位置和插入深度

注意 1：

1）将 DWM2000 电磁流量计所配套提供的连接套管安装在测量管线（≥50mm 或≥2″）上。

2）安装位置和插入深度请参阅安装（见图 5-33）。

3）入/出口直管段：10DN/5DN（DN 为标称管径）。

4）在管道上开孔，直径为 45mm。

5）将 DWM2000 插入适配座。

6）旋紧流量计时，传感器的方向并不重要，因为里面的电子部件可以进行旋转调整。

注意 2：

错误安装会导致错误的测量结果。焊接时要注意标尺套的正确焊接位置，注意保持标尺套清洁，不要使标尺套变形。密封垫圈的材质必须是聚酰酪纤维板，不能用四氟垫圈或胶带

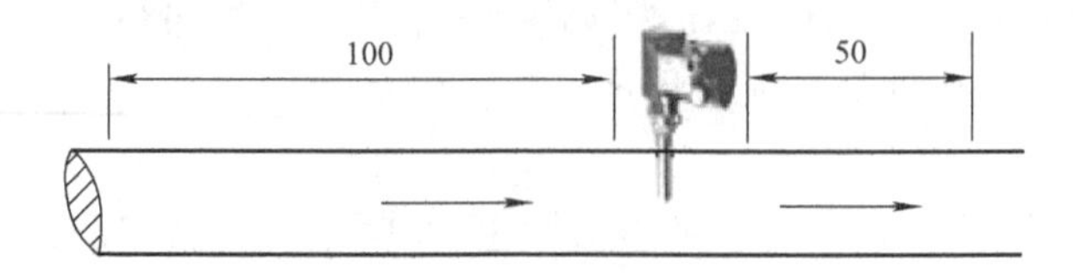

图 5-33 安装直管要求

代替。可将壳体旋转到电缆接口接线最方便的位置。

水平管道的安装位置：

电磁流量计安装位置示意图如图 5-34 所示。

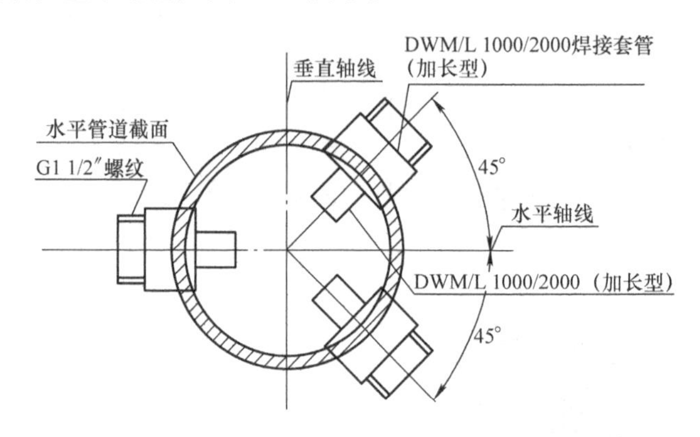

图 5-34 电磁流量计安装位置示意图

水平管道安装常见错误如图 5-35 所示。

连接标尺套管安装示意图如图 5-36 所示。

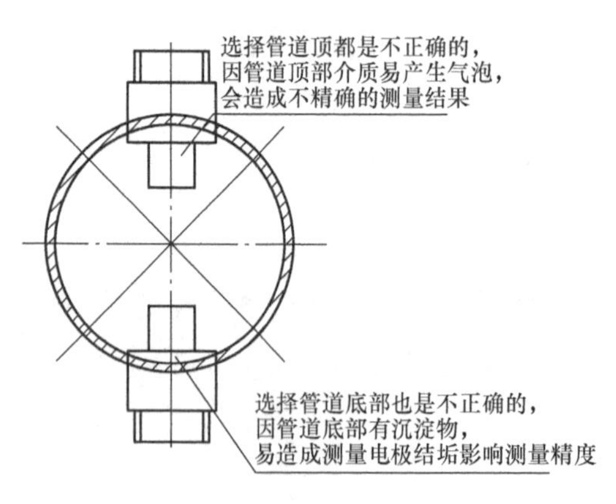

图 5-35 水平管道安装常见错误

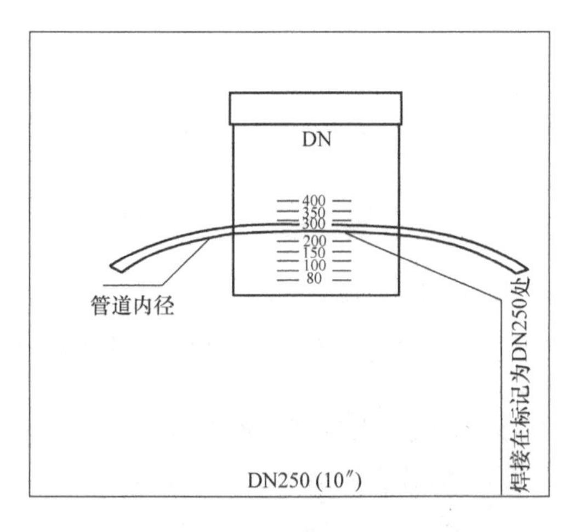

图 5-36 连接标尺套管安装示意图

5. 电路连接和设定

DWM2000 流量变送器（4 ~ 20mA 输出）的电路连接步骤如下：

1）确定电子部件的位置：打开转换器壳体，松开电子部件上的螺钉但不用把它们拿下来。使电子部件上的箭头方向和介质流动方向一致，然后拧紧螺钉。如果箭头方向与介质流动方向不一致，将会产生错误的测量结果。

2）满刻度设置：满刻度的设置必须在 DWM2000 不通电的情况下进行。满刻度可以设置为 1m/s，2m/s，3m/s，4m/s，5m/s，6m/s，7m/s 或 8m/s。满刻度将是所选值的总和。开关必须在标有 1，2，4，8 的位置激活。如果满刻度设置不当（即大于 8m/s），仪表将处于报警状态（输出电流 <3mA）。

3）电路连接：给装置接通 DC 24V 的电源［接线端 11（－）和 12（＋）］。导线截面积最大为 $1.5mm^2$。三线制公用电源如图 5-37 所示。四线制独立供电如图 5-38 所示。

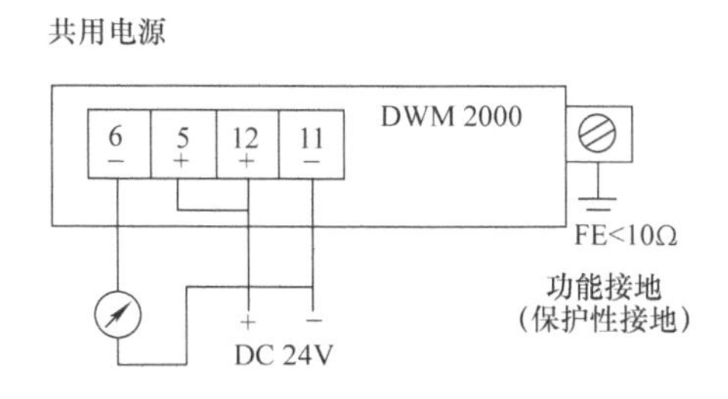

图 5-37　三线制公用电源

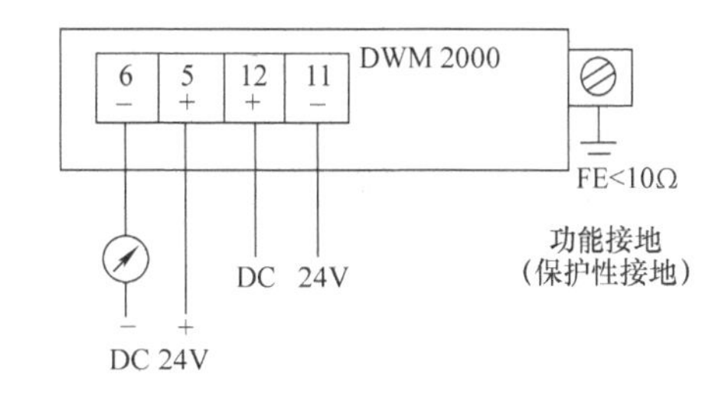

图 5-38　四线制独立供电

备注：一个电源可以同时给 DWM2000 和电流输出供电；通电后，DWM2000 将进行自检（1min），电流输出将处于报警状态（输出电流 <3mA）。如果自检正常，DWM2000 开始测量，否则电流输出仍处于报警状态（输出电流 <3mA）。

4）调零：确保管道充满介质，且介质流速为“零”（<3mA）。如果自检正常，DWM2000 开始测量，否则电流输出处于报警状态（输出电流 <3mA）。调零螺钉位置示意图如图 5-39 所示。

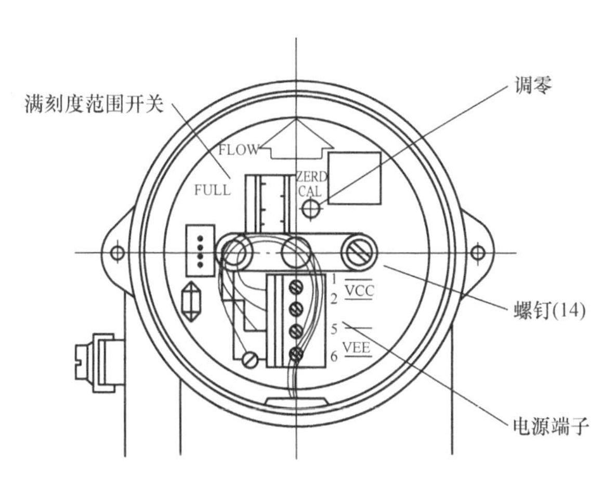

图 5-39　调零螺钉位置示意图

5）电子部件的更换与安装：将电子传感器部件插入传感器外保护套，使螺钉进入转动环，先不要拧紧，然后转动整个传感器插件，其上的箭头方向与介质流向一致，然后拧紧螺钉，将传感器部件固定。

6）满刻度设置示意图如图 5-40 所示。

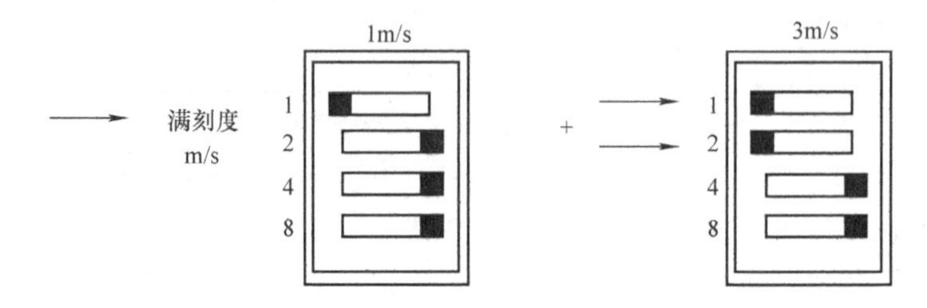

图 5-40 满刻度设置示意图

5.5 电量传感器

电量传感器用于测量交直流电流、电压、功率、频率等电信号。随着科学技术的不断发展，工业控制或检测（监测）系统对电量隔离传感器的要求也越来越高，特别是在产品的稳定性、检测精度和功能方面。由于数字化产品不论其性能还是功能，如非线性校正和小信号处理方面，模拟产品是不可比拟的。因此，电量传感器的数字化是一种必然趋势，具有传感检测、传感采样、传感保护的电源技术渐成趋势，检测电流或电压的传感器便应运而生，受到广大电源设计者的青睐。

深圳信瑞达公司 LF 系列电量隔离传感器/变送器是一种将被测电量参数（如电流，电压，功率，频率，功率因数等信号）转换成直流电流、直流电压并隔离输出模拟信号或数字信号的装置。该传感器参数如下：

相对湿度：不大于 93%；

准确度等级：0.2、0.5 级；

相对湿度 20% ~90%，无凝露；

额定输入：AC0.5 ~ 10 ~ 100mA；

额定输出：DC0 ~ 5V；0 ~ 20mA；4 ~ 20mA；

精度：1.0 级；

隔离耐压：DC2500V/min；

5.6 压力传感器

压力传感器是利用压电效应、可变电容或电阻应变等技术来测量压力、压差或液位，使用非常广泛。

5.6.1 液体压差传感器

下面以 PL2X 型液体压差传感器为例介绍液体压差传感器 PL2X 型液体压差传感器用于测量流经水泵、锅炉、冷水机组和过滤器等 HVAC 设备的液体压差，其独特的导体密封可以减少内部接线并增加稳定性。PL2X 型液体压差传感器外观如图 5-41 所示。

图 5-41 PL2X 型液体压差传感器外观

PL2X 系列的主要技术参数有：

传感器类型：压电电阻传感器；

输出：4～20mA（2线）或0～10V（3线）；

压力范围：0～10bar（$1bar = 10^5Pa$）；

精度：0.25% FS；

主要型号技术参数见表5-3。

表5-3 主要型号技术参数

主要型号	量程/bar	精度（%）
PL23	0～0.5	0.25
PL24	0～1.0	0.25
PL25	0～2.5	0.25
PL26	0～4.0	0.25
PL27	0～6.0	0.25
PL28	0～10.0	0.25

5.6.2 液体压力传感器

以PL1X系列液体压力传感器为例介绍液体压力传感器。

PL1X系列液体压力传感器采用压电陶瓷技术，可用于各种媒介的压力测量，并有标准的电流或电压输出，其外观如图5-42所示。

图5-42 压电式液体压力传感器

PL1X系列的主要技术参数有

供电电压：DC 8.0～33V；

传感元件：压电陶瓷；

精度：线性值< ±0.5% FS；

输出负载：DC 0～10V >10kΩ；

主要型号技术参数见表5-4。

表5-4 技术参数

主要型号	测量范围/bar
PL11	0～4
PL12	0～6
PL13	0～10
PL14	0～16
PL15	0～25

第6章　执行机构

在自动控制系统中，执行机构接受控制器输出的控制信号，去调节相关的控制设备状态，如阀门执行器将控制信号转换成直线位移或角位移来改变调节阀的流通截面积，以控制流入或流出被控过程的物料或能量，从而实现过程参数的自动控制。可能是用可控硅晶闸管来调节加热器的电压或电流，也可能是用变频器的频率输出来调节泵或风机转速，还可能是用一个气缸推杆来调节压缩机的能量滑块或导流角。

6.1　电动水阀执行器

电动水阀执行器输出控制信号，可以通过阀门和执行器来完成流量控制。

6.1.1　冷热水调节阀体

1. GV系列二通、三通冷热水调节阀体

GV系列冷热水调节阀体品质优良，适于调节空调系统中的冷冻水及低压热水（LPHW）。该系列的阀门具备多种不同口径（20～150mm）以供选择，20～50mm为标准螺纹连接，65～150mm的阀体为法兰连接。图6-1所示为一个常见阀体的外形图。图6-2所示为一个常见针形二通阀体的外形图。

图6-1　一个常见阀体的外形图

图6-2　一个常见针形二通阀体的外形图

1）阀体结构有铸铁调节阀，黄铜阀芯，不锈钢阀杆，二通（三通）；

2）工作范围为水和乙二醇（最高浓度为50%）；

3）阀体耐压小于16bar；

4）执行器：可配多种执行器，如LA50/LA60/LA80系列；

5）安装：多角度安装，但阀杆必须在水平中轴线之上。按阀体上的标示安装水流方向，AB方向为水流出口，如果是二通阀，则A为进水口；如果是三通混合阀，则同时使用A口和B口，如图6-3～图6-5所示。

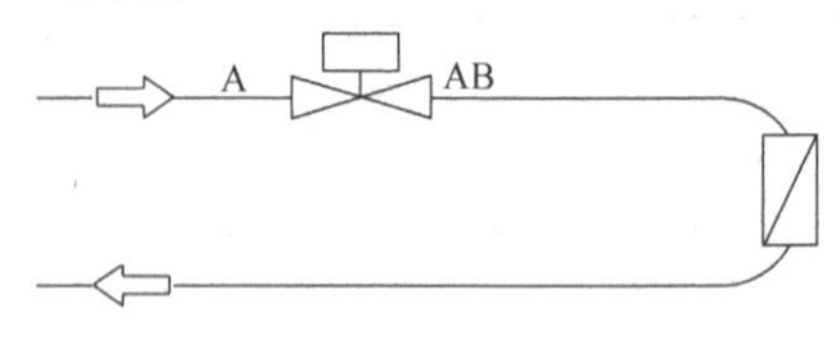

图6-3　阀门调节流量的流程图一

注意：GV阀为混流阀，不能用于分流。如需作分流使用，应按图6-6安装。

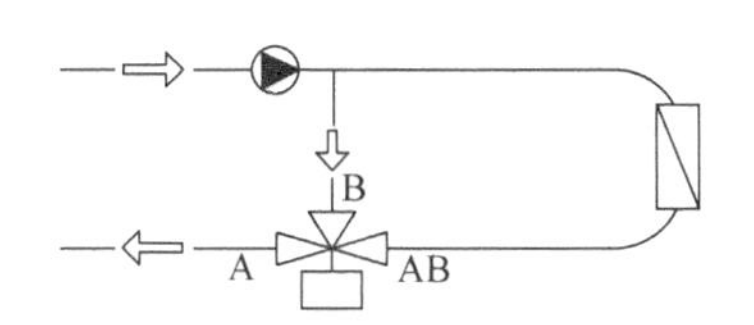

图6-4 阀门调节流量的流程图二

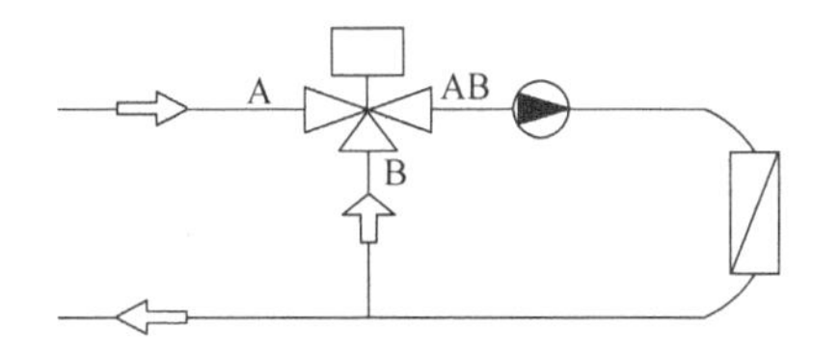

图6-5 阀门调节流量的流程图三

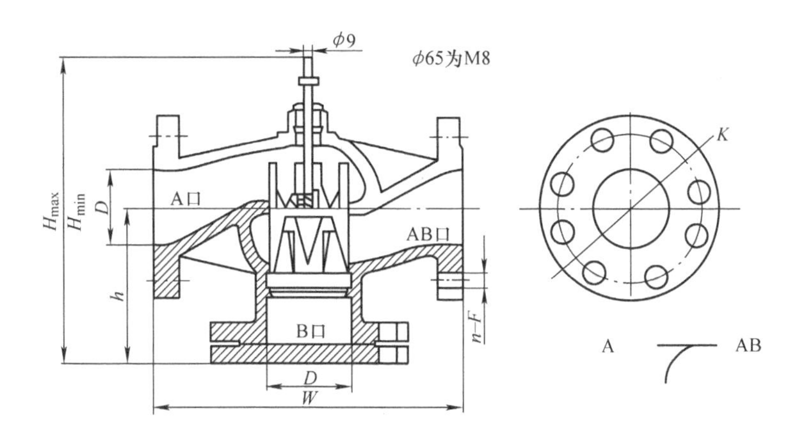

图6-6 分流使用时的出入口选用图

阀门安装尺寸表见表6-1。

表6-1 阀门安装尺寸表

DN		65mm		80mm		125mm		150mm	
		2P	3P	2P	3P	2P	3P	2P	3P
Height（高）	H_{max}	359	336	379	356	515	492	587	562
	H_{min}	338	315	338	315	474	451	546	521
Width（宽）	W	290		310		400		480	

6）二通调节阀选型见表6-2。

表6-2 二通调节阀选型

型　号	规格说明	KVS	行程/mm	重量/mm	执　行　器
螺纹连接					
GVT220	二通 DN20mm	6.3	16	1.3	LA50
GVT225	二通 DN25mm	10	16	1.7	LA50
GVT232	二通 DN32mm	16	16	2.2	LA50
GVT240	二通 DN40mm	25	16	3.3	LA50
GVT250	二通 DN50mm	40	16	4.8	LA50

（续）

型　号	规格说明	KVS	行程/mm	重量/mm	执行器
法兰连接					
GVF265	二通调解阀 65mm	63	25	21.9	LA60
GVF280	二通调解阀 80mm	100	45	31	LA80
GVF2100	二通调解阀 100mm	160	45	30.4	LA80
GVF2125	二通调解阀 125mm	250	45	42.7	LA80
GVF2150	二通调解阀 150mm	360	45	57	LA80

7）三通调节阀选型见表6-3。

表6-3　三通调节阀选型

型　号	规格说明	KVS	行程/mm	重量/mm	执行器
螺纹连接					
GVT320	三通 DN20mm	6.3	16	1.2	LA50
GVT325	三通 DN25mm	10	16	1.6	LA50
GVT332	三通 DN32mm	16	16	2.1	LA50
GVT340	三通 DN40mm	25	16	3.1	LA50
GVT350	三通 DN50mm	40	16	4.5	LA50
法兰连接					
GVF365	三通调解阀 65mm	63	25	23.1	LA60
GVF380	三通调解阀 50mm	100	45	29.2	LA80
GVF3100	三通调解阀 100mm	145	45	32	LA80
GVF3125	三通调解阀 125mm	220	45	45	LA80
GVF3150	三通调解阀 150mm	320	45	60	LA80

2. TF系列二通冷热水调节阀体

TF系列电动调节阀广泛用于空调、制冷、采暖等楼宇自动控制系统末端设备。

TF系列二通冷热水调节阀体外观如图6-7所示。

阀体特点如下：

1）电动调节阀口径为DN15～DN400，阀体结构有二通阀和二通平衡阀。

2）具有等百分比和直线等流量特性。

3）电动平衡式调节阀适用于管道介质压力比较高的情况。当电动二通调节阀的允许压差值不能满足系统要求时，请选用电动平衡式调节阀。

4）选型型号。

阀门选型型号示意表见表6-4。

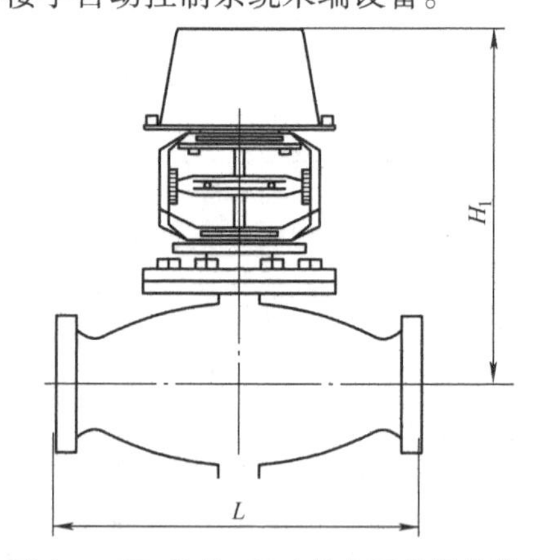

图6-7　TF系列二通冷热水调节阀体外观

表6-4 阀门选型型号示意表

阀体型号	DN /mm	管径 /m	推荐驱动器 /N	关断压差 /MPa	K_{VS} /(m^3/h)	行程 /mm	L /mm	H_1 /mm	H_2 /mm	K /mm	D /mm	螺栓规格
TF15-2VGC-L	15	1/2	500N	≤0.40	4	8	150	450	565	75	105	4-M12
TF20-2VGC-L	20	3/4	500N	≤0.40	6.3	8	150	450	565	75	105	4-M12
TF25-2VGC-L	25	1	500N	≤0.35	10	13	160	480	595	85	115	4-M12
TF32-2VGC-L	32	1 1/4	500N	≤0.30	16	13	180	490	605	100	140	4-M16
TF40-2VGC-L	40	1 1/2	500N	≤0.30	25	20	200	490	605	110	150	4-M16
TF50-2VGC-L	50	2	1000N	≤0.40	40	20	230	490	605	125	165	4-M16
TF65-2VGC-K	65	2 1/2	1800N	≤0.60	63	40	290	530	685	145	185	4-M16
TF80-2VGC-K	80	3	1800N	≤0.50	100	40	310	570	725	160	200	8-M16
TF100-2VGC-K	100	4	3000N	≤0.35	160	40	350	580	735	180	220	8-M16
TF125-2VGC-K	125	5	3000N	≤0.60	250	40	400	630	785	210	250	8-M16
TF150-2VGC-K	150	6	3000N	≤0.40	400	40	480	640	795	240	285	8-M20
TF200-2VGC-K	200	8	6500N	≤0.60	600	40/60	600	900	1200	295	340	8-M20
TF250-2VGC-W	250	10	16000N	≤0.80	1100	100	650	1200	1700	355	405	12-M24
TF300-2VGC-W	300	12	16000N	≤0.60	1760	100	750	1500	2000	410	460	12-M24
TF350-2VGC-W	350	14	16000N	≤0.40	2160	100	850	1700	2200	470	520	16-M24
TF400-2VGC-W	400	16	16000N	≤0.25	2700	100	950	1900	2400	525	580	16-M28

6.1.2 调节阀执行器

1. LA50系列阀门执行器

图6-8 执行机构图片

（1）产品介绍 阀门执行器加上阀门，就可以完成调节流量的功能LA50系列阀门执行器采用低压交流同步正、反转电动机，通过齿轮传输动作，可选比例型和升/降型，带阀门操作位指示器，可配置一个辅助开关及手动控制装置，比例型带两个拨动器，一个用来选择DC 0~10V或4~20mA控制信号模式，另一个用来选择电动机的正、反转。执行机构实物图如图6-8所示。

（2）技术参数

1）供电电源：AC 24/240V，50/60Hz；

2）功率：升降型为2.5V·A，比例型为4.5V·A；

3）行程：适用于15/17/19mm；

4）行程时间：50Hz下为12.4s/mm，60Hz下为10.3s/mm；

5）关断力：500N；

（3）选型型号 选型见表6-5。

表 6-5 选型表

选型型号	货品名称
LA50DCS1	开关型阀门执行器 AC -24V 供电，500N
LA50DPS1	比例型阀门执行器 AC -24V 供电，0~10V，500N

（4）安装接线 执行机构安装尺寸示例如图 6-9 所示。

接线示例见图 6-10 和图 6-11。

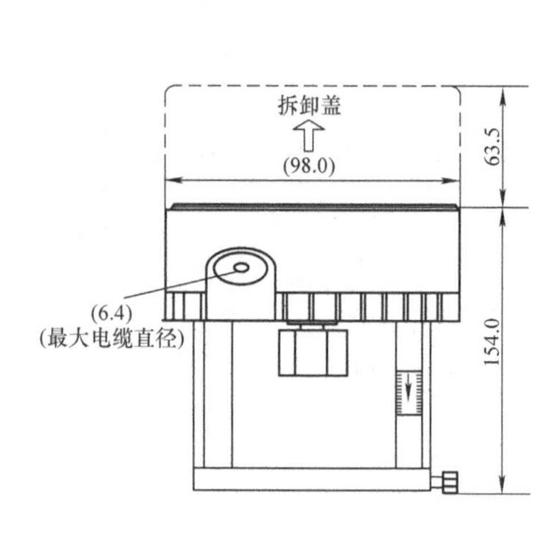

图 6-9 执行机构安装尺寸示例

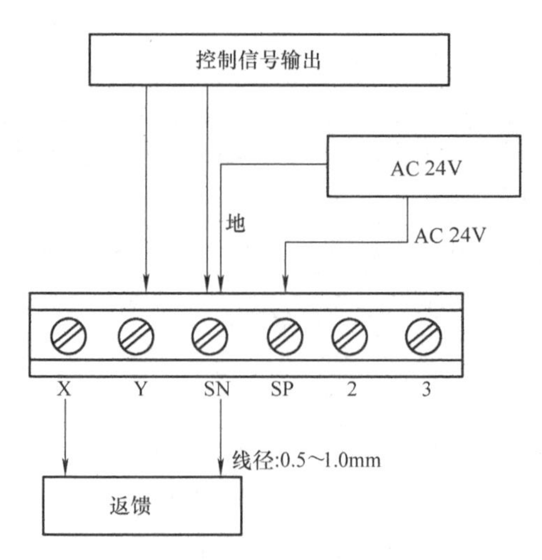

图 6-10 接线示例

2. LA60 系列阀门执行器

（1）产品介绍 LA60 系列阀门执行器主要用于 65mm 直径的调节阀控制。该产品采用无声、高扭矩双向电动机，可选比例型和升降型，带手动操作功能。

执行器图片如图 6-12 所示。

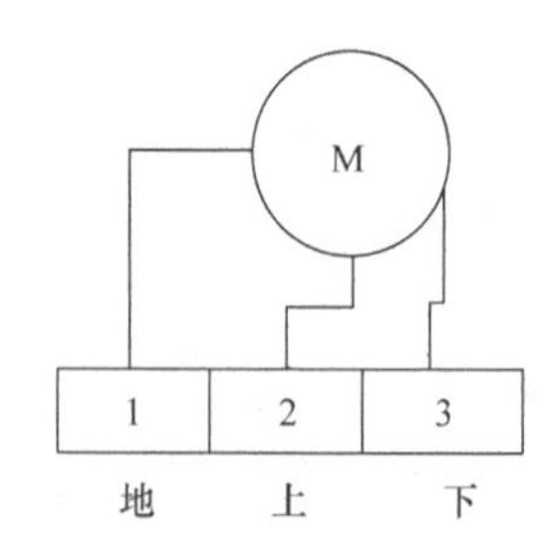

图 6-11 接线示例

图 6-12 执行器图片

（2）技术参数

1）行程：16mm、25mm 或 45mm（可调）；

2）行程时间：80s；

3）关断力：1200N；

4）比例型直流控制信号：DC 0~10V，4~20mA；

（3）选型型号 选型见表 6-6。

表6-6 选型表

选型型号	货品名称
LA60DCS1	开关型阀门执行器 AC -24V 供电，1200N
LA60DPS1	比例型阀门执行器 AC -24V 供电，0~10V，1200N

（4）安装接线 安装尺寸如图6-13所示。

3. TR1800-X/TR3000-X 智能比例调节型驱动器

（1）产品介绍 该系列水阀驱动器用于空调、制冷和换热等控制系统中，可以接收4种电压或电流型控制信号。根据控制信号调节阀门开度，从而调节系统中的介质流量，最终达到控制系统中的温度、湿度或压力等参数的目的。执行器图片如图6-14所示。

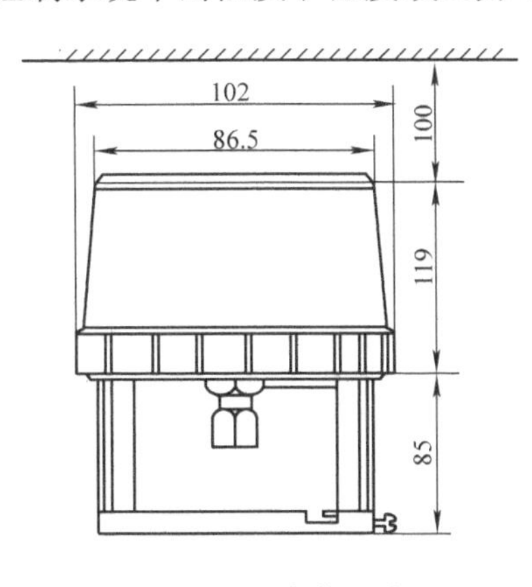

图6-13 安装尺寸

图6-14 执行器图片

（2）技术参数 执行器典型技术参数见表6-7。

表6-7 执行器典型技术参数

驱动器型号	TR1800-X	TR3000-X	TR1800-X-220	TR3000-X-220
电源电压	AC 24V ±10%	AC 24V ±10%	AC 220V ±10%	AC 220V ±10%
输入/输出信号	DC 0~10V DC 2~10V 0~20mA 4~20mA	DC 0~10V DC 2~10V 0~20mA 4~20mA	DC 0~10V DC 2~10V 0~20mA 4~20mA	DC 0~10V DC 2~10V 0~20mA 4~20mA
行程时间（40mm）/s	128	128	128	128
最大行程/mm	42	42	42	42

（3）安装接线 接线图如图6-15所示。

操作方法如下：

1）S2拨码开关的设定。

第1位：OFF表示等线性流量特性，ON表示等百分比特性；

第2位：OFF表示控制信号起点为0（即0~20mA或DC 0~10V），ON表示控制信号起点为20%（即4~20mA或DC 2~10V）；

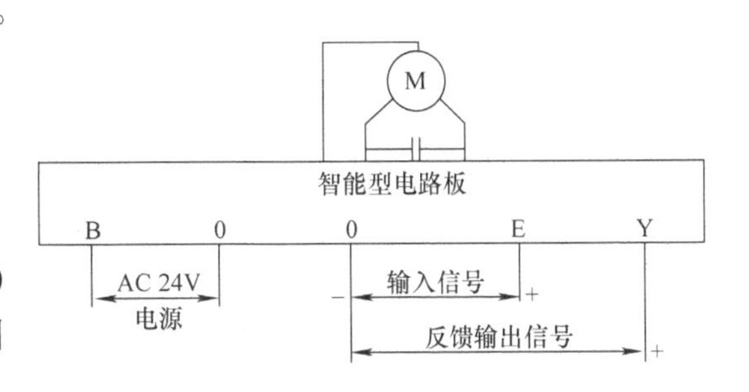

图6-15 接线图

第3位：OFF表示RA模式（即控制信号增加，驱动器中心轴向上运行），ON表示DA模式（即控制信号增加，驱动器中心轴向下运行）；

第4位：当电压信号断开时，Down相当于输入最小控制信号，Up相当于输入最大控制信号；当电流信号断开时，Down/Up均相当于输入最小控制信号。

2）S3拨码开关的设定。

第1位：OFF为电压反馈信号，ON为电流反馈信号；

第2位：OFF为电压输入信号，ON为电流输入信号。

信号类型设定拨号图如图6-16所示。

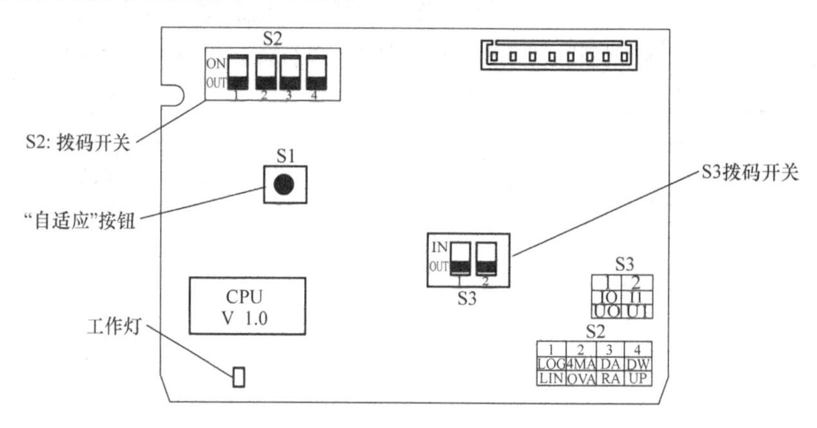

图6-16　信号类型设定拨号图

如图6-15所示，首先根据需求设定完拨码开关，再将电源及输入/输出信号线接好，按“自适应”键3s以上，看到阀杆先是向下运动到最底端，再向上运行到最顶端，同时指示灯闪烁。约150s后指示灯停止闪烁，此时电动调节阀与阀体的自适应结束，阀门与驱动器的配合调节结束。

常用控制信号设定图例（见图6-17和图6-18）

例1. 输入信号：DC 0～10V　　输出信号：DC 0～10V

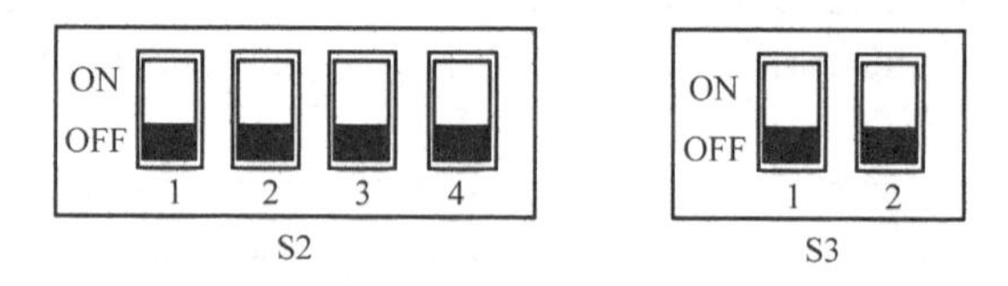

图6-17　拨码开关设置

例2. 输入信号：4～20mA　　输出信号：4～20mA

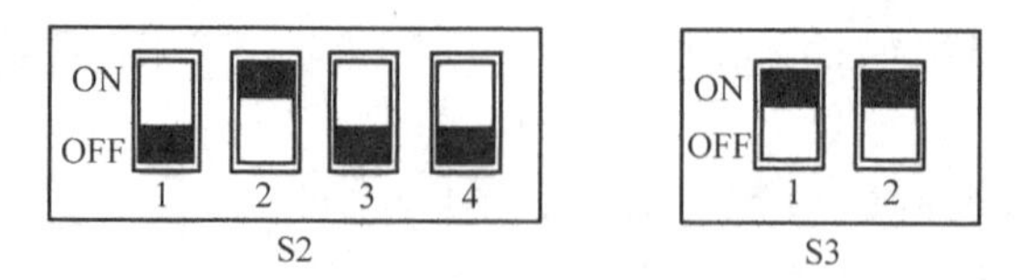

图6-18　拨码开关设置

备注：

1）操作顺序为：将驱动器与阀体的机械连接安装完毕；将电源及控制信号线连接完毕；将拨码开关设定到需要的位置；按“红色”自适应按钮3s，等待驱动器上下运行一个全行程。

2）反馈信号始终保持：驱动器轴向下运行时反馈信号减小，驱动器轴向上运行时反馈信号增加。

3）如遇驱动器不受控现象，请再次按“红色”自适应按钮3s。

6.2 电动蒸汽阀及其驱动器

1. TF系列电动调节阀

（1）产品介绍 TF15～250－2SGC－L系列电动调节阀广泛应用于空调、制冷、采暖以及楼宇等自动控制系统末端设备。

TF系列电动调节阀可以调节冷/热水、蒸汽等介质的流量，达到控制温度、湿度和压力的目的。TF系列电动调节阀还可以应用于低温介质（如乙二醇等）的工况。阀体图片如图6-19所示。

图6-19 阀体图片

TF系列电动调节阀体积小、重量轻，采用螺纹连接或标准法兰连接，安装方便。其构造符合IEC国际标准。

（2）技术参数

1）电动调节阀口径DN15～DN250，阀体结构有二通阀和二通平衡阀。

2）具有等百分比、直线等流量特性。

3）电动平衡式调节阀适用于管道介质压力比较高的情况。当电动二通调节阀的允许压差值不能满足系统要求时，请选用电动平衡式调节阀。

4）散热型电动调节阀适用于高温介质，如蒸汽和高温油等，常用于蒸汽加热、加湿或热交换器。适用范围见表6-8。

表6-8 适用范围

介　质	温　度	V型密封圈材
饱和蒸汽	≤0.69MPa饱和蒸汽	特殊密封材料
过热蒸汽	≤220℃过热蒸汽	（耐温大于250℃）

5）阀体口径范围：DN15～DN400；

6）阀体泄漏率：DN15～DN80：＜Kvs值的0.01%；

7）阀体流量特性：等百分比或等线性（用户选型）；

8）阀体承压：1.6MPa、4.0MPa、6.4MPa；

9）阀杆密封结构：V形密封圈＋不锈钢弹簧自补偿；

10）阀体材料：铸钢＋散热片；

11）阀芯材料：不锈钢；

12）阀杆材料：不锈钢（1Gr18Ni9Ti）。

（3）选型型号　阀体与驱动器选型表见表6-9。

表6-9　阀体与驱动器选型表

阀体型号	DN/mm	管径/in	推荐驱动器/N	阀门关断压差/MPa
TF15－2SGS－L	15	1/2	1000	≤0.50
TF20－2SGS－L	20	3/4	1000	≤0.50
TF25－2SGS－L	25	1	1000	≤0.40
TF32－2SGS－K	32	1 1/4	1800	≤1.00
TF40－2SGS－K	40	1 1/2	1800	≤0.80
TF50－2SGS－K	50	2	1800	≤0.80
TF65－2SGS－K	65	2 1/2	3000	≤1.00
TF80－2SGS－K	80	3	3000	≤0.60
TF100－2SGS－K	100	4	3000	≤0.80
TF125－2SGS－K	125	5	3000	≤0.70
TF150－2SGS－K	150	6	3000	≤0.60
TF200－2SGS－K	200	8	6500	≤0.70
TF250－2SGS－W	250	10	16000	≤0.70

注：在一些特殊场合下，DN15～DN25阀体也可以选择1800N驱动器，但型号中的最后一位－L将变为－K，组合后的关断压差也相应提高。

流体运动示意图如图6-20所示。

（4）安装接线　二通铸钢（蒸汽）法兰阀体DN15～DN200的安装方向标注在阀体上。阀体如图6-21所示。

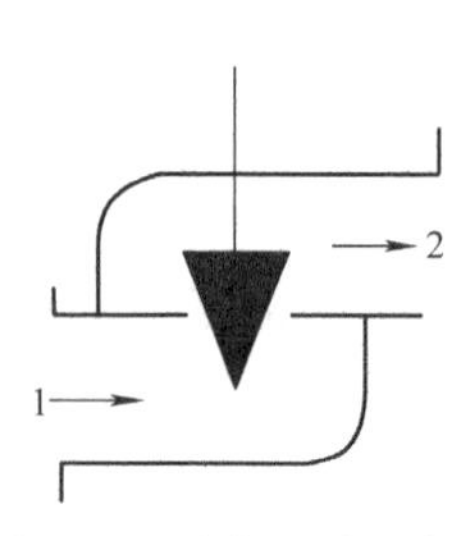

图6-20　流体运动示意图

图6-21　阀体

2. TR系列电动阀驱动器

（1）产品介绍　TR系列电动阀驱动器适用于空调、制冷和换热等控制系统，可以接收控制信号为三位浮点型（开关量）或比例调节型（模拟量），调节系统中的液体流量，最终达到控制系统中温度、湿度等参数的目的。同时，该水阀驱动器也适用于化工、石油、冶金、电力和轻工等行业生产过程中的自动控制。TR系列电动阀驱动器示意图片如图6-22所示。

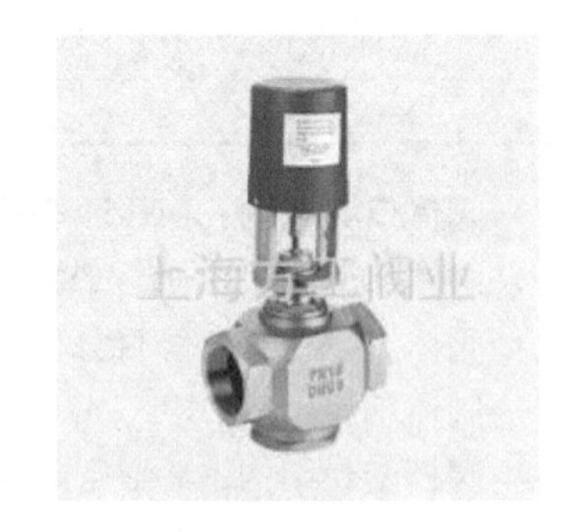

图6-22　TR系列电动阀驱动器示意图片

（2）技术参数　参数表见表6-10。

表6-10 参数表

驱动器型号	TR500 - D	TR500 - A	TR1000 - D	TR1000 - A
控制方式	浮点控制	比例控制	浮点控制	比例控制
电源电压/V（AC）	AC 24V	AC 24V	AC 24V	AC 24V
输出力矩/N	500	500	1000	1000
输入信号	开关信号	0 ~ 10V DC 4 ~ 20mA	开关信号	0 ~ 10V DC 4 ~ 20mA
输出信号/V	AC 24	DC 0 ~ 10	AC 24	DC 0 ~ 10
消耗功率/V · A	5.5	5.5	5.5	5.5
行程时间（40mm）/s	105	105	105	105
最大行程/mm	25	25	25	25
工作温度/℃	-10 ~ 60	-10 ~ 50	-10 ~ 60	-10 ~ 50
驱动器型号	TR1800 - D	TR1800 - A	TR3000 - D	TR3000 - A
控制方式	浮点控制	比例控制	浮点控制	比例控制
电源电压/V（AC）	24	24	24	24
输出力矩/N	1800	1800	3000	3000
输入信号	开关信号	DC 0 ~ 10V 4 ~ 20mA	开关信号	DC 0 ~ 10V 4 ~ 20mA
输出信号	AC 24V	DC 0 ~ 10V	AC 24V	DC 0 ~ 10V
消耗功率/V · A	10	12	10	12
行程时间（40mm）/s	128	128	128	128
最大行程/m	42	42	42	42
工作温度/℃	-10 ~ 60	-10 ~ 50	-10 ~ 60	-10 ~ 50

安装示意图如图6-23所示。

（3）安装接线 阀体和驱动器安装在正向垂直90°范围内，应留下足够的空间以作维修阀体及拆卸驱动器之用，电线的接驳必须符合当地及国家标准。

注意：驱动器必须予以保护，防止漏水而损坏内部机件和电动机。驱动器不可被隔热材料所覆盖，以免因散热不良烧毁电动机。

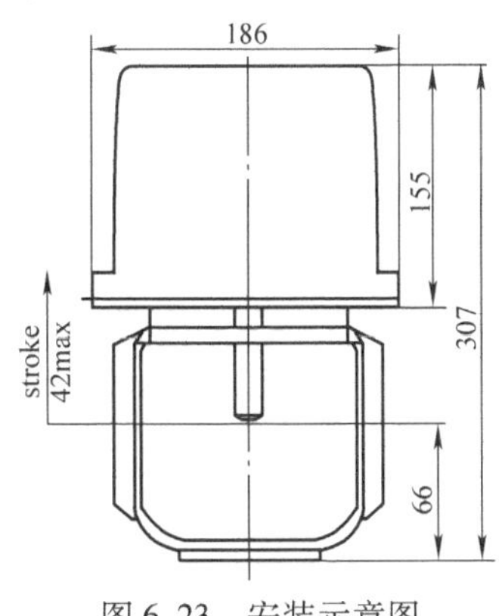

图6-23 安装示意图

6.3 蝶阀及其执行器

1. BV系列蝶阀体

（1）产品介绍　BV系列蝶阀可广泛用于暖通、水、油、气、化工、食品和医疗等领域的调节控制。

（2）技术参数

1）功能：隔离或调节；安装：夹在两个法兰间。蝶阀实物图如图6-24所示。

注：订货时务必注明阀门关闭压力。

2）阀座材质及适用场所见表6-11。

图6-24　蝶阀实物图

表6-11　阀座材质及适用场所

材料种类	适用温度/℃	适用介质
NBR（丁腈橡胶）	-10～+82	燃料、海水
EPDM（乙丙橡胶）	-20～+110	水、弱酸类
FPM（氟橡胶）	-20～+210	热气，卤代氢
PTFE（聚四氟乙烯）	10～+120	浓酸，热水，蒸汽

注：选错阀座材质会导致阀门故障，而阀座材质是否合适取决于工作压力、温度及介质种类（包括清洁介质）。

3）泄漏：标准型在16bar时紧关；松动型在6bar时紧关；

4）阀门扭矩表见表6-12。

表6-12　阀门扭矩表

公称尺寸	压力				
(mm)	6bar	10bar	16bar	25bar	K_{vs}
100	33N·m	33N·m	34N·m	50N·m	926
125	46N·m	46N·m	48N·m	70N·m	1500
150	72N·m	72N·m	73N·m	95N·m	2170
200	145N·m	145N·m	155N·m	220N·m	3842
250	230N·m	230N·m	236N·m	320N·m	5014
300	320N·m	320N·m	330N·m	421N·m	9230

注：以上扭矩都是“湿”（水和其他非润滑介质）开/关场合。对于“干”（非润滑干燥气体介质）使用场合应乘以1.15，对于润滑介质（洁净非侵蚀性介质）使用场合应乘以0.85。

当决定操作装置时，需乘以上述扭矩的1.25。

在一定条件下流体动力扭矩相等或超过阀座开关扭矩，设计阀门系统时必须考虑流体动力扭矩以确定选择合适的驱动装置。

（3）选型型号　选型型号表见表6-13。

表6-13 型号表

型 号	货品名称
蝶阀阀体*	
BV100	DN100 蝶阀 926Kvs
BV125	DN125 蝶阀 1500Kvs
BV150	DN150 蝶阀 2170Kvs
BV200	DN200 蝶阀 2942Kvs
BV250	DN250 蝶阀 5014Kvs
BV300	DN300 蝶阀 9230Kvs

① 大口径可视需要提供；

② 正常供货为 EPDM 阀体，如需要其他材质，应在订货时注明。

2. TD 系列蝶阀体

（1）产品介绍　TD 系列电动蝶阀，实现多种组合方式下的控制，适用于暖通空调行业的各类管网控制。阀体如图 6-25 所示。

图 6-25　阀体

（2）技术参数

1）公称通径：DN50 ~ DN100。

2）工作电压：AC 24 ~ 230V（开关或浮点控制），AC 24V（比例控制）。

3）工作信号：0（2）~10V 或 0（4）~20mA

（3）安装接线　尺寸如图 6-26 所示。

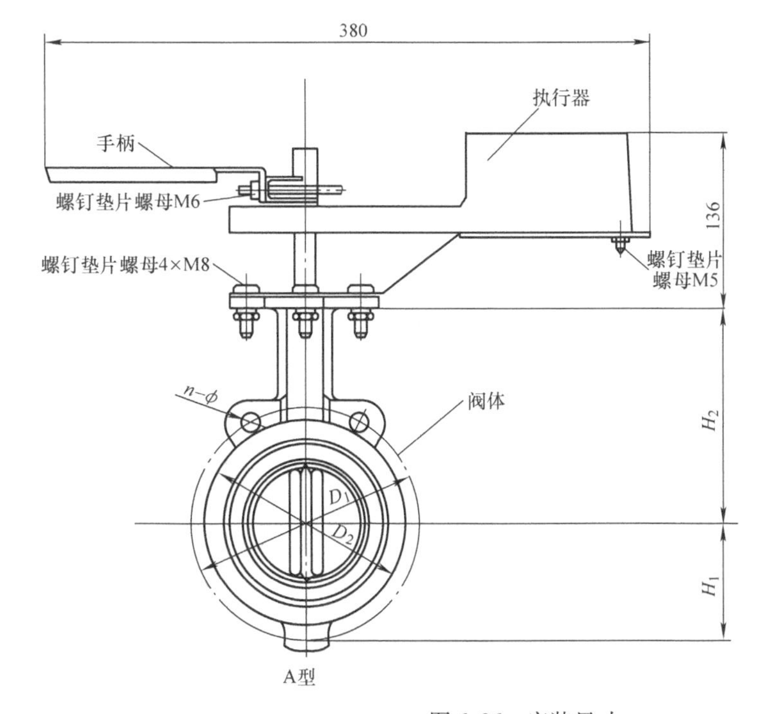

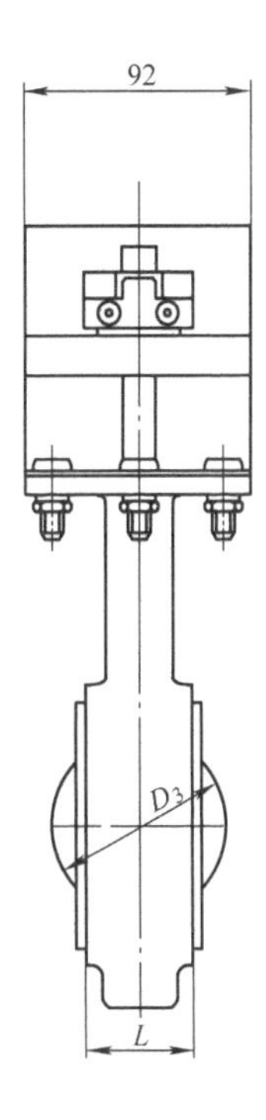

图 6-26　安装尺寸

图 6-27、图 6-28 所示为 DN50～100 电动蝶阀接线图。

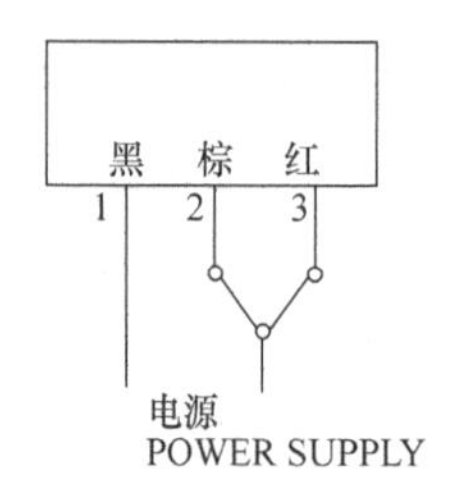

图 6-27　开关控制接线图

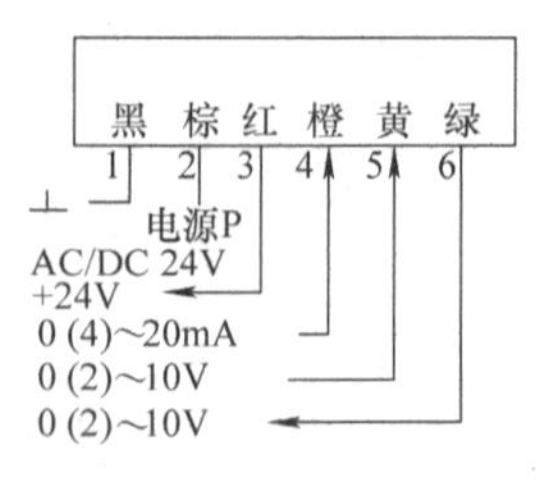

图 6-28　比例调节接线图

通径表见表 6-14。

表 6-14　通径表

公称尺寸		D_1		D_2	$n-\phi$		D_3	H_1	H_2
公制/mm	英制/in	1.0MPa	1.6MPa	A 型	1.0MPa	1.6MPa			
50	2	125		94	2 - ϕ18		53	58	140
65	2.5	145		112	2 - ϕ18		64.8	72	150
80	3	160		121	2 - ϕ18		79.3	78	160
100	4	180		153	2 - ϕ18		104.5	100	180

3. TOMOE 蝶阀

产品介绍：广泛应用于楼控的一个阀门品牌，性能优异。

产品名称：日本 TOMOE 蝶阀。

产品规格：TOMOE 阀门的主要产品有耐高温高压的高性能 300 系列、用于模拟量调节的 500 系列、长寿命零泄漏的 700 系列、防腐蚀的 800 系列、顶尖级过程阀门三偏心蝶阀，还有部分球阀和执行机构附件等，广泛适用于电厂蒸汽管道和电厂水处理等工艺的切断或调节。

6.4　风门执行器

BA 系统的一个重要部分是空调系统，它涉及空气流量控制时，常常需要用到风门。风门通常利用百叶窗式的叶片来调节流过的空气量。一次回风系统和变风量系统的末端箱都要用到风门，而带动风门动作的就是风门执行器。下面介绍一个风门执行器具体产品：DA4Nm /10Nm 风门执行器。

DA 系列智能电子式角行程执行机构，体积小巧、外形美观、安全方便，具有全行程保护功能，旋转角度任意可调，广泛应用于温度、压力和流量等自动控制系统中，特别适用于暖通空调系统中对风阀和防火排烟阀进行操作。风门执行器图片如图 6-29 所示。

图 6-29　风门执行器图片

特点

扭矩从宽选择，从 4N · m 到 10N · m 应用不同的使用；

电子保护超载或堵塞；

提供多种电源电压选择。

技术参数：

供应电压：DAAC AC 230V ±15%；

DADC DC 24V ±15%；

AC/DC 48V ±10% 为 DADC -48；

功耗：运行状态 <8W；静止状态 <2.5W

输出角度：0°~90°（最大为93°）。

第7章　项 目 设 计

7.1　项目设计的一般步骤

BA 系统的设计步骤如下：分析工艺要求→标注控制点位→统计区域各类输入输出点的数量→按照选型的设备确定 DDC 模块的型号和数量→确定网络架构以及联网需要的设备或者模块→进行下位机控制组态或者 DDC 软件开发/绘制系统图、原理图、端子接线图、平面图→对下位机软件进行仿真调试→下载下位机软件给 DDC/现场设备安装连接→对整个控制系统的现场设备进行手动调试→对现场设备进行自动调试→对上位机软件进行调试和完善。下面简单介绍一下各个步骤。

1）分析工艺要求。一个好的控制工程师首先是一个对工艺熟悉的工程师。对工艺没有好的了解，很难设计出一个好的控制系统。举例来说，如果对风路系统不熟悉，就很难确定送风量测量点的合适位置，也很难确定远端压力传感器的合适位置。在控制中也很难对测量参数做合理修正，因为很多测量参数由于传感器的原因和位置是需要修正读数的。

例如，有一栋大学的生化楼需要进行换气。使用者提出，每个房间都要设置一个面板，让工作人员能把需要的换气量直接设置在面板上，控制系统按照这个设置，通过房间风管上的风阀把这个风量送给房间。而中央机则能给把各个房间的换气量直接相加后，获得一个总送风量，以此作为设定值，通过控制变频器的输出，调节风机转速，实现总风量的控制。

这个系统的设计人员缺乏对整个工艺的把握，简单地在各个房间设置了设定面板，然后把设定值转换成电流信号，经数字化处理后，由面板传输给上位控制器。然后在上位控制器组态时把各个房间的控制用 PID 单回路控制模式来实现。而总风量用单独的一个 PID 回路来实现。这样的设计没有考虑到整个送风系统的耦合，参数调整非常困难，结果是风阀处于不停的开关之中，各个房间送风非常不稳定，根本无法运行在自动方式。所以，对控制系统的设计一定要做很好的工艺分析。

2）依据工艺要求和控制上的一些经验确定总体控制方案后，开始标注控制点位。分析清楚各类输入输出设备的特性，了解各类设备的信号类型和数量，在平面图上标注控制点位，也可以用图表来标注控制点位。例如，一个电动执行机构配合调节阀，用来调节媒水流量，则我们在相关图样上对该设备进行标注，列出它的输入输出点。对各类常规现场设备和智能设备要进行区分。智能设备属于通信节点或者说网络节点，而常规设备则是普通的物理信号连接。

3）标注好各类信号后，就可以按照信号类别和地点统计区域各类输入输出点的数量。控制系统中，变量和参数可以分为两类。一类是从现场设备中获得的变量，也就是所谓的硬点；另一类由控制系统中的软件设定或者通过通信获得的，也就是所谓的软点。软点大致有两类。一类是内部软点，如设定值和运算中间值等；另一类是并列子系统中读取过来的，用于本子系统的变量，称为异域变量或者全局变量。一般地，硬点是要用接线从现场设备连接到控制器的，我们把这些变量叫做I/O点。连接这些I/O点需要用物理连接端子。这种物理连接端子可能在专门的I/O模板上，也可能在控制器的I/O端口上。所以，硬点一般对应于专门的硬件。要购买这些硬件，就要知道型号和数量。这些设备型号和数量的确定，是一种简单的运算。也就是统计区域各类输入输出点的数量，按照每个模板或者控制器拥有的各类输入输出点数量做一个统筹安排。一个简单的比喻就是，我们知道一个大会的全体代表对各种价位和地段房间的需求数量，那么就可以选择一些宾馆来组合完成大会代表的住宿安排。

由于现场设备的接线从技术上和经济上有距离的限制，所以要从这个合理的距离来做模板或者控制器的合理安排，在统计各类硬点时还要考虑区域的因素。

4）完成区域各类输入输出点的数量统计后，就可以选择相应的硬件，按照选型的设备确定DDC模块型号和数量了。在这个过程中可能不得不浪费一些端口。这些被浪费的端口在需要时也可作为一种冗余来使用。这里就需要掌握好一个适当的度。冗余太少，可能不利于将来对设备和系统的改造或者升级；冗余太多，会造成设备浪费，使得造价太高，不利于竞争。

5）了解各个区域控制模块的数量和型号，就要确定控制网络架构，以及建立这个控制网络所需要的设备。在过程控制领域中，我们常常把网络分为现场总线网络、控制总线网络和管理总线网络。

现场总线网络一般指构成执行实际控制的那些系统的网络。现场总线的种类很多，按照IEC61158国际标准，规定了8种类型的现场总线，如PROFIBUS和FF等。实际工程中，CAN总线产品、LONBUS产品等都很常见。而一些小公司用485总线开发的产品，其特别低廉的价格和方便的使用，也是很有特点的。

有时一个区域控制系统就是一个现场总线网络。各个I/O模块通过一条LON总线连接到一个DDC，DDC控制下面的I/O模块。I/O模块接收现场的信号，传输给DDC。DDC具备控制的完整功能，内部已经被植入了控制软件，对采集到的数据进行相关的运算后获得一些控制指令。通过DDC和I/O模块的通信，这些指令被发送到I/O模块的输出端，再通过物理连接用电压电流信号或者脉冲信号等传输给现场设备的信号输入端。比如，房间温度由壁挂式温度传感器测得，温度传感器通过两根导线把信号连接给I/O模块的电流模拟量输入端，I/O模块和DDC通信，把温度值传输给DDC，DDC运算后，把一个计算值传输给I/O模块的模拟量输出端，通过两根导线连接到电动风阀的执行机构输入端。电动执行机构带动风阀开闭，其内部的阀位反馈测量系统把阀位转换为对应的电流值，和从I/O那里接收到的电流信号进行比较，直到两者一致，才停止转动。我们把这个系统称为现场总线系统。其特点是实时性要求高，通信速率相对要求不高。相比于传统的DCS系统，其优点是FCS控制器之间的自由连接替代了DCS板卡和主机安装在一个大柜内的模式。大柜很难随意放置在设备边上，而轻巧的模块很容易贴近被控设备。和DCS相比，FCS确实有点隐形的味道。

控制总线网络是指由上位机和下面的DDC组成的网络，常常是以太网结构。DDC（或者是别的控制模块、智能仪表、PLC等智能节点）本身能完成对应区域的控制功能，同时还需要和别的DDC以及上位机一起来构成一个控制网络。这个网络通过DDC相互之间的通信，可以控制一个更大的体系，也就是把DDC控制的各个区域连接起来，达到一个整体的控制。比如，用一些DDC控制空调系统，用另外一些DDC控制制冷系统或者热交换系统，那么当空调系统发生一些变化时，控制这些系统的DDC就把相应的信息在控制网络层面上传输给控制制冷系统的 DDC，使得这些 DDC 做出相应的反应，调整它们控制区域设备的工况，来适应大楼空调负荷的变化。此外，这些 DDC 和上位机之间的信息传输使得工程师可以获得整个系统的运行数据，把这些数据显示在屏幕上或者储存在数据库里。工程师还可以管理这些运行数据，处理运行中的报警信号，发出各种调整指令，甚至修改以前发送给 DDC 的控制算法。

管理总线网络是由一些计算机构成的一个局域网或者广域网，甚至可以是一个虚拟网络。这些计算机通过网络相互之间可以组成一个有机的系统，其网络技术已经脱离控制系统，采用了典型的 LAN/WAN 技术，甚至就是 WWW 采用的 TCP/IP 技术。当然，控制网络采用 TCP/IP 技术也很常见。

如果一个人具有进入某个控制系统的口令，那么就可以通过网络随时随地进入某个控制系统了。如果这人是这个控制系统的服务人员，需要提供服务时他恰好不在这个区域或者不在这个城市，此时可通过 Internet 把自己的便携计算机连接到控制系统以解决出现的问题。常见控制网架构图如图 7-1 所示。

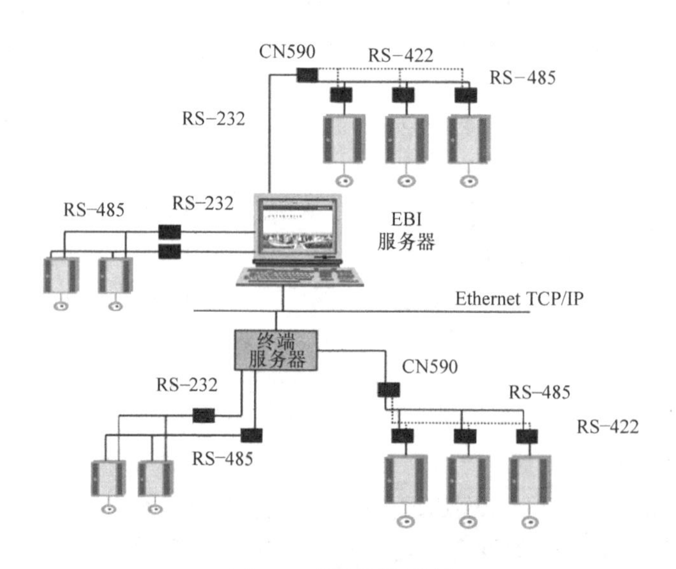

图 7-1　控制网架构图

最后，需要绘出端子接线图。

无论是控制柜加工厂还是现场工程施工，都需要按照接线图来连接设备。一般控制柜都设置有端子排，现场的线缆首先进入到控制柜的端子排。控制柜内的各个设备都要和别的设备连线，我们往往在设备的接线端子图上标出两个记号：一个是该端子在本设备的端子号；另一个是连接到那个设备的端子号。比如，20 号设备的端子号为 12，连接到 7 号设备的 8 号端子。那么我们在 7 号设备的端子图一定可以看到它的 8 号端子连接到了 20 号设备的 12 号端子。同时，在原理图上我们也可以看到接线端子被表示出来。这样便于我们更清楚地分析和检查调试中出现的一些问题，或者对设备接线做一些修改。

7.2 BA系统中各子系统设计注意事项

7.2.1 冷源系统

冷水机组监控的主要内容与要点：

根据冷冻水供、回水温度和供水流量测量值，自动计算空调实际所需的冷负荷量：$Q = F \times \Delta T$。根据计算出的所需冷负荷自动调整冷水机组的运行台数，达到最佳节能的目的。一般机组都自带控制箱，设备运行监控数据可以用接口读取，由上位机管理。

为了保证系统能正常运行，冷水机组通常需要联锁，以免损坏设备。通常的联锁控制如下。

起动顺序：原则上先起动外围的循环水系统，再起动冷水机组，使得蒸发器及时获得汽化潜热，冷凝器获得冷却水源。

停止顺序：停机的原则是先停止冷水机组，延续一段时间的循环水系统运行后，蒸发器和冷凝器可以进入无外力条件下的静态。此时停止外围的水泵，关闭管道阀门。

为了维持供水压力恒定，可以根据冷冻水供、回水压差自动调节旁通调节阀开度，也可以通过调节冷冻水泵的运转速度来控制冷冻水系统的供回水压差。根据冷却水温度，可自动控制冷却塔风机的起停台数。一般的制冷系统有多个冷却塔，平时使用的往往是其中的几个。冷却塔的起停一般按照冷却塔的进回水温度以及两者的温差来确定，及时开停冷却塔既可以满足制冷系统的需要，也可以节约电力消耗。

为了防止管道由于各种原因断流，引起设备损坏，在水泵起动后，用水流开关检测水流状态。一般在水泵起动几秒后，就可以建立起相应的流速，推动水流开关的活动片，如开机后数秒，若水流开关没有动作，则判断为故障自动停机报警。

水泵运行时如发生故障，则备用泵自动投入运行。

可以在软件中设置重要设备的工作时间表，提高设备运行的管理水平。根据事先排定的工作及节假日休息时间表，定时起停机组。

由于设备常常处于不饱和工作状态，所以我们会安排一些设备检修或者保养。可以使用相关的管理系统，来对设备的使用进行管理。比如，自动统计机组的各水泵、风机的累计工作时间，提示定时维修。

通过安装在冷冻机房内的网络控制器和数字式直接控制器（DDC）将按内部预先编写的软件程序来控制冷冻机起停的台数和相关设备的群控。

一般的冷媒水系统需要设置高位呼吸水箱，以达到循环水量的控制和运行设备特别是水泵的保护。可以自动控制进水电磁阀的开启与闭合，使膨胀水箱的水位维持在允许范围内，若水位超限则进行故障报警。

上位机监控可实时监测系统内各检测点的温度、压力和流量等参数，自动显示，定时打印及故障报警。

这些工作状况可通过文字或图形显示于彩色显示屏上，也可通过打印机打印出来作为记录。

7.2.2 空调系统

暖通空调系统包括冷热源系统、空调机组和送排风系统相关设备等。有时也特指空气调节设备，而将冷热源单独划出来。下面就各分系统的控制及采样点位设置、设备配置、控制方式及功能作一详细说明。

空调系统的监控大致有下面一些功能：

监测风机手/自动转换状态，当机组处于楼宇自控系统控制时，可控制风机的起停；检测风机的状态和故障，以区分电气或者机械故障；测量盘管表面温度，当温度低于设定值时触发报警并联动一系列的防冻保护动作，如关闭新风阀并打开水阀等；调节新/回风阀门，控制空气质量；回风温度监测；回风湿度监测；控制加湿器起停；通过测定回风温度与设定点间的差值实时计算并确定送风温度的设定点，以满足空调空间负荷的需求；安装在机房内的直接数字式控制器将按内部预先编写的软件程序来满足空调机的自动控制和操作顺序。

对于先进的空调系统，除了对温湿度和送风速度进行调节外，还需要进行节能控制。节能控制最基本的就是根据送风压力调节风机转速。

通过网络通信可将以上现场工作情况通过文字或图形显示于中央控制室内的中控机的彩色显示屏上，供操作人员随时使用，其中的重要数据可通过打印机打印出来作为记录。

送排风系统的监控功能如下：

监测风机手/自动转换状态，确认是否处于楼宇自控系统控制之下，同时可减少故障报警的误报率；当处于楼宇自控系统控制时，可控制风机的起停；监测送风机压差状态，确认风机的机械部分是否已正式投入运行，可区别机械部分与电气部分的故障报警。

7.2.3 通风排烟系统

通风排烟系统是大楼安全的一个非常重要的设备。一个大楼常常需要一个性能良好的排风系统，用少量的电力消耗来满足空气调节的功能。当大楼出现火警的紧急情况时，这个系统转为排烟系统。火警造成的人身伤害，大部分是有毒的烟雾，所以，及时把通风系统转为排烟系统是降低火灾损害的重要措施。系统的监控功能如下：

监测风机手/自动转换状态，确认是否处于楼宇自控系统控制之下，同时可减少故障报警的误报率；当处于楼宇自控系统控制时，可控制风机的起停；监测送风机压差状态，确认风机机械部分是否已正式投入运行，可区别机械部分与电气部分的故障报警。

7.2.4 给水排水系统

1. 给水系统及其监控

现在城市中大多都选用水泵直接给水系统。一般的方式就是城市自来水公司把自来水送给小区或者建筑物，如果城市供水压力可以满足供水要求，则可以通过分户表将自来水直接送到用户，这样就没有控制和管理的问题了，住户也方便。小高层和高层建筑需要较高的供水压力，所以自来水公司的管子将自来水送到位后，先进入小区或者建筑物水箱。水箱一般用不锈钢制造，内部用横拉筋来加强，常用的规格有一百立方米和两百立方米。进入水箱的自来水通过水泵输送到相应的楼层区域。这时往往每家住户都安装有物业公司管理的水表，损耗的水也需由业主来分担。在这种情况下需要控制水的输送压力。除了用储气罐来稳定水输送压力外，我们常常用变频器来控制水泵转速，变频供水目前已被广泛采用。

监控内容：水泵直接给水系统的监控原理比较简单。水泵直接供水较节能的方法是采用调速水泵供水系统，即根据水泵用水量与转速成正比关系的特性，利用控制系统对水泵电动机的自动调速控制，使供水管的水压保持不便，从而实现恒压供水。一般都是固定转速的水泵和调速水泵协调作用，而且调速器和水泵可调整搭配。出现火警时，系统进入消防模式，生活用水泵或者消防水泵将提供满足消防压力的供水。

2. 排水系统及其监控

排水系统的主要作用就是将雨水和生活污水及时排到纳污管或者河道内。雨水和污水集中于集水坑，然后用排水泵将其提升至室外排水管中。污水泵为自动控制，保证排水安全。有的建筑物采用粪便污水与生活污水分流，避免水流干扰，更好地改善环境卫生条件。

建筑物排水监控系统通常由水位开关和直接数字控制器（DDC）组成。排水监控系统的监控功能有污水集水坑和废水集水坑水位监测及超限报警；根据污水集水坑与废水集水坑的水位，可控制排水泵的起停。当集水坑的水位达到高线时，联锁起动相应的水泵；当水位高于报警水位时，联锁起动相应的备用泵，直到水位降至低限时联锁停泵；排水泵运行状态的检测及故障报警；累计运行时间为定时维修提供依据，并根据每台泵的运行时间，自动确定是作为工作泵还是作为备用泵。

7.2.5 照明系统

照明系统监控主要是在满足照明要求的前提下尽量减少电力消耗。控制系统读取照明回路的手/自动状态、开关状态，通过系统提供的控制信号控制模块。一个模块可以带一个或者多个灯源；控制器按时间自动起停照明系统；总线连接的墙上控制器可以按照级别控制或者设置整个照明系统，手持式遥控器也具有同样的功能；室外照明可根据室外照度自动控制照明调光器调整室外照明亮度；灯可根据要求分组控制，产生特殊效果；障碍灯应根据要求进行闪烁。

7.2.6 供配电系统

供配电系统为建筑物提供能源。对小区或者建筑物来说，一般有一路或者两路10kV进线。为了保证供电可靠性，有时装设备用发电机组。配电部分也分为“工作”和“事故”两个独立的系统，并在干线之间设有联络开关，故障、检修时可以互为备用。变电所只需定期巡视，不必设专人值班。

1. 供配电系统的监控内容

变配电系统由高压配电系统、低压配电系统和电力运行显示屏组成。高压配电系统由高压开关柜、直流操作屏和高压环网柜组成。高压配电系统由上述配电设施组成一个开环运行系统。要求监视高压开关柜进线开关的电流、电压、功率、功率因数、开启与闭合状态，故障时能显示故障类型；监视高压开关柜联络开关的电流、电压、功率、功率因数、开启与闭合状态、与高压进线开关的联锁状态；报警状态下能直接控制高压开关柜开关的开启与闭合；监视高压环网柜开关的电流、电压、功率、功率因数、开启与闭合状态。低压配电系统有低压系统、应急电源系统。要求监视低压开关的电流、电压、功率、功率因数、开启与闭合状态，同时能随时控制开关的开启与闭合；监视所有联络开关的电流、电压、功率、功率因数、开启与闭合状态、联络状态，能显示故障类型。

系统检测的电压、电流、功率和变压器的温度等，为正常运行时的计量管理、事故发生时的故障原因分析提供了数据；高低压进线断路器、主线联络断路器等各种类型开关的当前分、合状态，提供电气主接线图开关状态画面，发现故障，自动报警，并显示故障位置、相关电压和电流数值等。

低压端参数检测、设备状态监视与故障报警基本和高压端一样。DDC 通过温度传感器/变送器、电压变送器、电流变送器、功率因数变送器自动检测变压器线圈温度、电压、电流和功率因素等参数，与额定数值比较，发现故障报警，显示相应的电压、电流数值和故障位置。经数字量输入通道可以自动监视各个断路器、负荷开关和隔离开关等的当前分、合状态。电量计量由 DDC 根据检测到的电压、电流、功率因数计算有功功率、无功功率和累计用电量。

2. 自备电源控制

为了在特殊情况下能够给重要设备提供电源，建筑物常常有备用电源。备用电源有两种形式：一种是自备发电机；另一种是直流蓄电池组。自备发电机常常用柴油机组作为动力，一旦市电发生问题，机组能在蓄电池带动下自动起动，重要负荷将得到电源供应，非重要负荷将被切除。UPS 电源相对功率有限，主要提供给弱电系统保持工作状态，往往以千瓦时来衡量后备电源的大小。一般地，为了保证消防泵、消防电梯、紧急疏散照明、防排烟设施和电动防火卷帘门等动力设备的消防用电，必须设置自备应急柴油发电机组。

7.3 点位统计与模块统计

按照工艺提出的要求，须对 BA 系统进行输入和输出信号的设置。下面以一次回风系统的自动化控制为例来进行说明。

此一次回风系统属于二管制空调机组，监控的参数和输出的信号用竖线下引到点位表。在点位表中一般有 4 行，分别为 AI、AO、DI、DO。可以看到有 5 个 AI 输入，分别为新风温、湿度、回风温度、送风温度和送风压力。4 个 AO，分别为回风阀开度控制、新风阀开度控制、冷水盘管开度控制和送风机调速控制。5 个 DI 信号输入，分别为粗滤网压差开关、中滤网压差开关、风机手/自动反馈、风机状态反馈和风机报警信号。1 个 DO 输出，为风机的启停控制。二管制空调机组监控原理图如图 7-2 所示。

这样就得到了这个空调机组的 I/O 点数量。有了这个数量，就可以配置模块了。要选用合适的型号和数量的模块来满足这些点。这就如同车辆和乘客的关系。有 6 个乘客，两种车型，4 坐和 8 坐。我们可以配置两辆 4 坐的车，也可以配置一辆 8 坐的车。在这个过程中当然会进行一些计算。比如，我们会分析一下哪种配置比较省钱，这是把经济性放在首位的情况。下面是一种模块数量统计表，它配置了一个报价表。通过这两个表可以统计 4 个部分的设备数量，分别是中央控制室、DDC 控制器、现场控制设备以及控制柜。一旦数量被统计出来，就可以对这个项目进行报价了。目前很多工程，特别是中小型工程，都是通过这种方式进行报价的。虽然按照国家定额报价比较精确，但是通过设备报价，附加管线费和管理费的费率，总体来说显得更加方便，也更利于合同双方的价格协商。

表 7-1 是一个具体工程中，工程公司向甲方提出的控制系统点位统计表可供大家参考。

表 7-1 某工程 BA 系统控制点位统计表

序号	设备名称	设备数量	设备位置	AI						AO						DI							DO				备注
				风管温度	压力	水管温度	中间分水缸压	变频信号反馈	室外温湿度	调节阀反馈	调节阀控制	变频控制频率				设备手/自动	设备运行状态	设备故障状态	过滤网报警	阀门开关状态反馈	水流状态		设备起停控制	阀门开关控制	风机盘管控制		
机房部分																											
1	冷水机组	3				6										3	3	3					3				
2	冷却塔	3				6																					
3	冷却塔风机	1														1	1	1					1				
		1														1	1	1					1				
4	一次循环水泵	5														5	5	5					5				
5	二次循环水泵	6						2				2				6	6	6					6				
6	冷却水泵	1														3	3	3					3				
7	冷冻水供水缸	1			1	1																					
8	冷冻水回水缸	1			1	1																					
9	中间分水缸	1			1	1																					
10	压差控制阀 DN300	1								1	1																
11	冷冻水电动蝶阀 DN200	1																		1				1			
12	冷冻水电动蝶阀 DN250	1																		1				1			
13	冷冻水电动蝶阀 DN150	1																		1				1			
14	室外温湿度	1							2																		
15	水流确认（水流开关）	6																			6						
16				22						4						93							31				150

（续）

序号	设备名称	设备数量	设备位置	AI						AO						DI							DO				备注
				风管温度	压力	水管温度	中间分水缸压	变频信号反馈	室外温湿度	调节阀反馈	调节阀控制	变频控制频率				设备手/自动	设备运行状态	设备故障状态	过滤网报警	阀门开关状态反馈	水流状态		设备起停控制	阀门开关控制	风机盘管控制		
	模块配置		控制柜数量	XFL521B					2	XFL522B					4	XFL523B						8	XFL524B			0	
	XSL511	2																									
末端部分（主楼）																											
1	空调机组 DN80	1	1	1						1	1					1	1	1	1				1				
2	新风机组 DN50	1	1	1												1	1	1	1	1			1				
3	风机盘管	1	1																						1		
		1	1																						1		
4	楼层管路电动二通总阀 DN100	1	1																	1				1			
16				2						2						10							14				28
	模块配置		控制柜数量	XFL521B					2	XFL522B					2												
	XSL511	1	1																								
6	新风机组 DN50	1	2	1												1	1	1	1	1			1				
7	风机盘管	16	2																						16		
8	楼层管路电动二通总阀 DN100	1	2																	1				1			
16				1						0						6							18				25

（续）

序号	设备名称	设备数量	设备位置	AI						AO						DI							DO				备注
				风管温度	压力	水管温度	中间分水缸压	变频信号反馈	室外温湿度	调节阀反馈	调节阀控制	变频控制频率				设备手/自动	设备运行状态	设备故障状态	过滤网报警	阀门开关状态反馈	水流状态		设备起停控制	阀门开关控制	风机盘管控制		
	模块配置		控制柜数量	XFL521B					1	XFL522B					2								XFL524B			1	
	XSL511	1	1																								
51	新风机组（预留）	3	27－29	3												3	3	3	3	3			3				
53	风机盘管	72	27－29																						72		
16				3						0						15							75				93
	模块配置		控制柜数量	XFL521B					3	XFL522B					6	XFL523B						0	XFL524B			6	
	XSL511	3	1	XFL521B					28	XFL522B					73	XFL523B						0	XFL524B			40	
	末端部分的总点数		4	29						2						151							766				
	末端部分（裙房）																										
55	楼层管路电动二通阀 DN125	2	1																	2				2			

（续）

序号	设备名称	设备数量	设备位置	AI						AO						DI							DO				备注
				风管温度	压力	水管温度	中间分水缸压	变频信号反馈	室外温湿度	调节阀反馈	调节阀控制	变频控制频率				设备手/自动	设备运行状态	设备故障状态	过滤网报警	阀门开关状态反馈	水流状态		设备起停控制	阀门开关控制	风机盘管控制		
60	1～12层新风机房机组水侧动态平衡阀DN50	12																									
61	1～12层新风机截止阀DN50	24																									
62	1～12层新风机软接头DN50	24																									
				0						0						10							10				
	模块配置		控制柜数量	XFL521B					0	XFL522B					0	XFL523B						0	XFL524B			0	
	XSL511	0	1																								
	控制系统总共用模块数模块配置		控制柜数量	XFL521B					30	XFL522B					77	XFL523B						8	XFL524B			40	
	XSL511	30	15																								
	XCL5010	9																									
	系统总点数		1118	51						6						254							807				

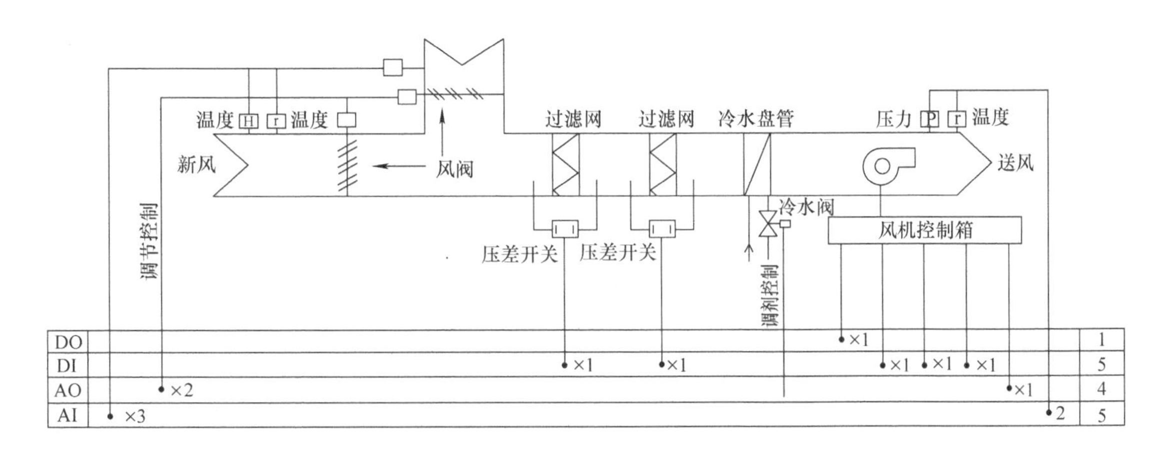

图7-2 二管制空调机组监控原理图

我们在阅读这个点位统计表时可以发现，很多楼层的控制设备配置几乎是相同的，这种情况非常普遍，因为一个大楼往往有许多楼层的平面结构和用途完全一样，如有 N 个楼层是办公用的，M 个楼层是酒店客房，那么同一结构与用途的楼层在设计中就是简单的复制。在绘制平面图时，只要画出其中一个楼层的设计，再加以文字说明就可以了。但是，在点位统计时，我们还要重复一下，把所有的点位都列出来，统计出所有的输入输出和相关的DDC模块。大家在阅读下面的点位表时，就可以发现我们把所有的都列出来了，而不是用简单的乘法去计算。

表7-2为一份示意性报价清单。

表7-2 一份示意性报价清单

报价清单								
项目名称：project								
系统名称：BA自控系统（不含间接费）								
序号	设备名称	型号	品牌	单位	数量	单价	合价	备注
一、中央控制室								
1	服务器计算机	P42.8G/1G/80G/22′LCD	DELL	台	1			用户自备
2	打印机		EPSON	台	1			用户自备
3	SymmetrE 基本软件	SYM R310	Honey well	套	1			
4	C－Bus 网络通信器	Q7055A1007	Honey well	台	1			
5	小计							
二、DDC控制器								
1	控制器	XL8010A	Honey well	块	9			
2	控制器	XL50－MMI－FP	Honey well	块	1			
3	控制器	XL50UMMIPCCB	Honey well	块	1			
4	现场控制器	PUL6438	Honey well	块	142			
5	数字输入模块，LON	XFL823A	Honey well	块	16			
6	XFL823 接线端子	XS823	Honey well	块	16			
7	小计							

（续）

报价清单								
项目名称：project								
系统名称：BA 自控系统（不含间接费）								
序号	设备名称	型号	品牌	单位	数量	单价	合价	备注
三、现场控制设备								
1	浸入式温度传感器	VF20T	Honey well	只	22			
2	压力变送器	C209	SETRA	只	9			
3	流量计	DWM2000	KROHN E	只	2			
4	风管温度传感器	LF20	Honey well	只	47			
5	风管温湿度传感器	H7050B1018	Honey well	只	14			
6	室内温度传感器	T7460	Honey well	只	35			
7	风阀执行器	SMU24	BELIM O	只	27			
8	风阀执行器	SMU24 – SR	BELIM O	只	34			
9	二通调节水阀		Honey well	套	44			带执行器
10	开关量蝶阀		Honey well	套	13 1			
27	小计							
四、控制柜部分								
1	DDC 控制柜		国产	台	7			
2	控制箱		国产	台	44			
3	小计							

7.4 系统设计与设备选型

系统设计遵循的重要原则如下：

国家法律和各主管部门的条例；

地方法规和条例；

甲方的要求和利益；

技术上的合理性；

经济上的合理性。

在进行一个 BA 系统的设计时，首先要和甲方做充分的沟通，了解甲方的真实意图。按照甲方对技术和经济两方面的要求，来制订设计方案。BA 系统的设计是服从于工艺和设备的，所以还需要和工艺与设备的设计人员做充分交流。

在充分交流后，我们可以给甲方选择控制系统的厂家和型号。建议选用一个厂家的控制系统，这样可以减少接口方面的复杂性和资金支出。至于选用哪个厂家的产品，须比较很多因素。

选定产品后，开始对各个设备或者流程做 I/O 点的统计。这个可以参考本书相关章节的内容。获得数据点表格后，就要配置控制模块。目前的产品基本都是采用总线技术的 DDC

模块来完成区域控制的，所以我们按照区域和功能设置模块。确定模块后，我们就可按照厂家的资料为这些 DDC 配置网络连接设备和媒介，同时也可画出系统图。相对麻烦的是现场设备的选择，包括传感器和执行机构。这更加需要工程经验，仅靠教科书是不行的。如流量测量，不同的选择差距很大，包括性能，使用环境、价格和维保等。

BA 系统设计主要是原理图和系统图，平面图不是很重要，甚至有的工程就不出平面图了。如果需要，还可以给出控制设备安装图和管线表。

BA 系统的难点不是设计，而是软件二次开发和现场调试。

表 7-3 是工程商为了承接一个项目，向甲方做的一个厂家产品分析表，可供读者参考。需要提醒的是，此表 7-3 仅仅是为了介绍应该从哪些角度来分析产品的可选择性，里面的内容是随意填写的，不是相应公司产品的真实情况。

表 7-3 厂家产品分析表

公司名称	Johnson Controls	Honeywell（USA）	Siemens（Ladis&Staefa Division）
公司性质	Johnson Controls 在北京设立的独资子公司具有法人资格，负责在中国地区的销售及服务	Honeywell 公司在北京的代表处不具有法人资格，主要任务为支持代理商进行项目实施	Ladis&Gey1998 年被 Siemens 收购，在北京的代表处不具有法人资格，主要任务为支持代理商进行项目实施
公司业务	Johnson Controls 90% 的业务在民用楼控系统，系统更适合于民用控制	Honeywell 公司 80% ~90% 的业务分布在航空、航天及工业控制，民用楼控系统占公司业务的很小一部分	Siemens 公司 80% ~90% 的业务分布在电信、家用电器、电厂，楼控系统占公司业务的很小一部分
制造经验	Johnson Controls 公司成立于 1885 年，至今有一百多年的历史	Honeywell 公司成立于 1885 年，至今有一百多年的历史	Ladis&gyr 公司有一百多年的历史。西门子楼宇科技在中国大陆的工程经验不足 5 年
国内工程经验	在中国地区有近 20 年的工程经验。如东方广场、航华科贸、中国电信指挥中心、国投大厦、京门大厦、远洋大厦、首都时代广场、北京国际机场新航站、中国人寿大厦、凯恒大厦和广州白云机场	在中国有超过 18 年的工程经验，与西环广场类似的大项目业绩较少。如华润大厦、中国银行、瑞成中心（已停工）、中国移动指挥中心和国际新闻中心	Ladis&gyr 原为瑞士公司，有一百多年的历史。1996 年与瑞士的 Staefa 公司合并，又于 1998 年被 Siemens 收购，公司人员变动频繁。大项目业绩少，如工商总行和中化大厦等
服务能力及常驻机构	在香港、北京、上海、深圳设有子公司，在北京拥有 70 多名员工的子公司提供自设计到供货，施工，维修的服务，专门设有维修服务部，在上述地区设有备品配件库	在天津设有中国公司，在北京、上海、深圳、广州设有代表处，售后服务受人力制约，难以保证服务到位	在天津设有合资公司（与天津建工集团），在上海、北京、广州设有代表处，没有专设维修服务部，售后服务受技术水平、人力等的制约，难以保证服务到位

（续）

公司名称	Johnson Controls	Honeywell（USA）	Siemens（Ladis&Staefa Division）
系统技术特点的比较			
系统开放能力	作为有一百多年历史的大型跨国公司，与世界著名的机电厂商，如电梯、制冷机、柴油发电机、空调机、保安监视、广播等设备供应商有数十年的合作经验，有成熟的联网技术及合作经验。十分容易满足用户各系统联网及不断更新换代的要求	与世界著名的机电厂商，如电梯、制冷机、柴油发电机、空调机、保安监视和广播等设备供应商有数十年的合作经验，有成熟的联网技术及合作经验，满足用户各系统联网及不断更新换代的要求	德国企业在美国的与美国部分世界知名机电厂商及弱电系统的联网能力有待开发。不完备，限于楼层开放处理器以网关形式与第三方系统或产品集成
产品配套能力	90%的楼宇自控系统产品为自有产品	90%的楼宇自控系统为自有产品	阀门传感器为自有产品，系统网络部分由收购美国POWER 600系统构成
通信协议	第一级网络（N1）建立在Ethernet的基础上，支持TCP/IP、BACNET等多种通信协议；次级网络（N2）支持RS485、Lonwork通信协议	第一级网络：C－BUS霍尼韦尔专用标准；次级网络：Lonwork通信协议	第一级网络：Building Level Network（BLN）在EIA－485发展的Siemen专用标准；次级网络：在EIA－485基础上专用“D1”协议
网络传输速率	N1网的传输速率为2.5Mbit/s或10Mbit/s Lonwork N2网DDC间的传输速率为78.4kbit/s	C－Bus的传输速率为9.6～76.8kbit/s Lon－BUS的传输速率为78kbit/s	楼宇级的传输速率为19.2kbit/s； 楼层级的传输速率为9.6kbit/s
DDC的技术性能	DDC具有液晶显示功能（标配），易操作，便于工作人员随时查看、设置相关受控设备参数。DDC独立带CPU，DDC可独立运行，也可联网运行	DDC不具有液晶显示功能。DDC独立带CPU。DDC可独立运行，也可联网运行	DDC具有液晶显示功能（标配），易操作，便于工作人员随时查看、设置相关受控设备参数。不是所有型号的DDC都带CPU，不带CPU的DDC不可独立运行
系统集散性原则	系统集散性好。 控制器有8点、16点、24点多种型号，同时采用扩展模块进行灵活扩展，适应系统集散式的要求	系统集散性差。 系统由于C－Bus的要求，一个C－BUS支持29个设备。由于网络结构的局限性，在实际工程中常配置有大点数控制器	系统集散性好。 控制器有多种型号，同时采用插槽式扩展，适应楼宇自控系统集散式的要求，单控制器控制单台被控设备。系统的可靠性高，安装、调试及维护均方便
编程方式	图形化编程方式。由于编程界面清晰、直观、易被操作员掌握。一方面有利于缩短调试周期，加快工程进度；另一方面便于操作员日常的系统维护。由此，目前公认图形化编程优于简明语言式编程	图形化编程方式。由于编程界面清晰、直观、易被操作员掌握。一方面有利于缩短调试周期，加快工程进度；另一方面便于操作员日常的系统维护	图形化编程方式。由于编程界面清晰、直观、易被操作员掌握。一方面有利于缩短调试周期，加快工程进度；另一方面便于操作员日常的系统维护。由此，目前公认图形化编程优于简明语言式编程

（续）

公司名称	Johnson Controls	Honeywell（USA）	Siemens（Ladis&Staefa Division）
		综述	
先进性	计算机技术每年都在变化，业主应选择历史悠久，有实力不断研发创新，有不断提供系统更新换代能力的系统，才能保证系统的长期先进性。而小型公司的产品无法引导智能建筑技术的潮流，同时没有不断研发的能力，不能保证提供迎合世界最先进的产品。另外，小型品牌采用代理销售方式，最新技术无法得到最快、最充分的实施，故选择三强公司是保证系统长期先进性的基础		
开放性及集成能力	三强公司的技术代表了智能建筑的先进潮流，同时具有上百年与其他机电厂商和弱电厂商合作工程的经验，系统开放性强，并具有实施性。其他小品牌受制于发展历史、工程经验、地区性经营的限制，无法对全系列的机电产品提供集成保证		
本地工程经验	三强公司进入中国均超过10年，而其他小品牌通过代理商并没有直接进入中国，无法对用户提供直接的承诺，而国内代理商进入楼宇智能化市场均不超过10年		
产品配套能力	三强公司的系统计算机网络技术、控制器、执行器、传感器及阀门全套产品系列均为自产，配套性好，而大部分的其他外国品牌公司历史均很短，一般由计算机公司配套其他厂家的阀门传感器形成系统，或由阀门传感器制造商配套计算机网络技术转型而来。公司产品系列缺项，系统产品不全面，配套能力差		
售后服务全球网络	三强公司在全球及中国各主要城市完成了设计、供货库存、安装、调试、维护、培训完整的服务体系及网络，共同以世界级公司的声誉作为保障，为客户提供完善的服务。而其他品牌不直接面对最终用户，通过代理提供服务，而且其代理商多为地区性代理商，无全球或全国服务性网络，在售后服务包括在系统售后长期维护、系统零配件保障、系统升级换代保障和系统培训能力方面无法保证		
国际行业认同	世界500强企业在全球范围内为公认的智能建筑承包商，在中国香港、新加坡等完全自由竞争的市场上只有三强公司在竞争，同时为所承担的建筑物提供声誉的保证和市场美誉度的提升		

第8章 五星级酒店BA系统工程设计实例

8.1 项目介绍

某酒店作为一座集楼宇自控、消防、安保及诸多子系统于一体的综合性智能化建筑，在管理上要达到白金五星级相应的标准，所以其对楼宇自控管理系统有很高的要求，它不仅需要对酒店建筑内的所有机电设备如HVAC设备、供配电及照明设备、给排水设备、电梯等进行统一管理，而且这些设备还需与其他的智能化系统进行通信和必要的联动控制，以致力于创造一个高效、节能、舒适、高性价比、温馨而安全的购物、就餐、会议和娱乐环境。

为此，通过对本工程的初步了解并结合楼宇机电设备自动控制系统的实际工程经验，为该大酒店提供了以下技术方案。

推荐性能优越的美国Honeywell楼宇自动化系统SymmetrE，确保整个工程提供的设备为先进的、节能的、便于维护、操作方便，自动控制、技术经济性能符合规格书的要求，既满足高度智能化和系统集成化的技术要求，又满足系统今后升级换代及系统扩展的需要。

8.1.1 设计说明

楼宇自控管理系统在满足现实需要的基础上应有适当的超前性，以满足科技不断发展的需要。为此，在制定本系统方案时应遵循下列原则：

先进性：楼宇自控管理系统建设于信息时代，因此系统方案设计力求与当前科学技术高速发展的潮流相吻合。系统总体结构定位于高起点、开放式、模块化，从而建设一个可扩展的平台，保护前期工程与后续技术的衔接。

实用性：系统设计以实用为第一原则。在符合当前实际需要的前提下，合理平衡系统的经济性和先进性，避免片面追求先进性而脱离实际或片面追求经济性而损害酒店智能化建设的初衷。

可靠性：系统设计每天24h连续工作，局部设备故障不会影响整个系统的正常运行，也不会影响其他智能化子系统的正常运行。关键的系统部件对故障容错和数据备份应提供相应的解决措施。

安全性：系统选用的所有设备、配件及其系统在保证其安全、可靠运行的同时，符合国际和国家的有关安全标准和规范要求，并在非理想环境下能有效工作。

经济性：系统选用的设备及其系统是以现有成熟的设备和系统为基础的，以总体目标为方向，局部服从全局，力求系统在初次投入和整个运行生命周期内获得最佳的性能价格比。

易维护性：系统中需要监视和监控的设备品种繁多，而且位置分散，要保证日常系统正常工作、可靠运行，系统必须具有高度可靠的可维护性和易维护性。尽量做到所需人员少，维护工作量小，维护强度弱，维护费用低。

开放性和可扩展性：系统设计采用国家和国际标准及规范，兼容不同厂家、不同协议的设备和系统。采用符合工业标准的操作系统、网络技术、相关数据和图形系统。各子系统可方便进出总系统，同时具有开放接口，以便用户进行二次开发。

8.1.2　系统特点和产品选型

根据楼宇自控管理系统的功能和技术要求，本系统有以下几个最明显的特点：

选用具有集成功能及开放性的自控管理系统，便于实现与安保系统、消防系统的综合联动，实现与上位管理系统及其他相关系统的集成和数据共享。此外，本系统的很多第三方设备都采用软件接口连入本系统，如冷水主机、锅炉、柴油发电机和变配电系统等，要求楼宇自控管理系统具有很好的开放性，可提供丰富多样、符合行业标准的接口设备和软件。

对于本系统，能耗主要集中于动力设施、暖通空调和照明设备等方面，其中暖通空调和照明占了相当大的一部分，也是较易直接控制、实现节能的能耗负荷。因此，系统应在满足建筑使用功能、舒适度要求的情况下对空调和照明进行有效的节能管理。

采用先进的、集散型网络结构实现楼宇自控管理系统的实时集中监控管理功能既符合国际标准，又符合本大楼的建筑特点，其设备较分散。集散型控制分站的控制器通信网络，应能实现各分站间、分站与中央站之间的数据通信。分站的运行可独立于中央站，内部网络的通信不会因中央站的停止工作而受到影响。

该酒店对楼宇自控管理系统的设备可靠性要求较高，要求系统运行时不过分依赖某一设备，若设备故障时要求减少其波及面，系统采用三层网络结构。同时可以根据需要在网络范围内预留或设置多个监控分中心的通信接口，便于通过分中心来监控整个系统。

由于采用 SymmetrE 楼宇设备集成系统，该系统具有灵活的开放性，提供了多种符合行业标准的接口标准和协议（如 BACnet、Lonwork、OPC、DDE 和 ODBC 等），并具备系统网络数据库，可以满足本系统的特点需求。SymmetrE 系统还可基于内部 Intranet 上，通过 SymmetrE 服务器实现本酒店内的信息交互、综合和共享。实现建筑内信息、资源和任务的综合共享，以及全局事件的处理和一体化的科学管理。

现场控制器选用 Honeywell 在中国应用最广泛的 Excel 5000 控制系统。由于招标文件要求每个新风机组/空调机组需要由一个独立的控制器进行控制，因此每台新风机组和空调机组选用 XL50 小型集中控制器进行监控，而其他设备如水泵、照明、冷却塔、冷水机组和变配电设备，则应用 XCL8010 现场控制器和 Excel 800 现场分布式输入输出模块进行监控。

SymmetrE 系统完全满足本系统关于集成及开放性，成熟及可靠性、可扩展性等要求。Honeywell 的 Excel 800 现场分布式模块化控制器和 Excel 50 小型控制器，集合 SymmetrE 系统将完全实现集散型的监控系统。整个方案设计将基于以上的需求分析，提供一套先进、可靠，设计功能完善的楼宇自控管理系统。

8.1.3　系统目标

1. 实现建筑内各种机电设备的自动控制和管理

如送排风机的程序启停，照明回路的自动控制，设备故障报警的自动接收，备用设备自动切换运行等。按管理者的需求，自动形成各种设备运行参数报表，或随时变更设备运行参数（如启停时间和控制参数等）。

2. 降低建筑的营运成本

楼宇自控管理系统只需在管理中心安排一至两名操作人员承担对建筑内所有监控设备的管理任务，从而大大减少有关管理人员及其日常开支。另外，由于楼宇自控管理系统具有多种有效的能源管理方案，所以建筑在满足舒适性的条件下可大大降低能耗，从而进一步降低建筑的日常营运支出，提高建筑的效益。

3. 延长机电设备的使用寿命以及提高建筑安全性

楼宇自控管理系统可以通过编程实现有关机电设备的平均使用时间，从而提高大型机电设备（如空调机组和各种水泵等）的使用寿命。由于本系统具有极强的系统联网功能，在特定的触发条件下可以和消防报警系统、安保系统等其他智能化子系统实现跨系统的联动功能，使建筑的安全性管理更可靠。

8.1.4 系统设计

1. 需求分析

从本项目弱电系统的实际需要考虑，参考相关的建筑图样，本项目楼宇自动控制系统需监控的系统有：冷热源系统、空调新风系统、给排水系统、送排风系统、变配电系统、照明系统、电梯系统。

根据有关招标要求，经统计，本系统共有监控点6657个左右，其中物理点3653个（AI点467个，AO点78个，DI点1681个，DO点778个），接口点3004个左右。基于工程实际情况，我们选用3500点的SymmetrE系统软件。

2. 系统接口

冷水机组的运行参数：建议通过TCP/IP连接至SymmetrE主机，并通过配置相应的接口开发与相应的系统集成。

锅炉机组的运行参数：建议通过TCP/IP连接至SymmetrE主机，并通过配置相应的接口开发与相应的系统集成。

柴油发电机组的运行参数：建议通过TCP/IP连接至SymmetrE主机，并通过配置相应的接口开发与相应的系统集成。

电梯系统的监测信息：建议通过Modbus总线和接口网关连接至BA的SymmetrE主机，并通过配置相应的接口开发与相应的系统集成。

净水制备系统的运行参数：建议通过TCP/IP连接至SymmetrE主机，并通过配置相应的接口开发与相应的系统集成。

泳池监控系统的运行参数：建议通过TCP/IP连接至SymmetrE主机，并通过配置相应的接口开发与相应的系统集成。

污水处理系统的运行参数：建议通过TCP/IP连接至SymmetrE主机，并通过配置相应的接口开发与相应的系统集成。

同时，本系统提供与上位管理机IBMS系统集成的接口。

说明：该部分系统接口协议必须由供货商提供，请业主在购置设备时明确要求供货商承诺提供其接口协议，以免后期不必要的投资。

该酒店作为顶级酒店，良好的自动控制手段既可保证舒适的环境，又可大大降低能耗，因此精心设计一套楼宇自控系统非常重要。本项目作为高技术工程，智能化系统设计应精益求精，楼宇自控系统作为智能化系统的核心，必须具有以下特点：

1）系统应是一个真正的集散式控制系统。系统的中央站与控制器应使用同一条通信线，可直接进行数据通信。

2）需选用开放性的楼宇自控管理系统，便于实现与消防系统、安防系统等其他相关系统的集成与联动。系统网络采用标准网络协议，符合远程通信管理及计算机发展技术趋势的要求。系统软件应标准化，以全面实现系统集成目标，并按模块化的方法设计，便于系统规模及应用功能的扩展，并可实现汉化。与消防系统的联动将大大提高整个建筑对火灾的自动防范能力，对超高层建筑来说非常重要。火灾时可用作监测相关设备是否启停的辅助工具。与安防系统的联动将提高建筑的安全防范能力，如可在报警时打开现场的照明回路，尽快地捕捉到入侵者。

3）需采用先进的、集散型网络结构实现楼宇自控管理系统的实时集中监控管理功能。集散型控制分站的控制器通信网络应能实现各分站间，分站与中央站之间的数据通信。本酒店作为智能建筑，某些设备之间距离较远，属不同的控制器控制，控制分站间的通信将可实现这些距离较远设备间的联动控制。监控界面应为全中文 Windows 界面，便于操作员的学习和掌握，监控界面直观、形象。

4）需采用灵活的模块化现场控制器对不同楼层的现场设备分布配置相应的输入/输出模块，保证系统良好的集散性和后续的扩展性。

5）需尽量采用同一厂家的设备，高可靠性的设备，以保证各设备间良好的协调性且长期运行良好。

6）需采用优化的控制方案，实现节能控制。空调系统将成为建筑能源消耗的大户。采用优化的控制方案不但可为建筑创造一个舒适环境，且能大大节约能源。

8.2　冷源系统

8.2.1　冷冻机组的监控点

监控点包括

数字量输出点（DO）：冷冻机组启停控制、阀门开关控制、冷冻水泵启停控制、冷却水泵启停控制、冷却塔启停控制和碟阀启停控制。

模拟量输出点（AO）：供回水总管旁通阀控制。冷冻水泵和冷却水泵的开关控制。

数字量输入点（DI）：冷冻水泵和冷却水泵的运行状态、故障报警和手自动状态，冷却塔的运行状态、故障报警和手自动状态、碟阀开关状态、水流指示、电力供应状态。

模拟量输入点（AI）：冷冻水系统供回水温度、冷却水系统供回水温度、供回水压力、水流量、热水泵、循环水泵的供回水温度等。

通过 RS－485 Modbus 接口，采集冷冻机组、锅炉机组的运行参数，在 BA 系统的系统界面上显示。业主在订购设备时，要求设备提供商免费提供该接口，以免以后追加费用，给业主带来不必要的经济支出。

图 8-1 所示为冷热源系统的控制原理图。

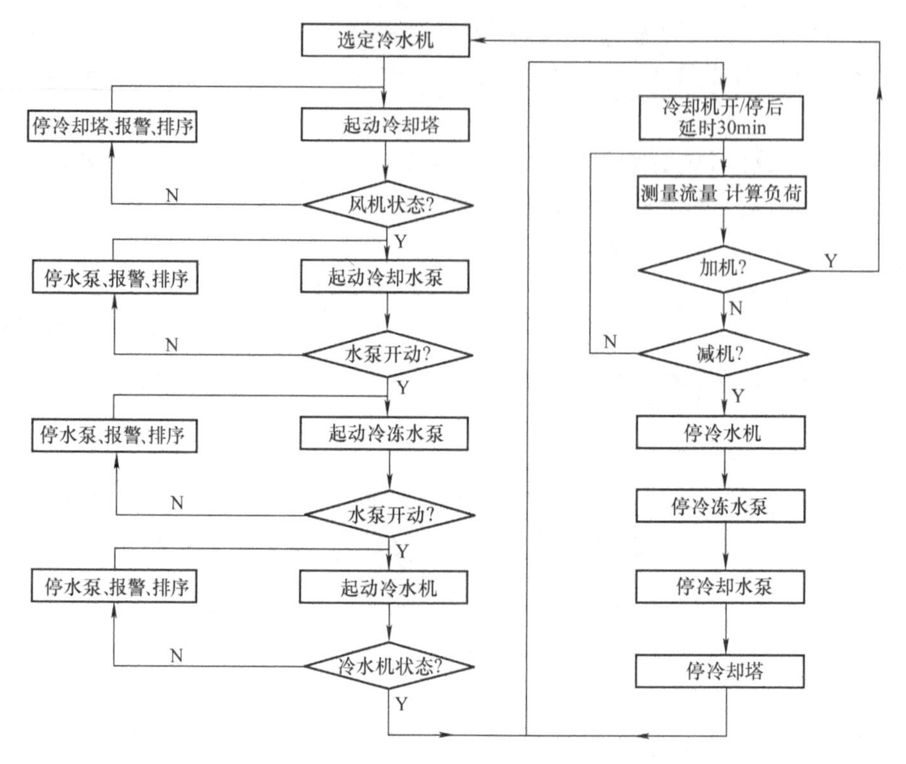

图 8-1　冷热源系统的控制原理图

8.2.2　冷冻机组的监控内容

1. 冷冻机组的台数控制

控制系统监测冷水机组集水器和分水器的出水和回水温度。控制系统通过分析温度变化与时间变化的趋势来判断当前满足系统负荷所需的冷水机组开启数量，从而进行冷源系统的自适应调节。

2. 冷冻系统的联锁控制

机组的投入或退出运行过程是按预先编制的控制程序进行的。当机组需要投入时，控制程序首先打开该机组对应的冷冻水蝶阀、冷却水蝶阀和冷却塔进出水蝶阀。在得到各蝶阀打开状态信号后，延时 30s 起动相应的冷却水泵，延时 30s 起动相应的冷冻水泵，在得到相应的水流状态信号后，延时 5min 起动冷冻机组。

3. 设备的自动切换及故障设备的自动锁定

为了保护冷源设备，延长设备的使用寿命，因此需要累计每台设备的运行时间，使同类设备进行交替运行，并在发生故障时自动切换。在冷水系统中有某一设备发生故障时，系统立即发出报警到终端，同时锁定该设备以防再次起动。同时，自动起动另一个可得到的备用设备或一组可得到的设备。

当排除故障后，设备需要重新加入自控行列时，必须在 BA 系统终端手动复位相应的锁定点，这样才能使锁定的设备再次进入自控行列，以防止设备未经确认地突然动作。

4. 冷却塔控制

冷却塔的投入使用是冷冻机起动时，由控制程序打开相应的冷却塔进出水蝶阀确定的。投入运行的冷却塔风机是由冷却水总回水管的温度传感器决定的。当温度在一定范围内时，依次投入风机运行。当风机发生故障时，将发出报警到BA系统终端，并且锁定该风机。在排除风机故障后，必须在控制软件相应的复位点复位后才能重新投入自动运行。

为了避免冷却塔的冷却水供水温度在设定值附近变化时冷却塔频繁开启，需设定一个调节死区温度值。目前初定为1℃，也可以与设计院进一步商定，对该数值进行调整。

当冷却水回水温度低于某设定值时，冷却水供回水旁通管上的电动蝶阀开启，使冷却水旁路后直接流回冷冻机。

8.3 热源系统

热源系统部分：该酒店采用电热水锅炉生产的蓄热水系统作为空调热源，其中热水供热应符合2250kW，供水温度55℃，回水温度45℃。

常压型电热水锅炉生产的蓄热水系统用于新风处理机组、空气处理机组和风机盘管。电热水锅炉在晚间电价低谷时段运行，将热水由55℃加热至95℃，并储存热量于蓄热水箱内。

系统通过DDC和前端传感器对锅炉机组进行集中控制，设备工作状况均可在管理站进行图形显示、记录和报表打印。

1. 热源系统的监控内容

监测锅炉的运行状态、故障报警，监测锅炉机组的供回水温度，锅炉给水泵的开关状态、锅炉高低水位报警，锅炉燃烧器故障报警，锅炉的排烟温度、蒸汽出口压力、供水流量、燃气耗量、水阀开关度。

对热水泵、水阀的运行状态、故障报警和手自动状态进行监测，并进行控制。常用泵如发生故障，备用泵将自动切入。

记录设备的运行时间累计，每次起动时都选择运行时间最短的设备，使设备交替运行，平衡分配各设备的运行时间。

2. 热源系统的节能措施

根据大楼的实际热负荷量和每日定时停机设定时间，提前关停主机，热水泵持续运行，充分利用空调水余留热量为大楼供热，以达到节能的效果。

根据大楼实际热负荷需求的变化，提供机组运行台数的选择参考，以达到节能效果。

8.4 空调系统

楼宇自控管理系统对室外温湿度等进行监测，作为系统联动、新风量优化控制的运行参数。本系统通过DDC及预先编制的程序对各楼层空调设备进行监视和控制，设备的工作状况以图形方式在管理机上显示，并打印记录所有故障。

根据招标要求，对每个新风机组/空调机组各采用一个XL50小型集中控制器进行监控。

1. 空调机组监控

空调机组带有水阀调节控制、过滤网压差传感器、送风温度、回风温度监测、水阀、新风阀，回风阀调节控制，以及紫外光杀菌灯状态、加湿器和新风量箱的控制。

中央空调是大楼空调的主要形式，分别提供冷热源，系变风量空调机组，空气源来自新风和回风的混合。

变风量控制和定风量控制不同。当控制区域热、湿负荷变化时，不是在送风量不变的条件下依靠改变送风参数（温度、湿度）来维护室内所需要的温湿度，而是保持送风参数不变，通过改变送风量来维持室内所需的温湿度。这是基于送风量与热、湿负荷之间存在下述关系：

1）送风量与室内热负荷的关系。

$$Q = Q_r / C_p \gamma (t_N - t_S)$$

式中，Q 为送风量（m^3/h）；

Q_r 为室内显热负荷（kJ/h）；

C_p 为干空气比定压热容［kJ/（kg · K）］；

γ 为空气密度（kg/m^3）；

t_N 为室内温度（K）；

t_S 为送风温度（K）。

2）送风量与室内湿负荷的关系。

$$Q = D/\gamma((d_N - d_S)/1000)$$

式中，Q 为送风量（m^3/h）；

D 为室内热负荷（kg/h）；

γ 为空气密度（kg/m^3）；

d_N 为室内含湿量（g/kg）；

d_S 为送风含湿量（g/kg）。

由上述关系可知，当室内热负荷减少时，只要相应地减少送风量，即可维持室温不变，不必改变送风温度。这样做一方面可以避免冷却去湿后再加热以提高送风温度这一冷热抵消过程所消耗的能量；另一方面，由于被处理的空气量减少，相应地又减少了制冷机组的制冷量，因而节约了能源。

对于变风量系统采用的离心式风机：

风量与转速的关系为　$Q_1/Q_2 = n_1/n_2$；

风压与转速的关系为　$H_1/H_2 = (n_1/n_2)^2$；

风机所需轴功率与转速的关系为　$P_1/P_2 = (Q_1 H_1)/(Q_2/H_2) = (n_1/n_2)^3$。

由上述关系可知，随着风量（或转速）的下降，轴功率将急剧下降。例如，风量下降到50%时，轴功率将下降到12.5%。节约的能源相当可观。因此，用调节风机转速控制风量取代风门或挡风板的节流调节是节能的有效措施。

1）送风温度的最佳控制：根据与空调控制器的通信，收集至控制信号，达到室内的制冷要求度/采暖要求度，根据最高制冷要求度/采暖要求度变更送风温度设定值。每一分钟将复位值的1/10的值加给送风温度设定值，进风温度的下限值为11℃。

供冷时，如果有一个风门全开，该区域温度高于上限，则增加供冷温度0.5℃，如果该区域温度低于下限，则降低供冷温度0.5℃。

2）回风湿度的控制：由回风管道内的湿度传感器实测出回风湿度，输入DDC，与湿度设定值比较，得到偏差，湿度大于设定值，关闭加湿器；湿度小于设定值，开启加湿器。

3）联锁控制：根据新风风阀开关控制，并与风机、水阀联锁控制，风机停止时，自动关闭新风阀及水阀，风机起动时，延时自动打开风阀。

4）预冷和预热控制：空调机起动时，关闭新风和排风阀，风机频率设为100%，根据回风温度对冷水和热水盘管的二通阀进行比例积分控制。停机时，全部关闭电动二通阀和新风管上的电动风阀，冷热水盘管上的电动二通阀全闭采用时限控制（10min 左右）。

5）风管静压监测：通过测量风管末端静压，对风管静压进行监测。

系统静压监测的目的是为了在送风量发生变化的情况下保证系统压力正常，防止超压现象，同时也保证了系统有足够的新风量。

过滤网的压差报警，提醒清洗过滤网。

6）风机运行状态及故障状态监测，起停控制。

7）升温控制：空调机开始运转将新风阀全闭 1h，进行空调机的运转。升温运转中禁止加湿控制。

8）空气质量的控制：根据空气中 CO_2 的浓度，控制新风量，当空气中的 CO_2 含量超标，增加新风量，减少回风量，直到空气质量达标。

起停时间控制从节能目的出发，编制软件，控制风机起/停时间；同时累计机组工作时间，为定时维修提供依据。例如，正常日程起/停程序（按正常上、下班时间编制）；节、假日起/停程序；制定法定节日、假日及夜间起/停时间表；间歇运行程序，即在满足舒适性要求的前提下，按允许的最大与最小间歇时间根据实测温度与负荷确定循环周期，实现周期性间歇运行。编制时间程序自动控制风机起停，并累计运行时间。

2. 新风机组监控

该机组带有水阀调节控制、新风风阀开关控制以及过滤网压差传感器、送风温度监测功能。

主要监控功能如下：

1）机组定时起停控制：根据事先排定的工作及节假日作息时间表定时起停机组。自动统计机组运行时间，提示定时维修。

监测机组的运行状态、手/自动状态、风机故障报警和送风温度。

2）过滤网堵塞报警：当过滤网两端压差过大时报警，提示清扫。

3）送风温度自动控制：冬季自动正向调节热水阀开度，夏季自动反向调节冷水阀开度，保证送风温度维持在设定值。

4）连锁控制，风机起动，则新风风阀打开、水阀执行自动控制；风机停止，则新风风阀关闭、水阀关闭。在冬季水阀保持 30% 的开度，以保护热水盘管，防止冻裂。

3. 报警功能

如机组风机未能对启停命令作出响应，则发出风机系统故障警报；风机系统故障、风机故障均能在手操器和中央监控中心上显示，以提醒操作员及时处理。待故障排除，将系统报警复位后，风机才能投入正常运行。

4. 室温控制

供冷时根据区域温度 T 控制调节进风量，当达到供冷设定点时维持新风需求的最小进风量不变。变风量设备的控制环路分为两个环节：

1）室内温度控制环路：通过房间温度传感器测得室内温度，将之与温度控制器中的设定值作比较，然后给出一个电信号给风量控制器，从而根据房间温度的变化调节送风量。室内温度控制环路如图 8-2 所示。

2）风量串级控制环路：闭环控制环路（测量 - 比较 - 调整）。通过测得的动压，由压

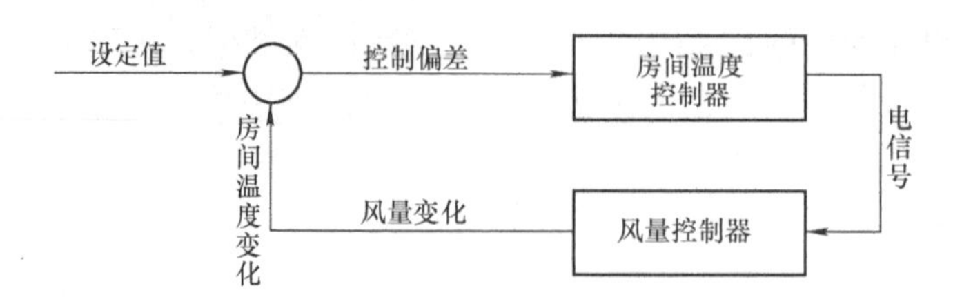

图 8-2 室内温度控制环路

差变送器转换成电信号给风量控制器，风量控制器将之转换成风量值，将此实际测量值与设定值（温度控制器给出）比较，得出的偏差为一电信号，给执行器后调节阀片，从而改变风量，直到与设定值相同。冷热转换图如图 8-3 所示。

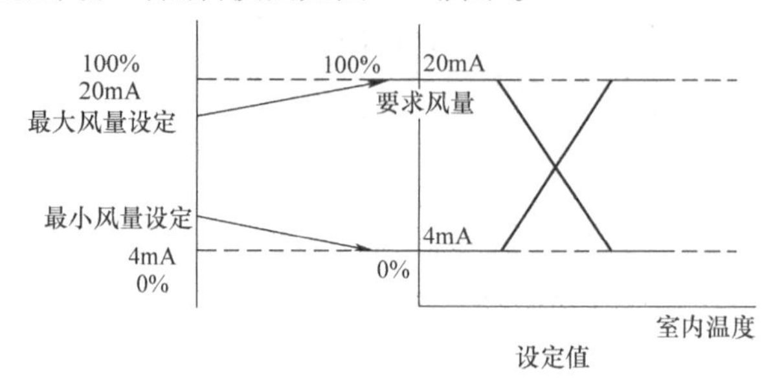

图 8-3 冷热转换图

3）送风温度的控制：上述送风静压的改变是对某一个固定的送风温度而言的，因此针对某个送风温度的静压值对另一个送风温度来说就不能说是合理的静压了。所以，送风温度的设定问题与送风静压的设定问题一样，也是此次工程需解决的问题之一。

于是，此处选择了统计法来控制，其原理是：对于某一空调的显热负荷，若该末端存在送风量允许范围，则势必相应地存在送风温度允许范围。若系统中各末端的允许送风温度范围存在共同的区间，则该区间内的任意一个送风温度均可使各末端满足负荷要求。若不存在共同的区间，则可在最多的统计区间内选择送风温度以满足多数末端的要求，或折中选择送风温度以使系统中的各末端平摊损失。这时重新设定送风温度可能影响静压的设定。这两者之间的参数有一种耦合关系。工程上的做法是当送风静压稳定一段时间（如 10 ~ 15min）后，再来改变送风温度值。

4）室温控制：末端装置是调节房间送风量，控制室内温度的重要设备，根据此项目的实际情况，我们选择末端控制装置为压力无关型控制器。它除了有温控器外，还有风量传感器和温度控制器。温控器为主控制器，风量控制器为副控制器，二者构成串级控制环路。温控器根据温度偏差设定风量控制器的设定值；风量控制器根据风量偏差调节末端装置内的风阀。当末端入口压力变化时，通过末端的风量变化，压力无关型较快地补偿这种压力变化维持原有的风量，而压力有关型末端则要等到风量变化改变了室内温度才动作。所以，压力无关型末端响应快，控制精度高。

8.5　通排风系统

通排风系统控制内容见表 8-1。

表 8-1　通排风系统控制内容

监控设备	监控内容
送风机	运行状态、电力正常供应、电动机故障报警、电动机过载报警、设备故障、风机频率、手/自动状态、开关控制等
排风机	运行状态、电力正常供应、电动机故障报警、电动机过载报警、设备故障、风机频率、手/自动状态、开关控制等

累计风机的运行时间。中央站用彩色图形显示上述各参数，记录各参数、状态、报警、启停时间（手动时）、累计时间和其历史参数，且可通过打印机输出。

排烟风机、加压风机在消防报警系统中已独立自成系统，BA 系统不作任何控制，只作状态监测。

8.6　给水排水系统

监视排水泵、生活水泵、消防栓泵、喷淋泵的运行状态，故障报警，遥控状态，并可进行启停控制。监视集水坑的液位状态，如液位高于设定的超高水位时，及时报警。

监视水池、水箱的高低液位状态和超高超低液位状态。

中央站用彩色图形显示上述各参数，记录各参数、状态、报警、启停时间、累计时间和其历史参数，可通过打印机输出。

8.7　变配电系统

通过通信接口方式，采集配电柜部分所需监测的三相电流、三相电压、功率因数和频率等电力参数。按照标书要求，电力监控及能源管理系统配置通信接口，采集上述参数，并配备通信网关，对柴油发电机进行监测。

为了安全考虑，对变配电系统的运行状态和工作参数，由楼宇自控系统实施监视而不作任何控制，一切控制操作均留给现场有关控制器或操作人员执行。

8.8　照明监控系统

照明控制内容表见表 8-2。

表 8-2 照明控制内容表

监控设备	监控内容
公共照明回路	开关状态，开关控制

中央站用彩色图形显示上述各参数，记录各参数、状态、起停时间、累计时间和其历史参数，可通过打印机输出。

按照建筑物业管理部门的要求定时开关各种照明设备，以达到最佳管理、最佳节能的效果。

统计各种照明的工作情况并打印成报表，供物业管理部门利用。

根据用户需要，可任意修改各照明回路的时间控制表。

泛光照明可设休息日、节假日和重大节日 3 种场景进行控制。

累计各开关的闭合时间。

BA 系统按照制定的时间程序和室外照度条件自动启停公共区域照明，监测其开关状态。

8.9 电梯系统

通过通信网关方式采集每部电梯的楼层显示、上下行状态、故障报警。若同为一个品牌，配置一个网关即可，若为不同品牌，就要根据现场的实际情况选定。在该酒店案例中，我们按同品牌配置网关。

监测内容如下：

通过通信网关方式监视每部电梯的运行状态、楼层显示，并故障报警。

统计电梯的工作情况，并打印成报表，以供物业管理部门利用。

统计各种电梯的工作情况，并打印成报表，以供物业管理部门利用。

中央站用彩色图形显示上述各参数，记录状态、报警、累计时间和其历史参数，且可通过打印机输出。

电梯系统采用通信接口方式采集数据。电梯系统承包商应将所有电梯联网，以一个硬件接口的形式供 BA 系统访问，并免费向 BA 系统提供通信协议。

8.10 网络结构描述

SymmetrE 服务器处于楼宇设备自控系统的最高监视与管理层，它通过双绞线通信网络连接各楼层的现场控制设备，将各种楼宇机电设备的实时运行状况集成到 SymmetrE 服务器统一的浏览器界面，实现对各机电子系统的集中监视与管理。统一的浏览器界面可以支持构架显示窗口推出、动画和参数变量值动态显示，支持查询，实现带有口令验证的安全管理操作控制，也可以支持多媒体技术，应用视频、图像和音响等技术，使报警监视和设备管理图形界面生动、直观。

SymmetrE 系统结构在网络方面具有三层网络结构，即管理层网络（以太网）、自动化层网络及现场层网络。三层网络可以有效地覆盖能源中心和建筑内各设备的自动化控制及管理。该三层网络结构代表了当今楼宇自动化系统的典型实例，符合国家行业标准，具有全数字化集散型系统的优势，如图 8-4 所示。

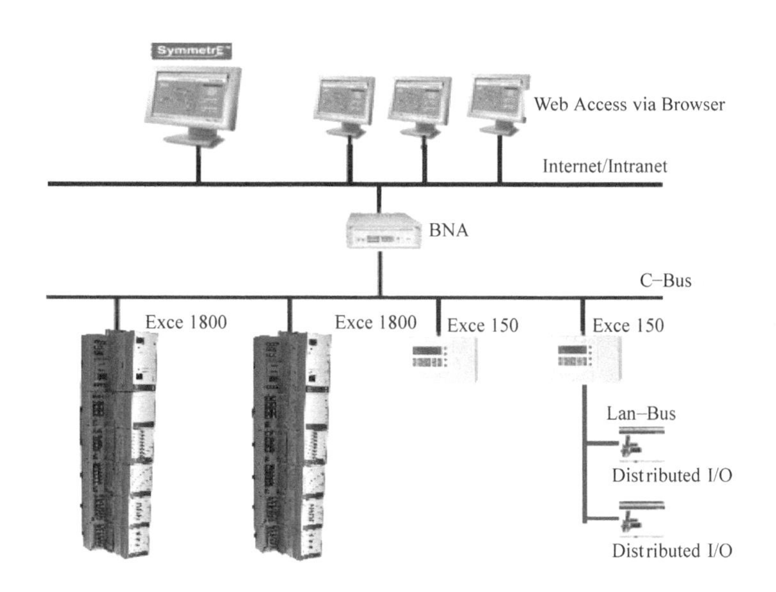

图 8-4　数字化集散型系统架构图

管理层网络可以通过以太网（Ethernet）与建筑计算机网络进行通信，完成系统集成的功能，根据网络服务请求实现空调、照明等相关设备的控制与管理。

自动化层网络采用总线技术 C - Bus 可实现建筑内 DDC 控制器之间的通信，既可满足传送监控中心下达指令的任务，又可及时向监控中心反馈建筑各设备的信息。

现场层网络可以通过相应的控制器如 LonWorks 现场总线产品来控制分布在楼层的各种设备。通过该层网络可以有效、快速地执行控制器的指令。采用该层网络可减少自动化层网络不必要的通信负担，降低设备与控制器之间接线及施工的成本。

同时，自动化层及现场层控制器还可在中央站故障时继续按预定的程序工作，从而保证系统的正常使用。

SymmetrE 系统软件包括系统服务器平台和图形客户端软件。SymmetrE 服务器是对 BA 系统进行管理的主要窗口。运行 SymmetrE Server 服务器平台，是 Excel 5000 现场控制网络 C - Bus 的节点，系统数据均储存在服务器的实时数据下和 SQL 的数据下。服务器同时还可运行 SymmetrE 客户端界面，通过全动态彩色图形对整个建筑的设备运行状况进行显示、报警、控制和管理。

SymmetrE 操作站可根据物业管理的实际需要设置在任何地方，其与服务器通过 TCP/IP 连接，连接路由可以是局域网或广域网。操作站只运行 SymmetrE 客户端界面，并可将 SymmetrE 系统的运行管理权限如显示内容、修改参数、设备控制等分别授权，以提高系统运行的安全性。

8.11 与第三方设备的接口

对于冷水机组、热力系统、电梯系统提供通信接口的第三方设备，SymmetrE 系统配置相应的接口软件将它们接入 BA 系统，实现对这些设备的二次监控。由于第三方设备距离 BA 监控中心有一定距离，所以需采用 RS-485 或以太网的形式与 SymmetrE 实现通信接口。

第三方设备如不能提供标准协议，则需开放详细的通信协议，在获取第三方设备的通信协议后，可以对 SymmetrE 进行接口开发，实现设备运行数据的共享。

本设计的第三方设备接口形式为

冷水机组、锅炉机组——RS-485 或 RS-232 协议。

变配电系统——Modbus 协议。

柴油发电机——Modbus 协议。

电梯系统——RS-485 或 RS-232 协议。

各种净水设备——RS-485 或 RS-232 协议。

8.12 节能效果

一般而言，一幢高层建筑的控制系统的能量消耗几乎占整个建筑能量消耗的绝大部分，特别是循环水泵、空调机组和照明系统，如何使这些设备高效运行，是楼宇自控系统必须考虑的问题。因此，采用最优化的控制模式来满足建筑的功能要求，就会为建筑物业带来很大的经济效益。

据初步测算，建筑的运营成本每平方米每年为人民币 1200~1600 元，其基本构成大致如下：

固定成本　73.22%；

能源　9.11%；

维护　10.85%；

清洁　6.82%。

对于机电设备总投资的推算，BA 系统的成本大约为 6%。采用 BA 系统，节能的具体表现如下：

1. 设备控制加强了能量管理

空调主机系统采用优化起停控制和预测负荷控制。

设备的优化控制措施加入了室外气象边界条件。

可通过与变配电系统的集成实现负荷控制。

通过照明时间段控制，实现节能效果。

用上述方法，BA 系统可为新的办公建筑节能 20% 左右，在旧建筑中可以节能 30%~35%。

2. 节约人力，提高工作效率

作为一幢大型超高层建筑，建筑内的机电设备数量和型号众多，并且分布于建筑的各个楼层，采用楼宇自控系统统一管理这些设备，只需在工作站上就可监控所有设备的运行情况，并且可以通过设定时间让 BA 系统自动对设备进行定时控制。无需过多的管理人员，即可对建筑进行完善的管理，节省人力资源的成本。

3. 延长设备寿命

利用 BA 系统的软件功能，自动累计各种机电设备的运行时间，在可以利用备用设备的情况下，自动循环使用常用设备和备用设备，如冷水机组和循环水泵等，这样可以延长它们的使用寿命，降低平均故障发生率，以节省维修费用。另外，BA 系统实现了设备的统一管理，快速反映故障，使危险降至最小。

4. 保证舒适的环境

BA 系统的优点不仅在于对设备的监控，还可对特定的对象，如环境温度进行精确的自动控制。对空调系统就可通过回风温度与设定温度的比较，采用 PID 方式调节水阀来保持回风温度的恒定，以创造一个舒适的环境。舒适的环境相对提高了建筑物业的整体形象。

鉴于上面分析，BA 系统可在 5 ~ 10 年内收回本身的投资。

8.13　BA 系统设计特殊说明

根据本项目弱电系统的具体特色需求，参考了相关的设计图纸和文件，鉴于本项目为高档次建筑，其机电设备较为分散的特点，为便于整个物业管理，在设计过程中有以下几点需特殊说明。

1. 分布式模块控制器

图 8-5 为仿实物结构图。

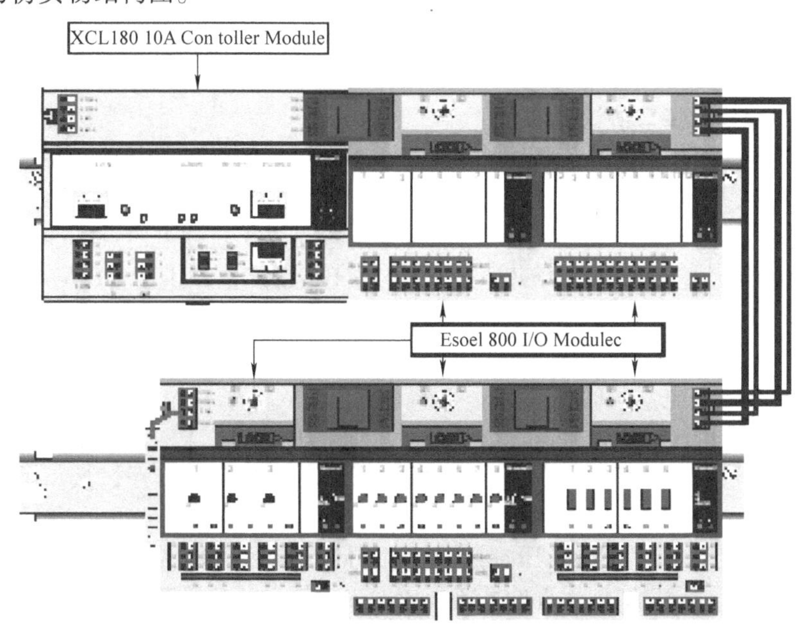

图 8-5　仿实物结构图

控制器选用 Lonwork 技术的 XL800（分布式、模块式）控制器，所采用的控制器及系统软件都是 Honeywell 代表目前世界最新技术的产品。

Excel 800 采用了全新的专利技术的 Panel 总线，通过使用“即插即用”的 Panel 总线 I/O 模块，极大地节省了安装和调试的成本。与此同时，控制器仍可采用 LonWorks 技术的 LonWorks 总线 I/O 模块。I/O 模块包括了一个端子底座和一个可插拔的模块，这使得在模块安装之前就可以在底座上进行接线工作。所有的模块可以在不断电、不断网的情况下进行维护更新，包括软件更新、配置和调试；对于 Panel 总线 I/O 模块，这些工作都可以自动完成。

XL800 控制器可连接操作终端、调制解调器及手提式操作终端，可接受便携式终端的实时操作，而不影响永久连接在上等调制解调器等终端的正常工作。监控点的设定、软件修改可在现场经操作终端直接输入而实现，不需到生产厂家去修改。

工业工作生产的 XL800 控制器的使用寿命可达 MTBF > 13.7 年，C - Bus 的通信速率达 1Mbit/s，Lon - Bus 标准的通信速率达 76.8kbit/s。

模块化设计使系统易于扩展，在所控设备比较分散的情况下其优点尤其突出，它可将模块放置于不同的设备附近，然后只需通过连接模块靠简单的双层线与控制器相连，这样既可满足系统扩充的需求，又满足了布线简洁方便的要求。

2. 最先进的软件 SymmetrE 系统

SymmetrE 是先进的高效能、集成化 BA 系统，该系统根据需要可将建筑的楼宇控制系统、消防报警系统及安保自动化系统集成在 SymmetrE 平台上，并适用于本建筑特点及先进的控制和管理要求，包括选用最先进的 LonWork 技术的数字控制器，以及与其他供应商系统及 OA 系统的开放性接口。

SymmetrE 对于 ActiveX、DDE、ODBC、Access 等标准技术均可实现无缝连接。SymmetrE 系统可实现与这些系统的通信，从而实现有关的联动控制以及方便物业管理和系统集成，如持卡人读卡进入某区域时，可自动打开相应区域的照明；如果发生火灾，则关闭火灾层的空调机组。

3. 集成界面以及接口协议要求

SymmetrE 作为 BA 系统的管理平台，将 BA、SA、FA 集成在一起，便于控制域的统一集中管理及信息共享，也便于与 IBAS 系统实现数据交换。Honeywell 消防报警控制器 XLS1000 通过 LAN_ Interface 挂在以太网上，直接与 Server 实现点对点的通信。

SA SymmetrE Server 提供了 ODBC 接口软件，SA 系统也提供了 ODBC 接口软件，这样 SymmetrE Server 与 SA 系统工作站就可实现资源共享。

4. SymmetrE 系统的集成性

SymmetrE 为各弱电系统的集成器，可作为一个独立的子系统或统一的集成系统。通过选择不同的软件接口或选项，可满足以下子系统的要求：

1）建筑设备自动化控制系统（BA）（即集成 SA）。SymmetrE 通过接口监控 Excel 5000 系列控制器，如 XL800 等 LonWorks 产品。

SymmetrE 通过软件接口监控 Honeywell Interface 软件，综合各子系统共用 SymmetrE 的实时数据库，因而可轻易实现无缝的系统集成，提供辅助信息管理和查询等。

该项目的其他机电系统，如消防报警系统、安保系统等都可以与中央监控系统联网，实施系统监控或实施系统联动，使中心内的各机电设备、各系统连成一个有机的整体，统一、有序地处理各种日常的或突发的事件，使中心在各种情况下都能安全、高效、稳定地运行。

BA系统可以与其他系统通过通信接口及通信协议，实现系统间的监控和联动，充分体现各弱电系统的综合集成等。

2）消防系统（FAS）。SymmetrE通过软件接口监控火灾消防系统，提供对所有报警的实时响应，及时做出相应的联动处理。消防系统本身应具备软件数据接口、硬件设备通信接口，并提供与BA、SA等的系统联动。

3）提供ODBC、OPC、API等接口与其他系统数据库进行信息交换。可根据客户需求开发系统接口，提供第三方设备及系统的接入。

8.14 系统主要设备

系统方案采用SymmetrE，现场直接数字控制器采用Excel 5000系列控制器，DDC的硬件及软件配置均能保证分站按独立方式运行，真正实现危险分散的集散型控制。分站软件包括系统软件（含监控程序和实时操作系统）及所需的一系列应用软件，提供编程用的CARE软件，以方便用户日后修改程序。

DDC所配置的软件支持现场的各种控制功能，支持最主要的HVAC节能控制，同时也能实现与SymmetrE中央及DDC间的同层通信。

8.14.1 中央工作站

1. 监视功能

SymmetrE以Windows 2000（NT）为操作平台，采用工业标准的应用软件，全中文、图形化的操作界面监视整个BA系统的运行状态，提供现场图片、工艺流程图（如空调控制系统图等）、实时曲线图（如温度曲线图，可同时显示几根，时间可任意推移）、监控点表、绘制平面布置图，以形象直观的动态图形方式显示设备的运行情况。可根据实际需要提供丰富的图库，并提供图形生成工具Display Builder软件，绘制平面图或流程图并嵌以动态数据，显示图中各监控点的状态，提供修改参数或发出指令的操作指示。

可提供多种途径查看设备状态，如通过平面图或流程图，通过下拉式菜单或10个特殊功能键进行常用功能操纵，以单击鼠标的方式逐级细化地查看设备状态及有关参数。

画面的转换不超过两键，画面的全部数据刷新小于2s。

SymmetrE系统软件能提供一个多任务的操作环境，使用户可同时运行多个应用程序。在运行多个实时监控程序的同时可同时运行如Word或Excel软件，也可浏览Internet网页。通过使用工业标准的软件来支持并行访问和系统监控操作。

2. 控制功能

能在SymmetrE中央通过对图形的操作对现场设备进行手动控制，如设备的ON/OFF控制；通过选择操作可进行运行方式的设定，如选择现场手动方式或自动运行方式；通过交换式菜单可方便地修改工艺参数。

SymmetrE对系统的操作权限有严格的管理，以保障系统的操作安全。SymmetrE对操作人员以通行字的方式进行身份的鉴别和管制。根据不同的身份可将操作人员分为6个安全管理级别。

SymmetrE软件能自动对每个用户产生一个登录/关闭时间、系统运行记录报告。用户自定义的自动关闭时间，以保证操作员离开后的系统安全。

3. 报警功能

当系统出现故障或现场的设备出现故障及监控的参数越限时，SymmetrE 均产生报警信号，报警信号始终出现在显示屏最下端，为声光报警（可选择），操作员必须确认报警信号后才能解除报警，但所有的报警都将记录到报警汇总表中，供操作人员查看。报警共分 4 个优先级别。

报警可设置实时报警打印，也可按时或随时打印。

4. 综合管理功能

SymmetrE 对有研究与分析价值、应长期进行保存的数据建立历史文件数据库：用流行的通用标准关系型数据库软件包和 SymmetrE 服务器硬盘作为大容量存储器建立 SymmetrE 数据库，并形成棒状图、曲线图等。

SymmetrE 提供一系列汇总报告，作为系统运行状态监视、管理水平评估、运行参数进一步优化及作为设备管理自动化的依据，如能量使用汇总报告，记录每天、每周、每月各种能量消耗及其积算值，为节约使用能源提供依据；又如，设备运行时间、起停次数汇总报告（区别各设备分别列出），为设备管理和维护提供依据。

SymmetrE 可提供图表式的时间程序计划，可按日历定计划，制订楼宇设备运行的时间表，可提供按星期、按区域、按月历及节假日的计划安排。

5. 通信及优化运行功能

SymmetrE 中央站采用 Windows NT 操作系统、以太网连接和 TCP/IP 通信协议，通过 ODBC 等接口方式与其他子系统及 IBAS 服务器通信，传送综合管理、能源计量、报警等数据，并接收其他系统发出的联动及协调控制命令，以便控制整个建筑设备的优化运行。

SymmetrE 中央站与 DDC 间可直接通信，无需采用其他任何转接设备，提高了整个系统的可靠性及运行的速度。C－Bus 的通信速率为 1Mbit/s，能够满足画面刷新对通信速率的要求。

8.14.2 Excel 800 控制器

Excel 800 控制器（包括 XCL8010A 控制器模块、Excel 800 Panel 总线和 LonWorks 总线 I/O 模块）提供了针对加热、通风和空调（HVAC）系统的，高性能价格比的自由编程控制。它在能源管理方面有广泛的应用，包括最优化起停、夜间扫风，以及最大负荷需求等。Excel 800 在安装和长期运行方面具有良好的适应性，其模块化的设计理念也使得系统可扩展性较好。

Excel 800 采用了全新专利技术的 Panel 总线，通过使用“即插即用”的 Panel 总线 I/O 模块，极大地节省了安装和调试成本。与此同时，控制器仍可使用采用 LonWorks 技术的 LonWorks 总线 I/O 模块。I/O 模块包括了一个端子底座和一个可插拔的模块，这使得在模块安装之前就可在底座上进行接线工作。所有的模块可以在不断电、不断网的情况下进行维护更新，包括软件更新、配置和调试；对于 Panel 总线，I/O 模块这些工作都可以自动完成。

开放的 LonWorks 标准使得控制器可以很容易地集成第三方控制器，或与其他 Honeywell 控制设备（如 Excel 10 和 Excel 12 区域控制器）进行通信。

通过一个调制解调器或 ISDN 终端适配器连接到楼宇管理平台以实现远端服务。

通过 Honeywell 的 OpenViewNet 设备（通过 C－Bus 连接到 Excel 800 控制器）可以实现

直接的 Web 服务。

1. 特性

1）即插即用的 Panel 总线 I/O 模块，易于安装维护。

2）LonWorks 总线 I/O 模块（FTT10－A，兼容电源线收发）易于集成进入其他系统。

3）I/O 模块更改维护无需断电和断开总线连接。

4）可以重新使用现存的应用程序（如 Excel 500 等）。

5）达到最新技术发展水平的压入式端子和桥接头使得接线迅速。

6）支持的传感器范围广泛（PT3000，Balco500，NTC20k，PT1000－1/PT1000－2 等，0/2～10V，0/4～20mA）。

7）数字输入每个通道 LED 都可以配置用于状态显示（灯灭/黄色）或报警显示（绿色/红色）。

8）可配置的输出安全位。

9）实时时钟。

10）可选配件，如辅助端子、手动端子切断模块和交叉接头（Cross－Connector）等，使得接线具有最大的灵活性。

11）可安装在小型安装箱体内。

12）灵活的 I/O 模块组合适合用户所有的应用需求。

13）增加了内存空间，为用户设计和控制最复杂的应用提供了极大的灵活性。

14）由于拥有更短的运行周期时间（比 Excel 500 快 30%），紧急应用可以达到最新技术的发展水平。

15）通过串口连接，可以进行快速固件下载（约 90s）。

16）从 C－Bus 系统升级，可以与现存已安装的 Honeywell 控制系统一起运行；保护客户的投资。

17）可以通过可选件 OpenViewNet 设备进行 Web 访问。

18）通过专用的调制解调器进行远程操作。

19）支持人机接口（HMI）、膝上型计算机连接。

20）端子底座与电子模块分离设计，降低安装期间的损害风险。

21）XCL8010A 控制器模块配备有一个 HMI 接口（RJ45 插座，作为串行端口），可以连接 HMI 设备，如 XI582AH 手操器，或者膝上型计算机（装有 XL－Online/CARE 软件）。

22）C－Bus 接口：最多 30 个 C－Bus 设备（如控制器等）可以相互进行通信，或者通过 C－Bus 接口与中央管理 PC 进行通信。C－Bus 必须由独立的控制器连接组成（开放的环网拓扑结构）。

23）Web 接口：可选的 OpenViewNet™（OVN）设备是一个智能的 BMS（楼宇管理系统）接口，它为 Excel 800 控制器与其他设备之间的访问提供了一个 TCP/IP 接口。该设备是一个 IP 设备，可以在世界上的任何地方对其进行访问。

OpenViewNet 设备的处理器和内存运行了相关的操作系统和应用程序，可以允许用户远程监视和管理楼宇设备。设备提供了报警和事件通知功能。用户也可通过它生成报表、通过时间表定时管理设备、或者通过定制图形对重要数据进行在线或离线监视、趋势管理。设备与客户端之间的数据处理过程是分布式的，资源利用的合理而有效。

24）LonWorks 接口：The LonWorks 总线是一种 78kbit 的使用变压器隔离的串行线路，因此总线接线没有极性；也就是说，连接到双绞线的两条线接到 LonWorks 端子的位置并不重要。

LonWorks 总线可以连接成菊花链形、星形、环形或混合型，只要符合相关的最大接线距离要求即可。建议配置为使用了两个终端电阻的菊花链形（总线）网络结构。这种设计允许的 LonWorks 总线距离最长，并且这种简单的架构出问题的可能性最小。当扩展现存的总线时，这一优点更明显。

25）调制解调器接口：XCL8010A 控制器模块配置有一个调制解调器接口（RJ45 插座，作为一个串行端口），用于连接调制解调器或 ISDN 终端适配器。

26）Panel 总线接口：XCL8010A 控制器模块具有一个有特色的 Panel 总线接口（最大为 40m），其极性的无关性使接线更容易。确定性总线设计的时间周期为 250ms；需扫描所有连接的 Panel I/O 总线模块。

2. 编程

Excel 800 系统包含广泛的软件包，设计适用工程师的需求，简单易用。菜单驱动的软件具有以下几个功能特点：数据点描述；时间程序；报警处理；应用程序编程（DDC 程序）；密码保护；趋势记录。

（1）数据点描述　数据点是 Excel 800 系统的基本要素。数据点包括系统特定信息，如数值、状态、限定值以及默认设置等。用户可很容易地访问和修改数据点及其所包含的信息。

（2）时间程序　时间程序可用来针对任意数据点设置任意时间内的状态与数值的设定。可以使用的时间程序有：每日程序，每周程序，年度程序，当日（TODAY）功能，特使日期列表。

每日程序可用于创建每周程序。年度程序可以通过每周程序自动创建，再与每日程序结合形成。当日（TODAY）功能允许直接改变开关程序。它允许用户对选定的数据点赋予一个预定时间段内的数值和状态设定。

（3）报警处理　报警处理功能可保证系统的安全性。例如，报警信号可提醒操作者进行定期维护工作。所有发生的警报都会即时报告，并存储在数据文件内。如果系统配置允许，用户还可以在打印机上打印报警列表或通过本地总线、调制解调器将报警传递到更高级别的设备上。系统有两种类型的报警：紧急报警和非紧急报警。紧急报警（如由通信故障引起的系统报警）比其他非紧急报警具有更高的优先级。为了区分报警类型，用户可创建其自己的报警信息或利用预先编好的系统信息。导致报警信息生成的原因有：超出限定值，维护工作超期，累加器读数，数字数据点状态改变。报警缓冲区可以包含最多 99 个报警。

（4）应用程序编程（DDC 程序）　用户可以使用 Honeywell CARE 编程工具为自己的系统创建应用程序。一系列预定义的应用程序（MODAL）无须额外的编程就可提供反映最新技术发展水平的应用程序。

（5）密码保护：Excel 800 系统也受到密码保护，这确保了只有经授权的人员才能访问系统数据。操作员级别分为四级，分别通过其自身的密码进行保护。

操作员级别 1：只读。操作员可以查看显示有关设定、切换点和运行时间等信息。

操作员级别2：可读取信息并可适当修改。操作员可查看显示系统信息并可修改某些预设的数值。

操作员级别3：可读取信息并适当修改。系统信息可被查看显示并修改。

操作员级别4：编程工具（如CARE、XL－Online软件等）的访问级别。

（6）趋势记录：Excel 800系统提供了基于控制器的趋势记录。这一特性运行历史数值保存在控制器模块中，可以进行基于时间或基于历史数值的趋势记录。

8.14.3　Excel 50控制器

Excel 50控制器可以用于单独的、不联网的本地控制，同时，它还具有通信功能的选择，与Excel 5000系统集成在同一个网络上。

Excel 50控制器是专门用于加热系统、区域供暖系统、小型餐厅、小型商店、办事处、银行分支、连锁商店及小型城镇住宅的小型空调控制系统。

Excel 50可替代Excel 20控制器，它内含通信模块，并可自由编程控制，编程非常简便。其固化软件、系统软件永久驻存在一个EPROM中或一个Flash－EPROM中，EPROM/Flash－EPROM被设置在应用模块中。一个独立的模块插在控制器壳体内，每组应用程序放在独立应用模块中。每组程序具有一个代码，它通过PC中的应用程序软件包LIZARD来产生应用代码并通过MINI接口输入指令代码。可变通信口及选择开关仅在控制器后盖，无需打开箱壳。

1. 特点

8个功能键，4个快速访问键，4行液晶显示，每行16个字符，方便现场操作；

简单应用程序编程，可与Honeywell Excel 5000®控制器使用同一软件；

预先配置应用程序模块，可以直接调用；

可以单独工作或与Excel 5000 C－Bus联网功能，及与ISDN/GSM卡通信接口，同时带有LON及M－Bus通信功能；

Flash EPROM可方便地进行应用软件修改与下载程序，可通过B－Port或C－Bus完成下载。

2. 应用

Excel 50控制器具有两种型号：一种是有人机接口（MMI）；另一种是无人机接口。外部人机接口通过MMI或XI584手提计算机都可与所有型号进行通信，箱体可装在DIN导轨或控制屏门上。

控制器壳体背面有直接连接导线的接线端子，也可以同一控制屏的DIN导轨用Phoenix接线端子连线。

计算机应用工具软件包可以帮助您得到最佳配置，通过人机接口MINI可把预先配置的应用程序放置在固化软件中，同时把现场设备的特性也装入固化软件中。

Excel 50提供了3种应用类型：单独工作、Flash－EPROM和具有C－Bus功能的Flash－EPROM。版本Flash－EPROM可以提供新的固化软件程序，具有远程通信功能也将适用于其中。有单独工件的Flash－EPROM和带有C－Bus通信模块的硬件具有远程通信功能，并且可与Excel 5000系统联网。

3. 控制软件

主要控制功能有

1）焓值控制：对每种空气源进行全热值计算，并进行比较决策，自动选择空气源，使被冷却盘管除去的冷量或增加的热量最少，来达到所希望的冷却或加热温度。

2）最佳起动：根据人员使用情况，提前开启 HVAC 设备。在保证人员进入时，环境舒适的前提下，提前时间最短为最佳起动时间。

3）最佳关机：根据人员使用情况及航班动态，在人员离开之前的最佳时间关闭 HVAC 设备，既能在人员离开之前使空间维持舒适的水平，又能尽早地关闭设备，减少设备能耗。

4）减小再加热控制：对使用集中供冷、分区再加热方法进行温度控制的多区单位空调系统，根据区域状态计算再加热需要量，并据此进行优化，重新设定冷冻水最佳温度（或冷盘管出口最佳温度）的控制算法，最大程度地减少冷热抵消所引起的能源消耗。

5）设定值再设定：根据室外空气温度、湿度的变化对新风机组和空调机组的送风或回风温度设定值进行再设定，使之恰好满足区域的最大需要，以将空调设备的能耗降至最低。

6）负荷间隙运行：在满足舒适性要求的极限范围内，按实测温度和负荷确定循环周期与分断时间，通过固定周期性或可变周期性间隙运行某些设备来减少设备开启时间，减少能耗。

7）分散功率控制：在需要功率峰值到来之前，关闭一些事先选择好的设备，以减少高峰功率负荷。

8）夜间循环程序：分别设定低温极限和高温极限，按采样温度决定是否发出“供热”或“制冷”命令，实现加热循环控制或冷却循环控制。在凉爽季节，夜间只送新风，以节约空调能耗。

9）夜间空气净化程序：采样测定室内、外空气参数，并与设定值进行比较，依据是否节能，发出（或不发出）净化执行命令。

10）零能量区域：设置冷却和加热两个设定值，有一个既不用冷也不用热的区域，实现空间温度在该舒适范围内不消耗冷、热能源的控制。

11）循环起停程序：自动按时间循环起停工作泵及备用泵，以维护设备。

12）非占用期程序：在夜间及其他非占用期编制专门的非占用期程序，自动停止必要运行的设备，以节约能源。

13）例外日程序：为特殊日期，如假日提供时间例外日程序安排计划，中断标准系统处理，只运行少数必须运行的设备。

14）临时日编程：如遇特殊情况，可编制临时日编程，提前一天编制好下一天的临时日程序，停止运行一些不必要运行的设备，只运行一些必须运行的设备。临时日程序优先于其他时间程序。

8.15 CARE 的编程

CARE 编程步骤如下：

1）打开编程软件并确认对话框，如图 8-6 所示。

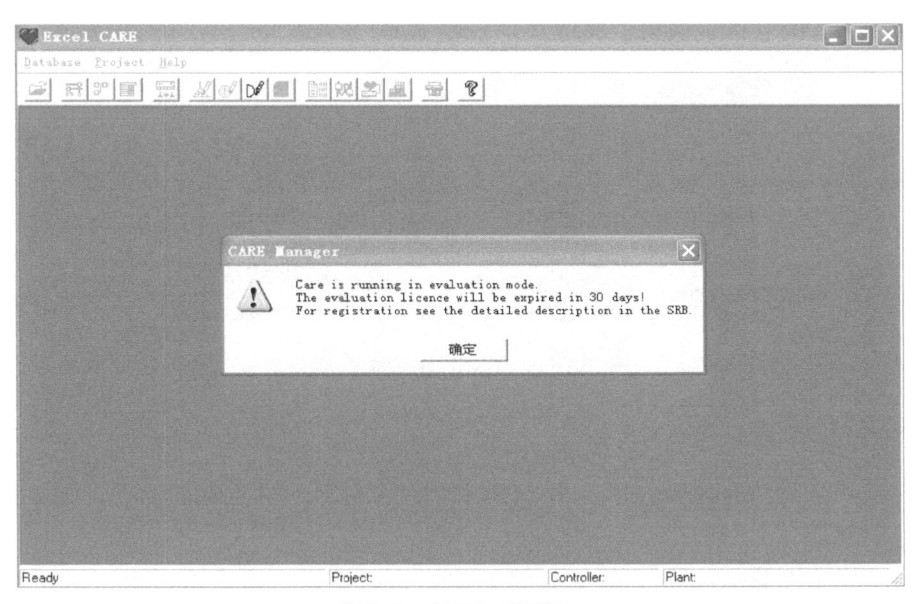

图 8-6　CARE 对话框一

2）进入编程软件界面后，建立工程项目，如图 8-7 所示。

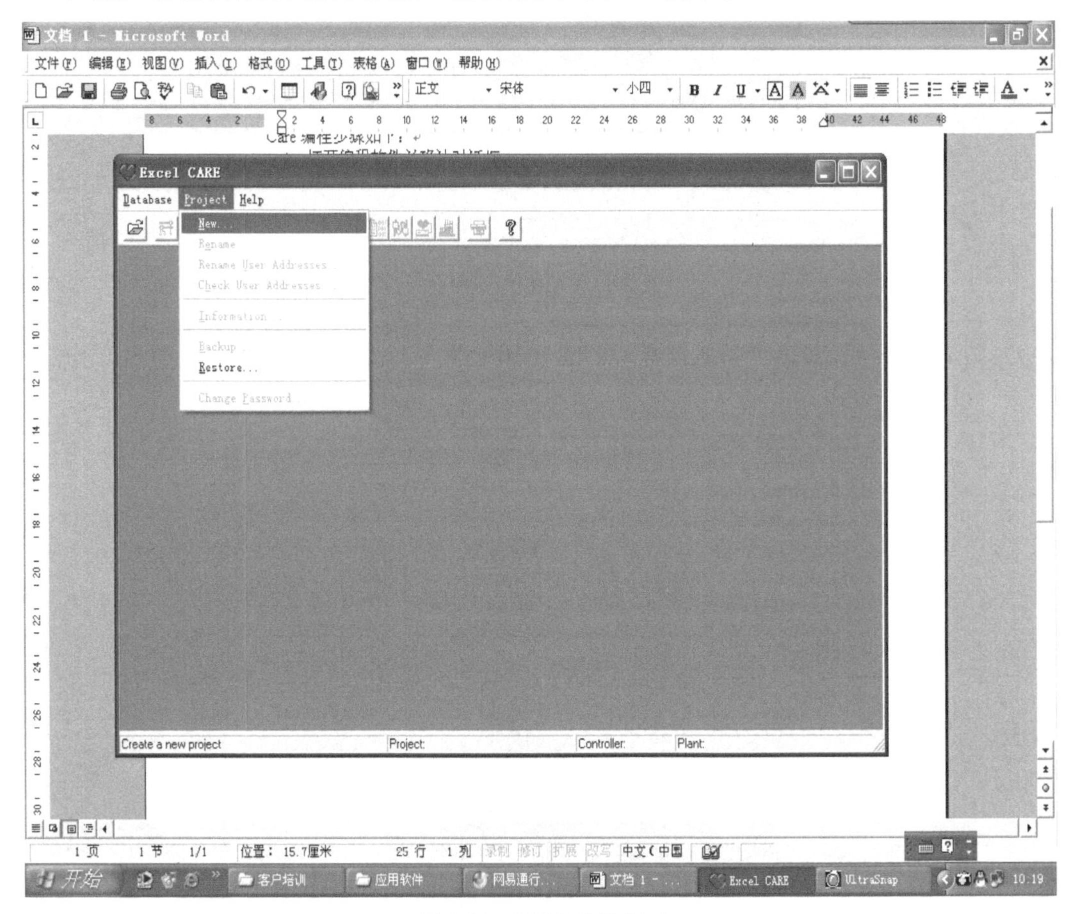

图 8-7　CARE 对话框二

3）设置新的密码，如图 8-8 所示。

图 8-8　CARE 对话框三

4）填写相关信息，如图 8-9 所示。

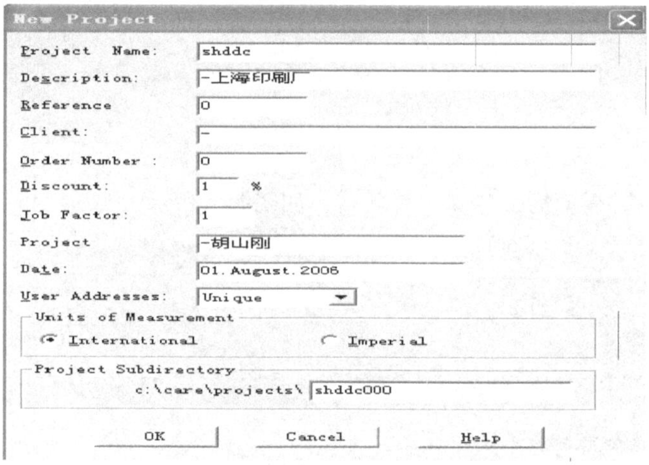

图 8-9　CARE 对话框四

5）建立控制器，并进行相关设置，如图 8-10～图 8-13 所示（图 8-11～图 8-13 依次设置好一个再选下一个）。

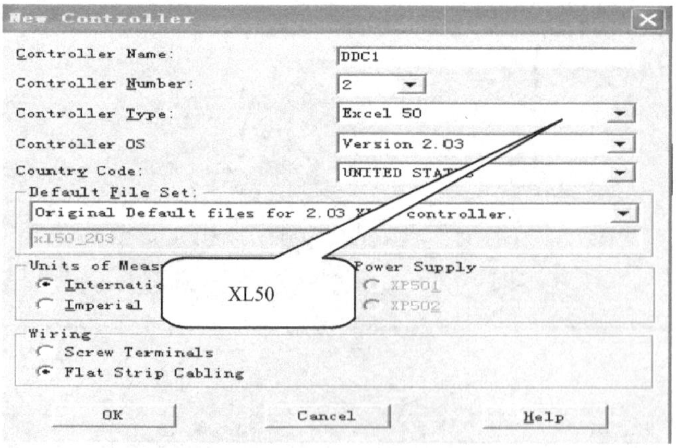

图 8-10　CARE 对话框五

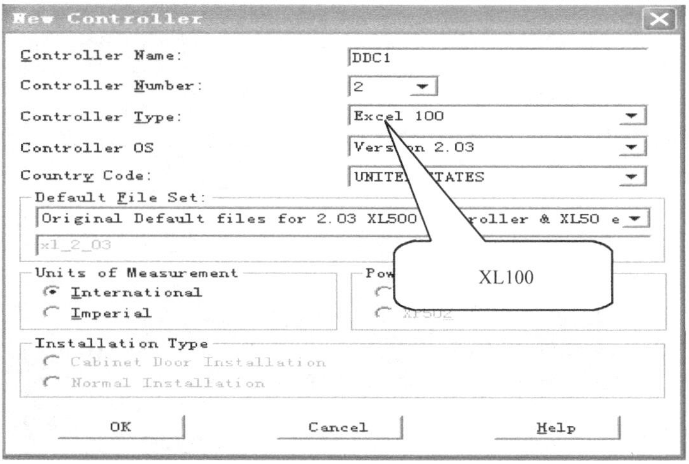

New Controller

Controller Name: DDC1
Controller Number: 2
Controller Type: Excel 100
Controller OS: Version 2.03
Country Code: UNITED STATES
Default File Set: Original Default files for 2.03 XL500 controller & XL50 e
xl_2_03
Units of Measurement: International / Imperial
Power Supply
Installation Type: Cabinet Door Installation / Normal Installation
OK　Cancel　Help
XL100

图8-11　CARE 对话框六

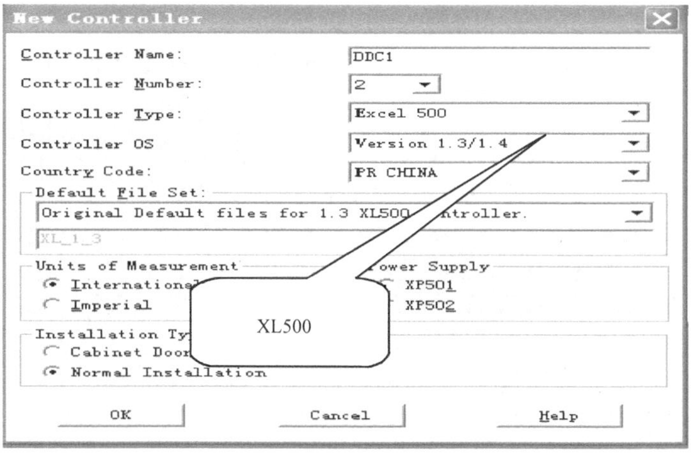

New Controller

Controller Name: DDC1
Controller Number: 2
Controller Type: Excel 500
Controller OS: Version 1.3/1.4
Country Code: PR CHINA
Default File Set: Original Default files for 1.3 XL500 controller.
XL_1_3
Units of Measurement: International / Imperial
Power Supply: XP501 / XP502
Installation Type: Cabinet Door / Normal Installation
OK　Cancel　Help
XL500

图8-12　CARE 对话框七

New Controller

Controller Name: DDC1
Controller Number: 2
Controller Type: Excel Smart
Controller OS: Version 2.03
Country Code: UNITED STATES
Default File Set: Original Default files for 2.03 XL500 controller & XL50 e
xl_2_03
Units of Measurement: International / Imperial
Power Supply: XP501 / XP502
Installation Type
OK　Cancel　Help
XL500

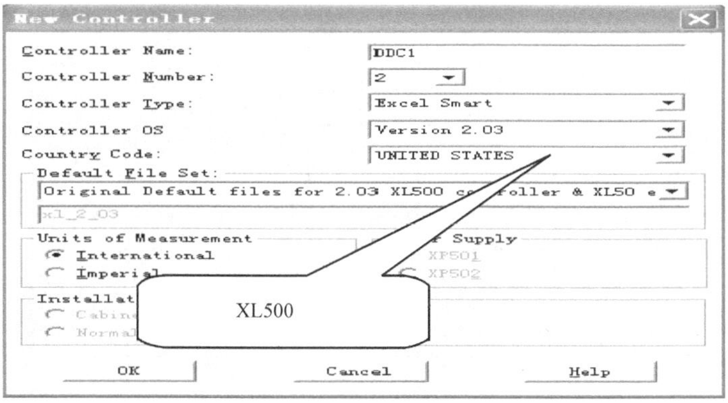

图8-13　CARE 对话框八

6）CARE 基本设置对话框如图 8-14 ~ 图 8-16 所示。

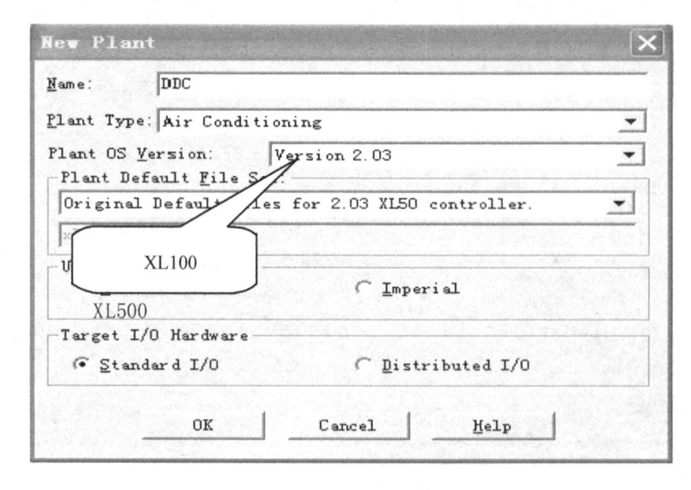

图 8-14　CARE 基本设置对话框一

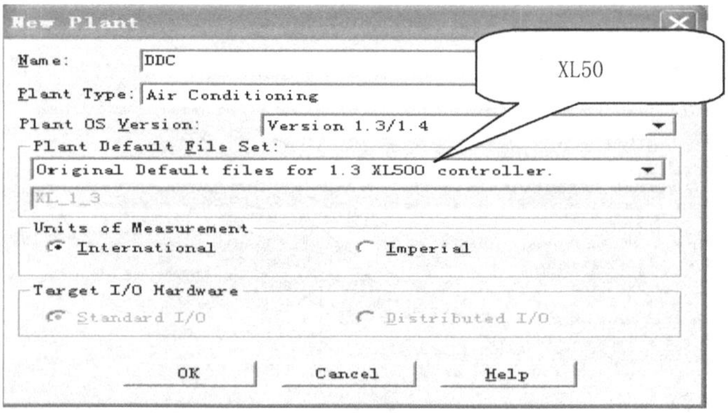

New Plant
Name: DDC
Plant Type: Air Conditioning
Plant OS Version: Version 1.3/1.4
Plant Default File Set:
Original Default files for 1.3 XL500 controller.
XL_1_3
XL50
Units of Measurement
International　Imperial
Target I/O Hardware
Standard I/O　Distributed I/O
OK　Cancel　Help

图 8-15　CARE 基本设置对话框二

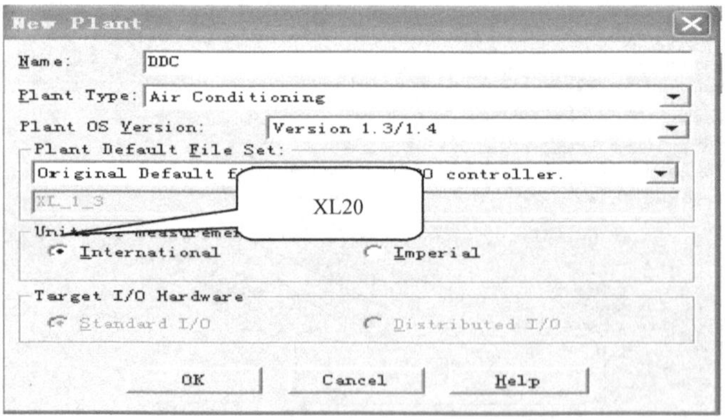

New Plant
Name: DDC
Plant Type: Air Conditioning
Plant OS Version: Version 1.3/1.4
Plant Default File Set:
Original Default f　0 controller.
XL_1_3
XL20
International　Imperial
Target I/O Hardware
Standard I/O　Distributed I/O
OK　Cancel　Help

图 8-16　CARE 基本设置对话框三

设置完成以上步骤后，开始进行相关的编程工作，按进入到增加相关控制点界面。

7）建立数据点，如图 8-17 所示。

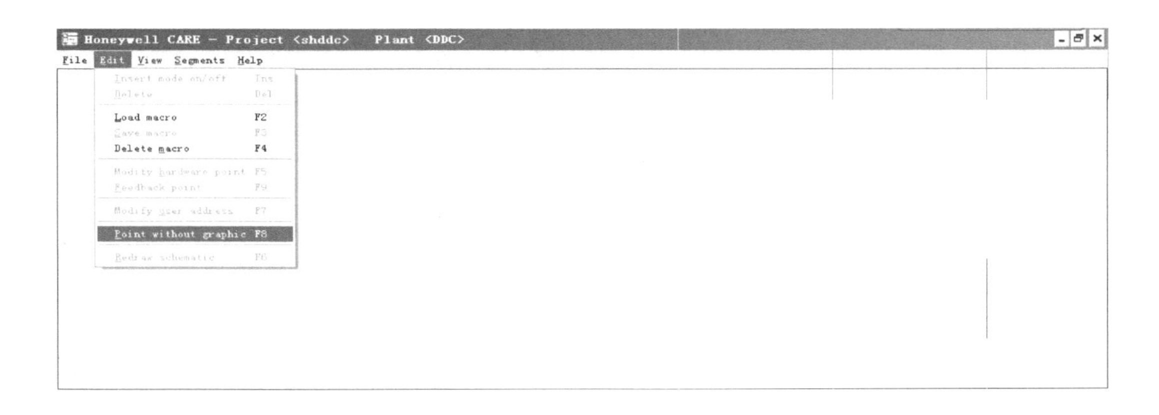

图 8-17　建立数据点

8）建立模拟点，如图 8-18 所示。

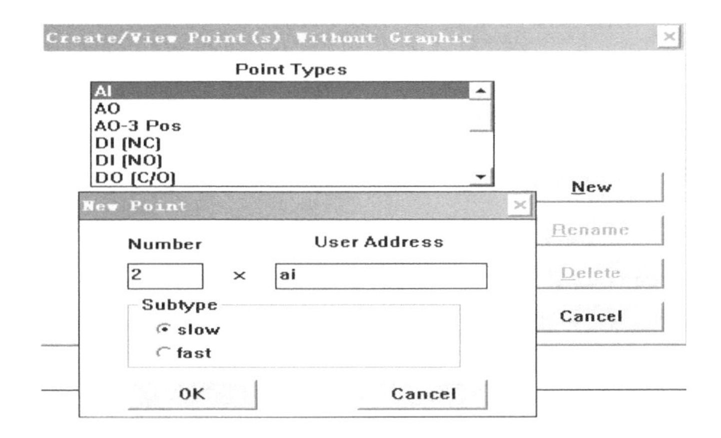

图 8-18　建立模拟点

9）数据点建立完成，如图 8-19 所示。

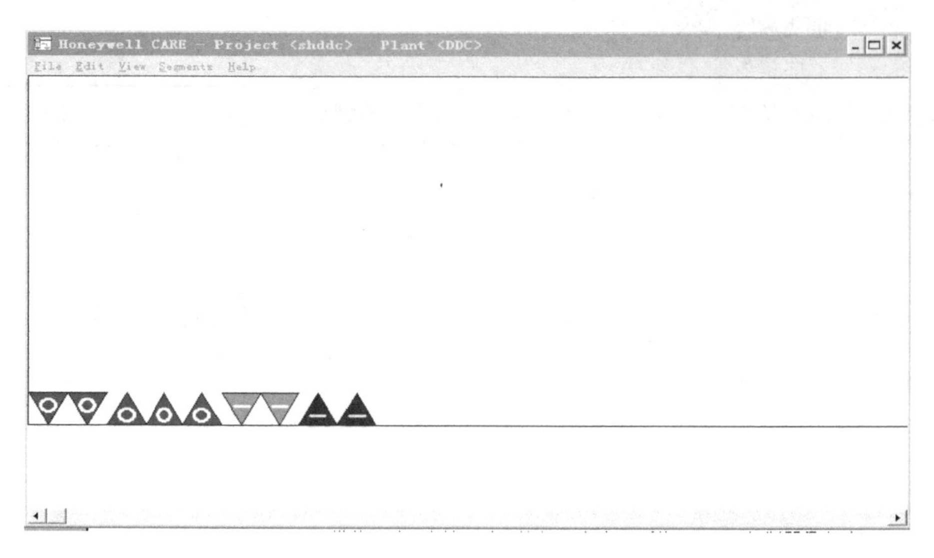

图 8-19　数据点建立完成

其中，AI 点为模拟输入点，AO 点为模拟输出点，DI 点为数字量输入点，DO 点为数字量输出点。DI（NC）为数字量常闭点，DI（NO）为数字量常开点，DO（C/O）为数字量常闭点，DO（NO）为数字量常开点。正常使用以上点就可以，其他可以不用。（编写 XL20 控制器程序时，点的名称可以为中文字）。如果想更改点的名称，先按 <F5> 键，然后单击该点即可修改。

退出此界面，单击按钮进入到控制策略界面，并建立控制名称，如图 8-20 所示。

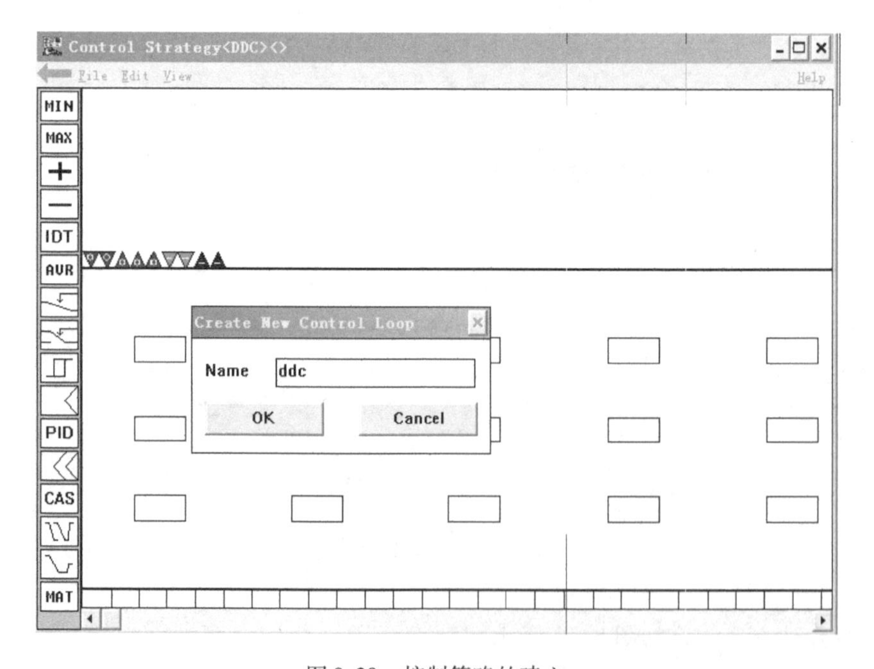

图 8-20　控制策略的建立

建立完控制名称后即可进行相关的编程工作，如图 8-21 所示。

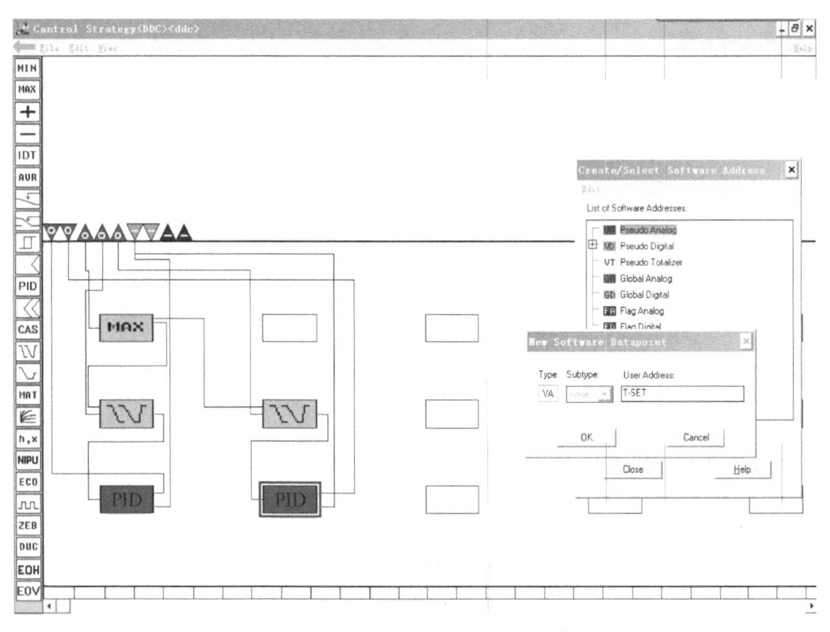

图 8-21　进行相关的编程工作

控制策略建成，如图 8-22 所示。

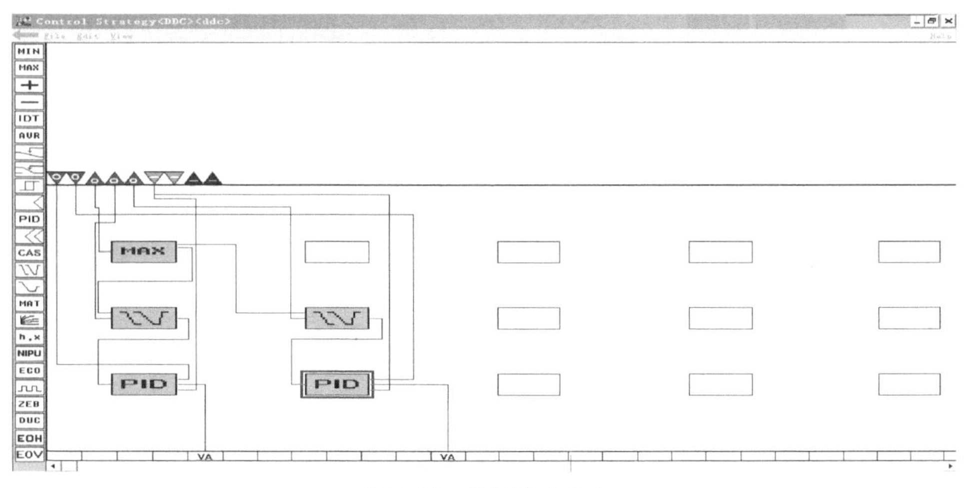

图 8-22　控制策略建成

所有模块为绿色时，说明该程序编写完成。另外相关模块的功能说明见附件。

在控制策略中建立设定值之类的伪点时，点中下边空格栏即可增加。如要删除某功能模块，先选中该模块，同时按 < Ctrl + Del > 组合键即可删除。

完成控制策略编写后，关闭该界面，单击按钮进入控制逻辑界面，如图 8-23 所示。

逻辑关系的建立如图 8-24 所示。

控制逻辑中主要运用了数字电路知识进行相关控制编写，同时与 PLC 的编写相近。其界面中的功能菜单见附件。

控制逻辑编写完成后，关闭该界面。单击按钮进入到下一界面。该界面的作用是把编写好的程序与控制器绑定，即程序与控制器相对应。发送 PLANT 如图 8-25 所示。

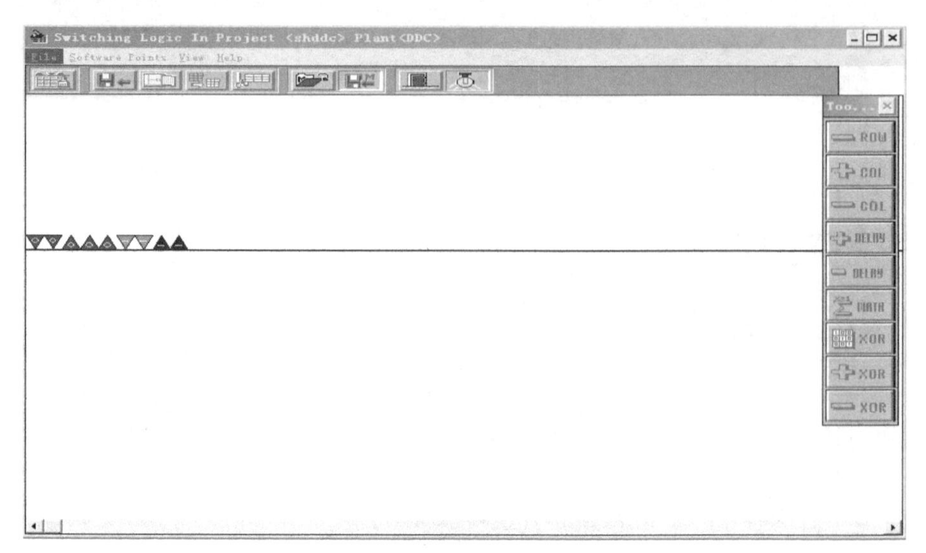

图 8-23　控制逻辑界面

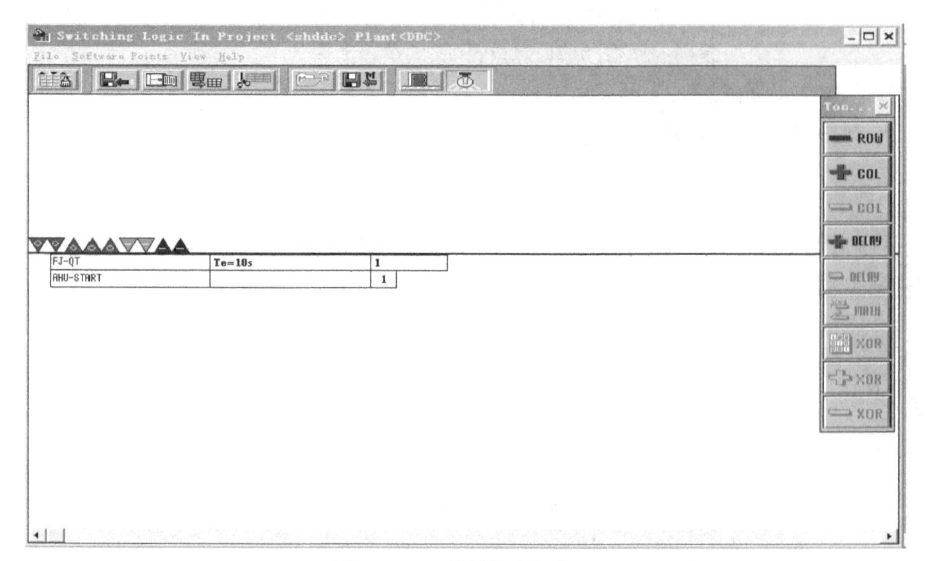

图 8-24　逻辑关系的建立

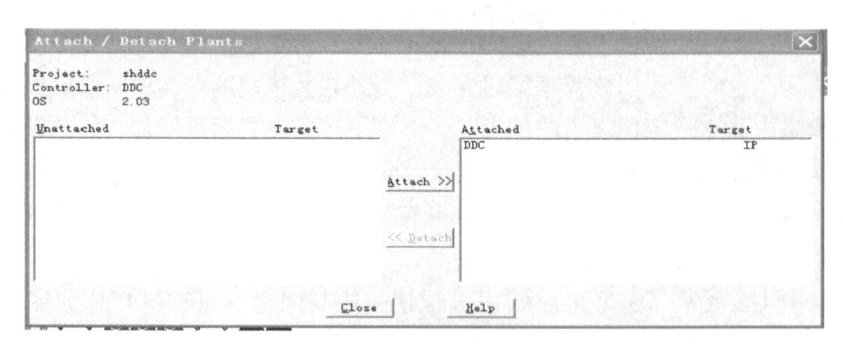

图 8-25　发送 PLANT

PLANT 发送完毕如图 8-26 所示。

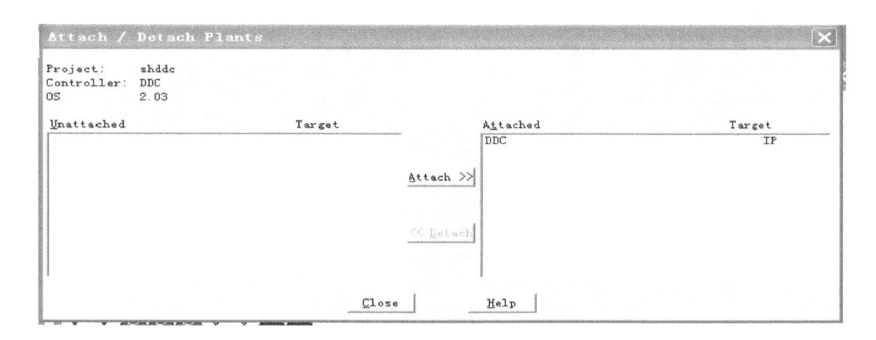

图 8-26　PLANT 发送完毕

关闭界面后，单击按钮进入到控制点属性定义界面，如图 8-27 所示。

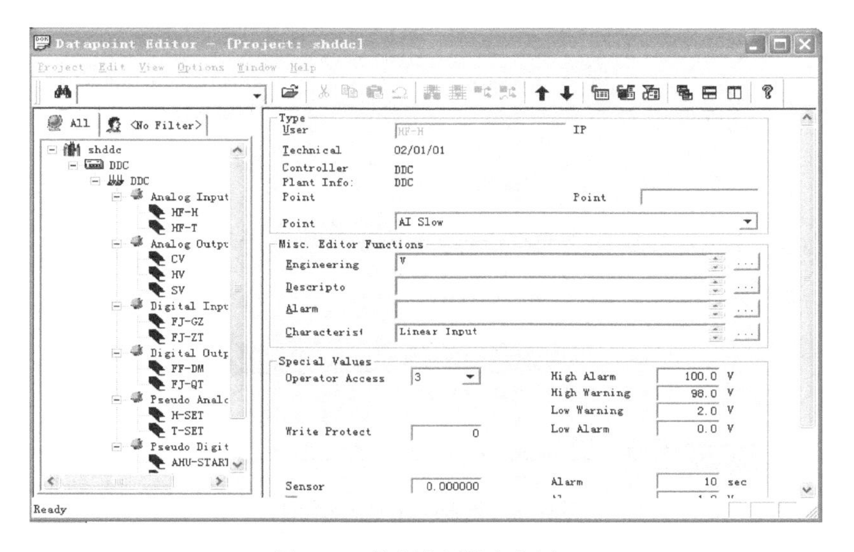

图 8-27　控制点属性定义界面

控制点定义如需更改点的名称，选中点后按鼠标右键即可更改名称。如果为 XL20，其单位也可为中文。

编辑用户地址如图 8-28 所示。

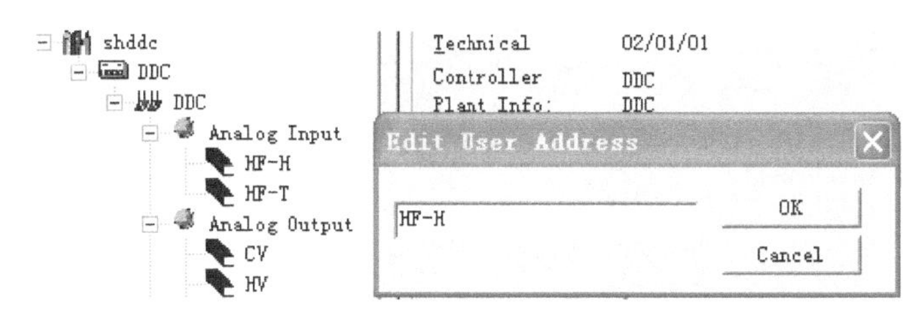

图 8-28　编辑用户地址

增加定义单位符号如图 8-29 所示。

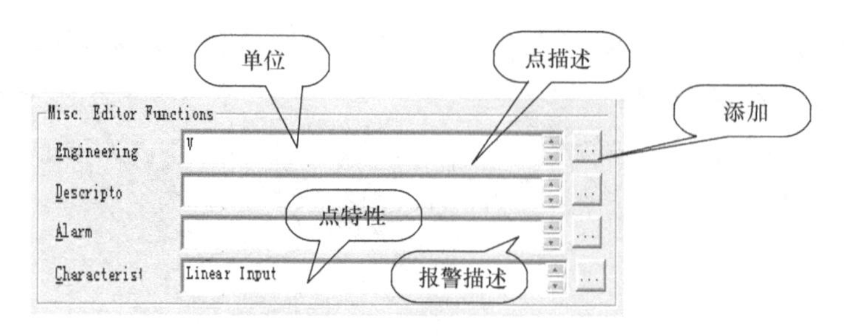

图 8-29 增加定义单位符号

如果在相应的选项中没有自己需要的特性及相关信息，可以根据实际需求进行增加，如在点的特性里没有 0－10V＝0－50Hz 的特性，则需增加如图 8-30 所示的内容。

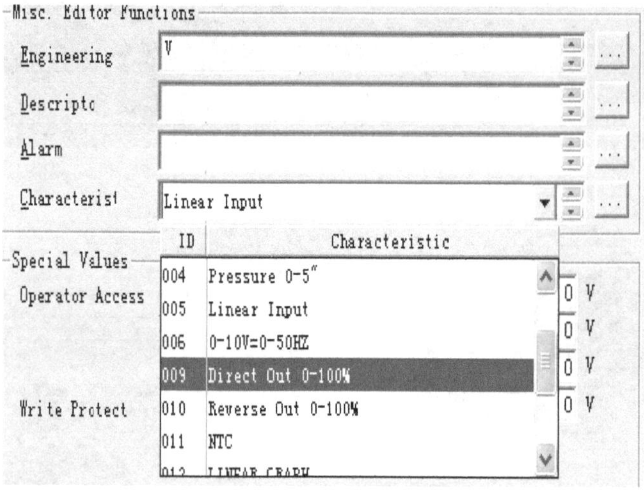

图 8-30 增加一种传感器特性

图 8-31 所示为对该传感器输入输出特性进行数据定义。

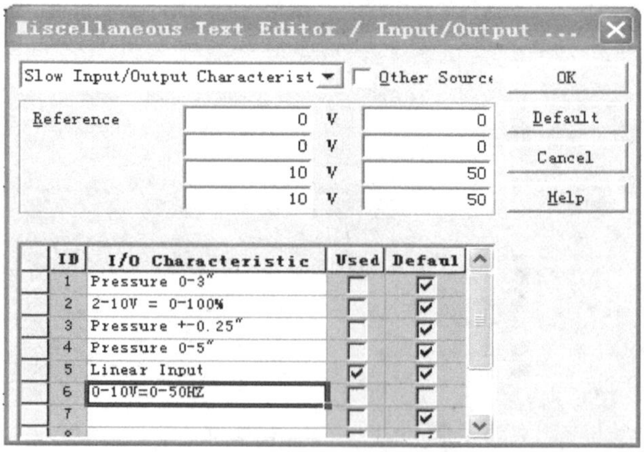

图 8-31 建立一种输入输出特性

其他增加方法同上。对于控制点，要求必须有点名称的描述，因为这样才会为以后的维护工作提供方便。对于模拟点，要求其分辨率为 0.1，因为如果为默认值 1，如温度信号变化时，如果变化不大于 1，其显示可能不变，如图 8-32 所示。

对于要求提供报警时，其相关设置如图 8-33 所示。

设定一个参数的上下限和报警值，如图 8-34 所示。

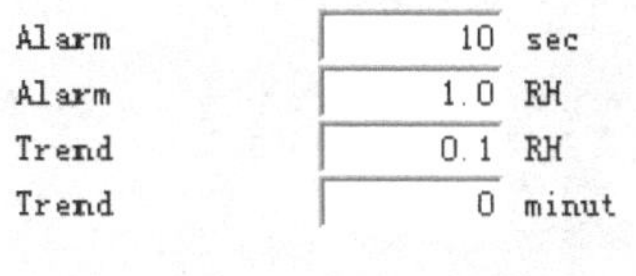

Alarm 10 sec
Alarm 1.0 RH
Trend 0.1 RH
Trend 0 minut

图 8-32　输入参数分辨率设定

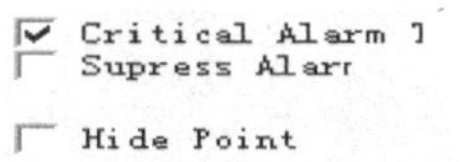

Critical Alarm
Supress Alarr
Hide Point

图 8-33　报警设定

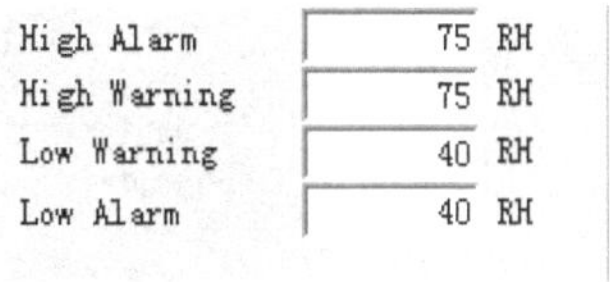

High Alarm 75 RH
High Warning 75 RH
Low Warning 40 RH
Low Alarm 40 RH

图 8-34　设定一个参数的上下限和报警值

当传感器有偏差时，可通过设置偏差修正，如传感器实际偏差高 3 时，其修正方法如图 8-35 所示。

如果某点无需在控制器上显示，其操作方法如图 8-36 所示。

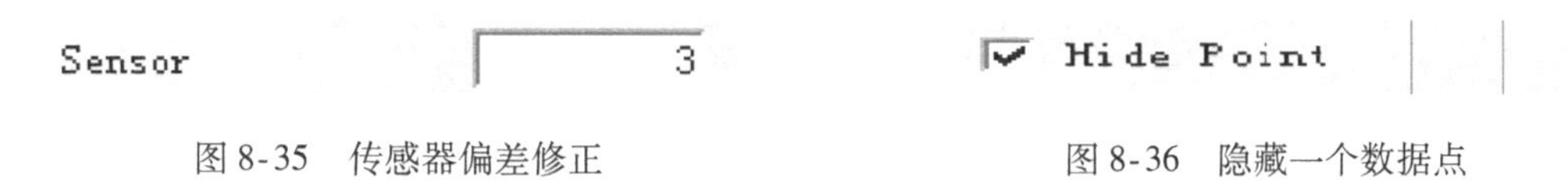

Sensor 3

图 8-35　传感器偏差修正

Hide Point

图 8-36　隐藏一个数据点

当选中此处后，控制器将不显示该点，但如果该点要求在其他控制器上共享时，则不能隐藏该点，否则将无法共享。

对于 DI 点，如果需要提供报警功能，则操作如图 8-37 所示。

Critical Alarm
Supress Alarr
Alarm Poin
Hide Point
Runtime Enable
active State
0
1

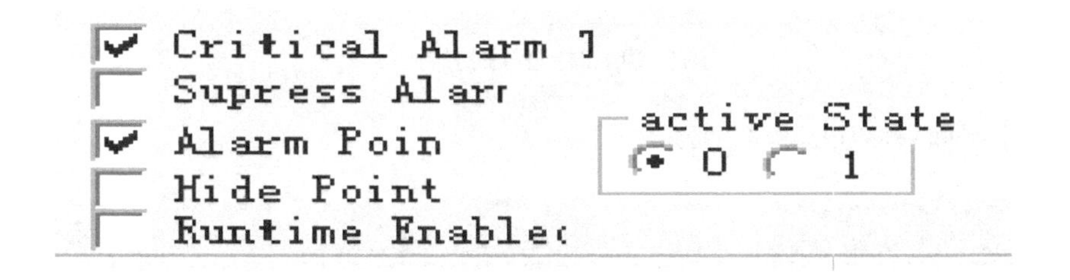

图 8-37　设置某点为需要报警

当需要做时间累计程序时，需设置的参数如图 8-38 所示。

Runtime Enable

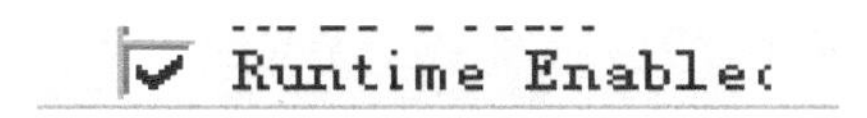

图 8-38　设置某点具有运行时间

对于模拟伪时，有时需设定初始值，如温度设定等，具体操作如图 8-39 所示。

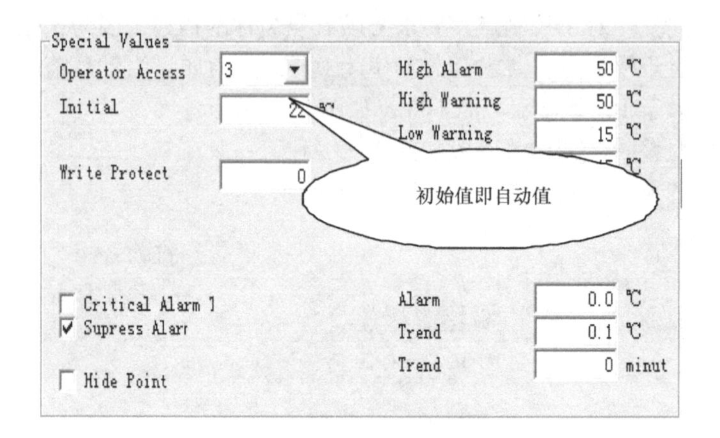

图 8-39　初始值设置

各项参数设置完成后，关闭界面。单击按钮进入时间定时程序。

A. 先建立时间程序名称（如不需做时间程序时，只需建一个名称即可）。时间程序初始画面如图 8-40 所示。

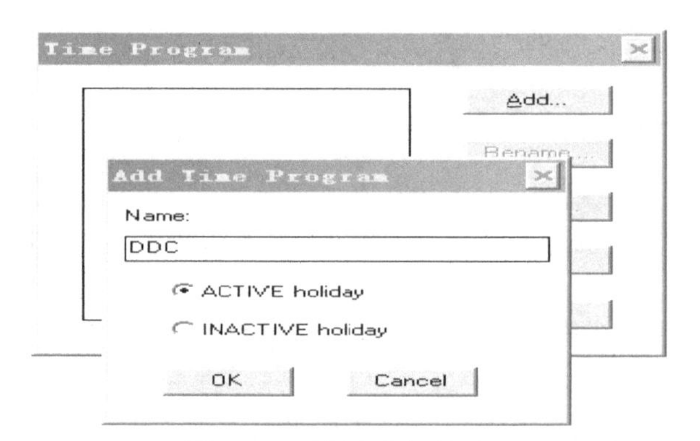

图 8-40　时间程序初始画面

命名一个时间程序如图 8-41 所示。

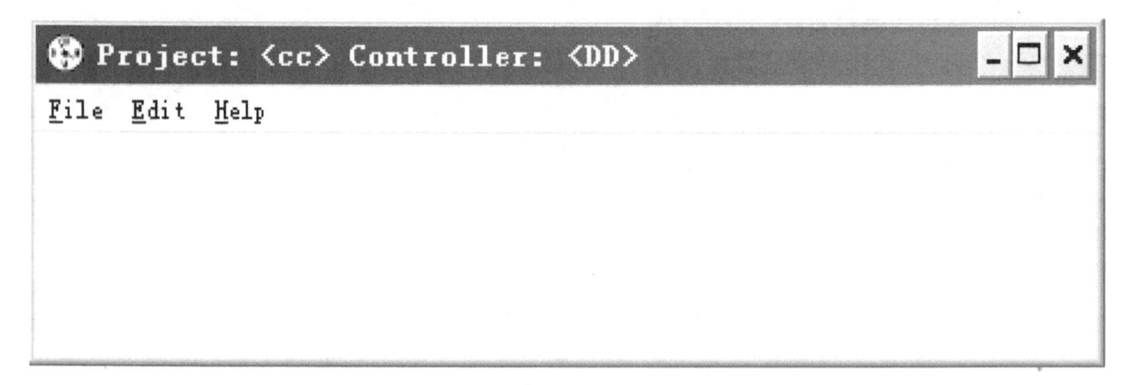

图 8-41　命名一个时间程序

B. 进入编辑界面，选择时间程序的点，如图 8-42 所示。

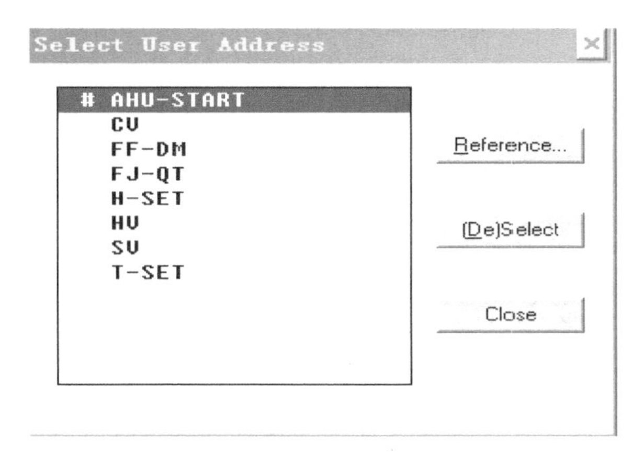

图 8-42　选择需要进行时间程序控制的点

C. 建立日时间运行名称，如图 8-43 所示。

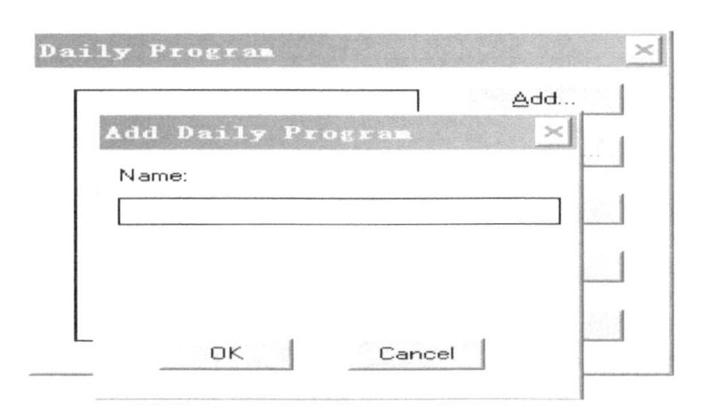

图 8-43　日程序

D. 进入编辑界面，添加点的时间程序，如图 8-44 所示。

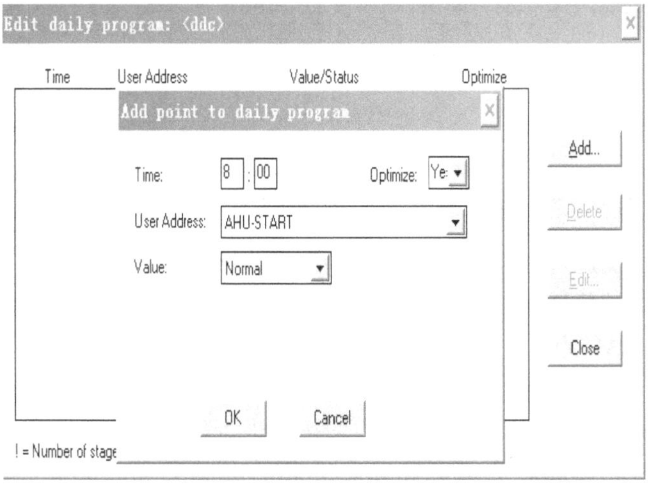

Edit daily program: <ddc>
Time　User Address　Value/Status　Optimize
Add point to daily program
Time: 8 : 00　Optimize: Ye
User Address: AHU-START
Value: Normal
OK　Cancel
Add...
Delete
Edit...
Close
! = Number of stage

图 8-44　日程序的时间段设置

E. 定义每周时间程序运行，如图 8-45 所示。

Assign daily program(s) to week days

Weekday	Daily program
Monday	- ddc
Tuesday	- ddc
Wednesday	- ddc
Thursday	- ddc
Friday	- ddc
Saturday	- ddc
Sunday	-

Assign...
Delete
Edit...
OK
Cancel

图 8-45 周程序

如需进行其他相关时间程序，请参考帮助文件。

关闭界面，单击按钮进入点位置定义界面，如图 8-46 所示。

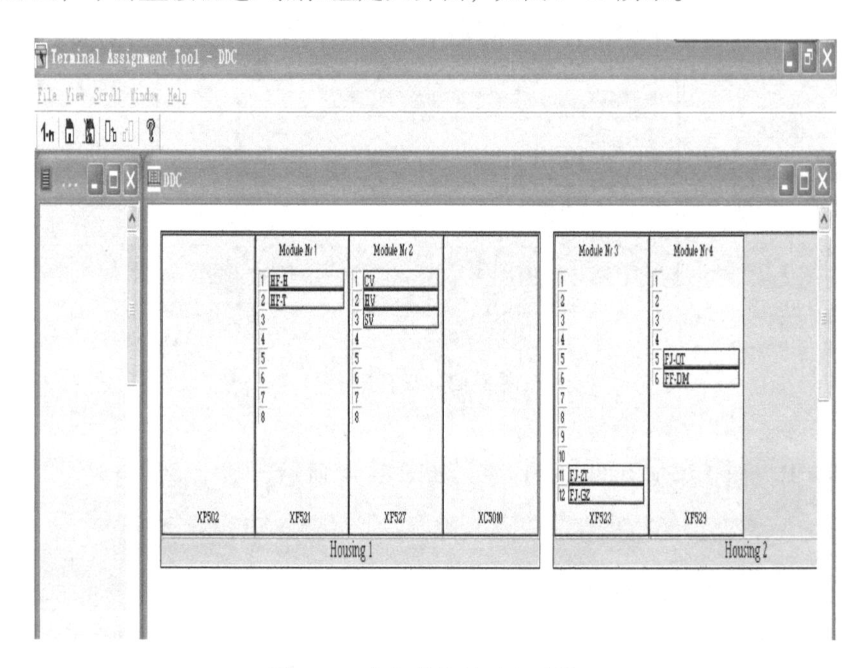

图 8-46 点与模块端子配对设置

根据现场接线情况进行点位定位。如果控制器为 XL500 控制器时，对模块的设置方法为：模块上的开关拨的位置 +1 即为模块程序地址。另外的 DI 点可放置在 AI 模块上。

DO 点可放置在 AO 点上。同时需注意的是，AO 点做 DO 点用时，需加 AO 转 DO 装置。

进行相关设置完成后，关闭界面，单击按钮进行程序编译，如图 8-47 所示。

关闭图 8-48 所示对话框，单击按钮进入程序仿真界面，进行程序仿真，如图 8-48 所示。

选中 PLANT 如图 8-49 所示。

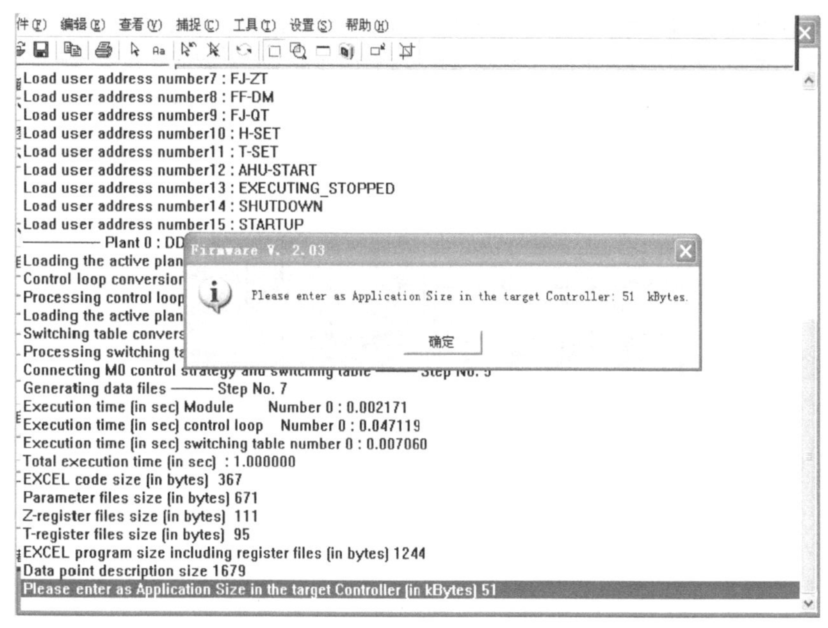

图 8-47　CARE 对话框

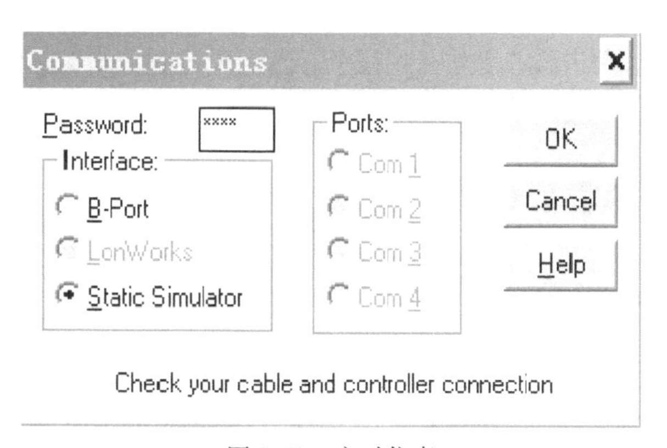

图 8-48　实时仿真

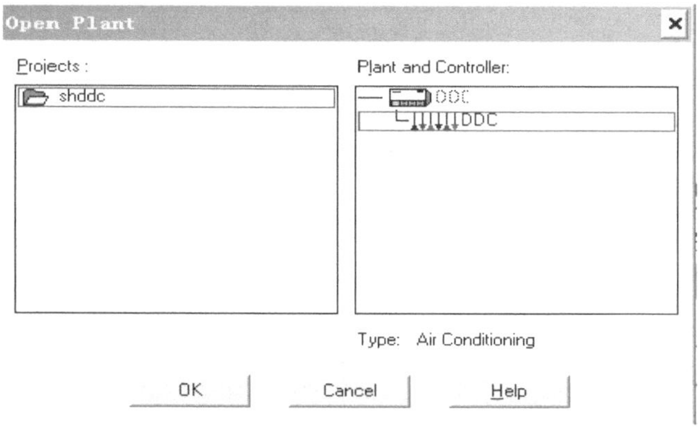

图 8-49　选中 PLANT

当程序为在线仿真时，即选中 B-PORT 即可。策略仿真如图 8-50 所示。

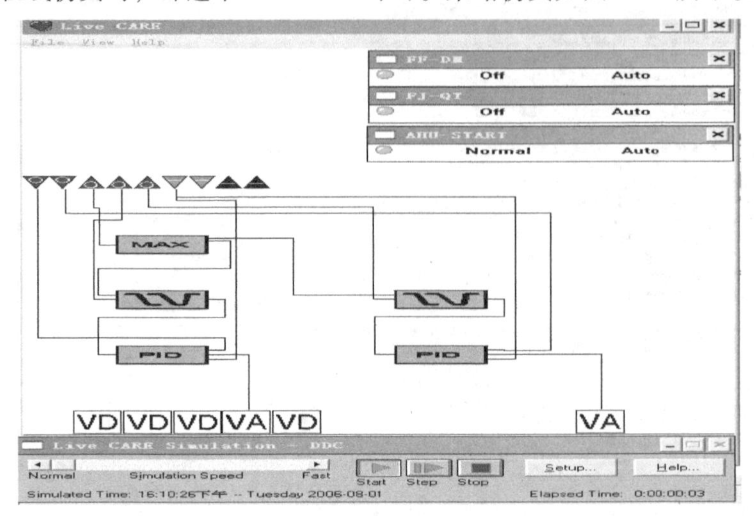

图 8-50　策略仿真

经仿真，程序正常可用后即可进行程序下载，如不行，则根据出错情况进行相关更改，直至程序正常。

关闭程序仿真界面，单击 按钮进入到程序下载界面。连接 DDC 进行下载如图 8-51 所示。

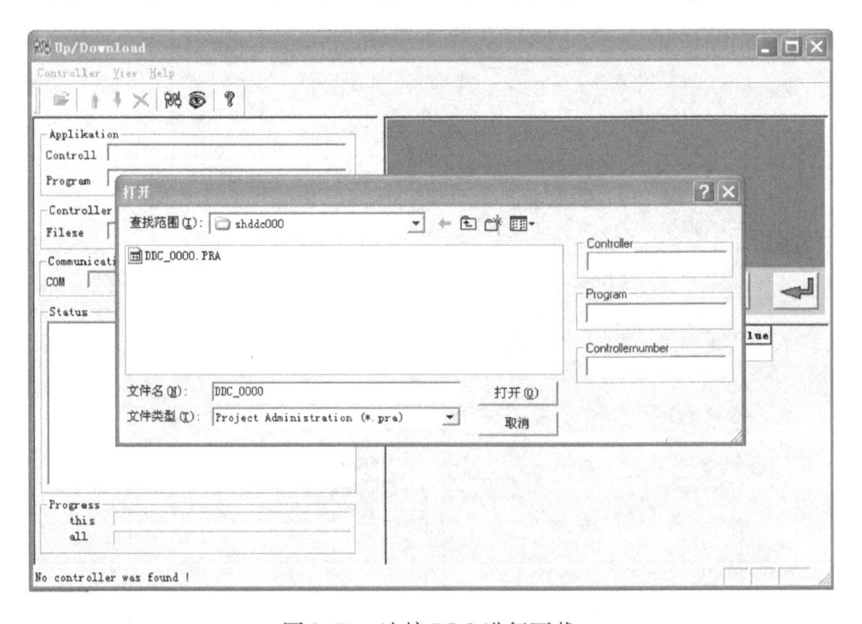

图 8-51　连接 DDC 进行下载

到此，程序编写工作完成，其他不详之处请参考相关帮助文件。

通信卡的设置方法。

目前通信卡的设置主要有两种方式：

用 COM 端的端口设置（通信卡一般为 A53/A52/CE-002H），具体方法如下：

打开控制面板，打开 C-BUS 菜单，设置如图 8-52 所示。

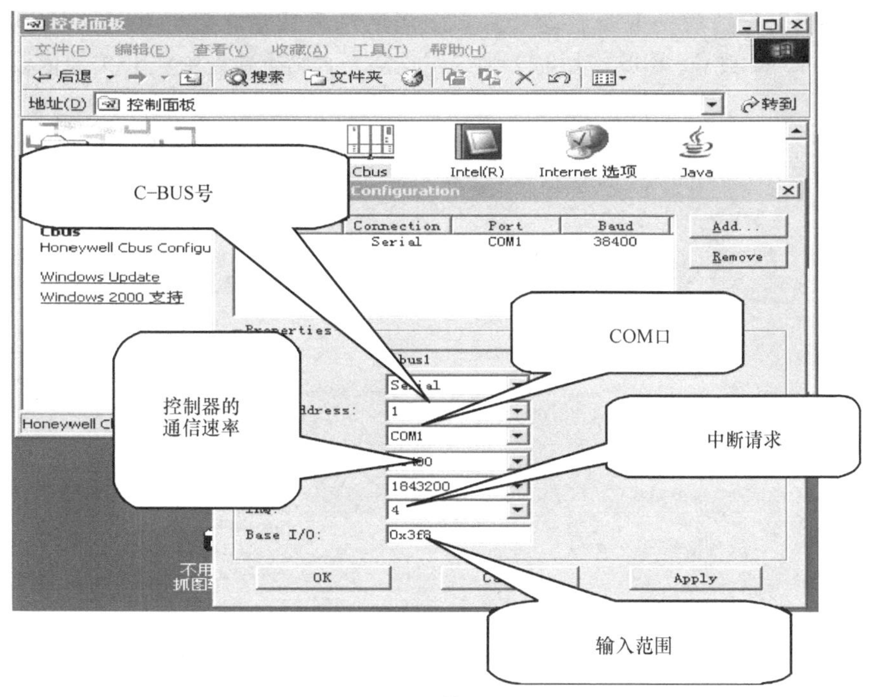

图8-52　通信卡的设置

运行注册表Regedit，打开

HKEY_ LOCAL_ MACHINE \ SYSTEM \ CURRENTCONTROLSET \ SERVICES \ SERENUM。Start参数3改为4，如图8-53所示。

图8-53　运行注册表

设置完成以上参数后，重新启动计算机。当启动完成后，打开我的电脑属性，查看COM属性，当COM被C－BUS占用时，则说明正常，否则重新设置。BNA通信设置如图8-54所示。

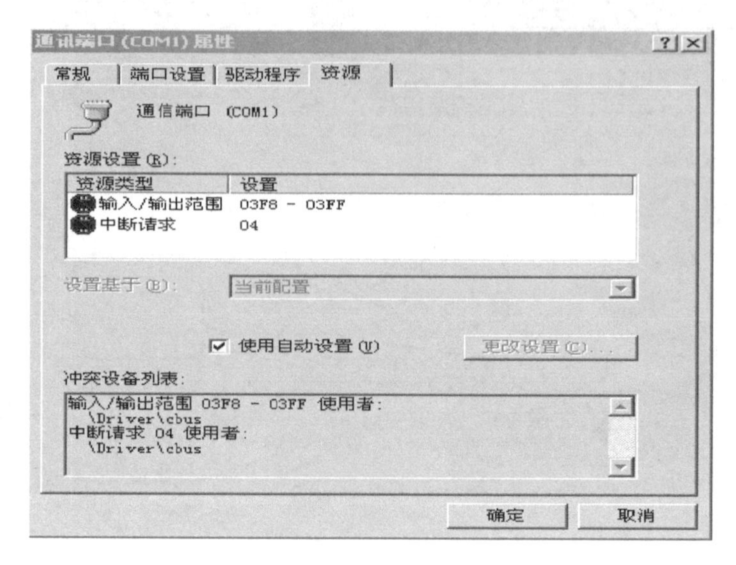

图8-54 BNA通信设置

BNA通信卡的设置方法：

打开控制面板，打开C－BUS菜单，设置如图8-55所示。

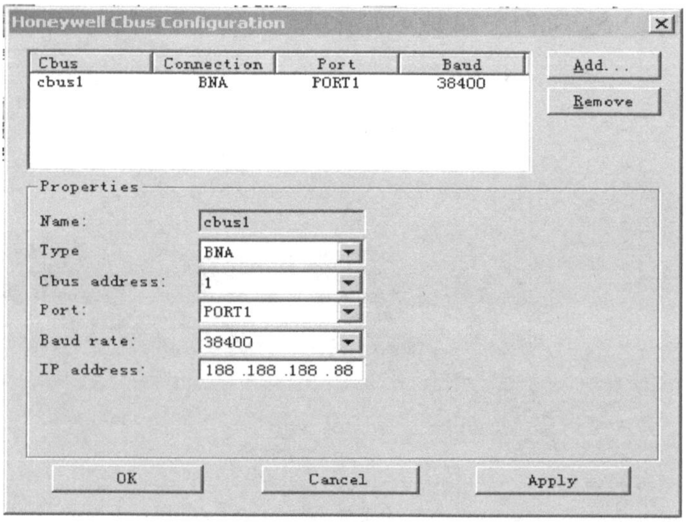

图8-55 BNA通信连接

注：当使用BNA通信卡时，则不用更改注册表，同时要求服务器IP地址的前三位要与BNA相同。

Quick Builder编写方法：

从开始菜单中打开Quick Builder，并新建项目名称，如图8-56所示。

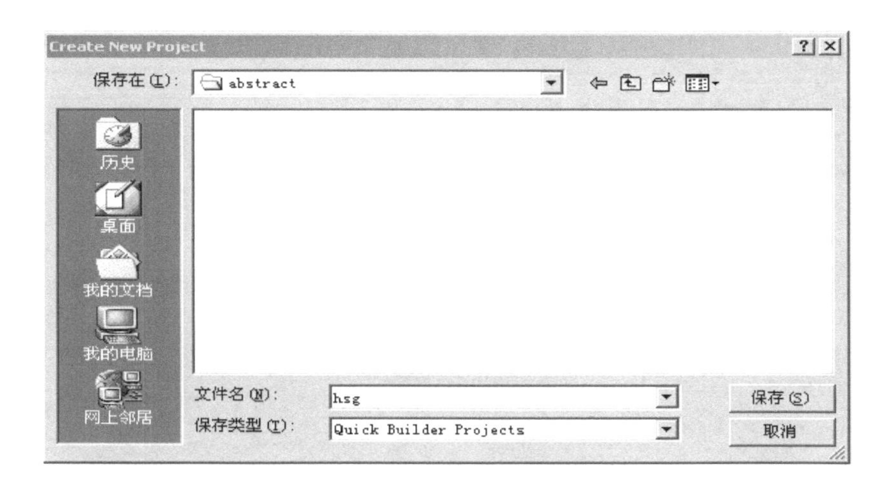

图 8-56　Quick Builder 对话框一

进入到 Quick Builder 界面，如图 8-57 所示。

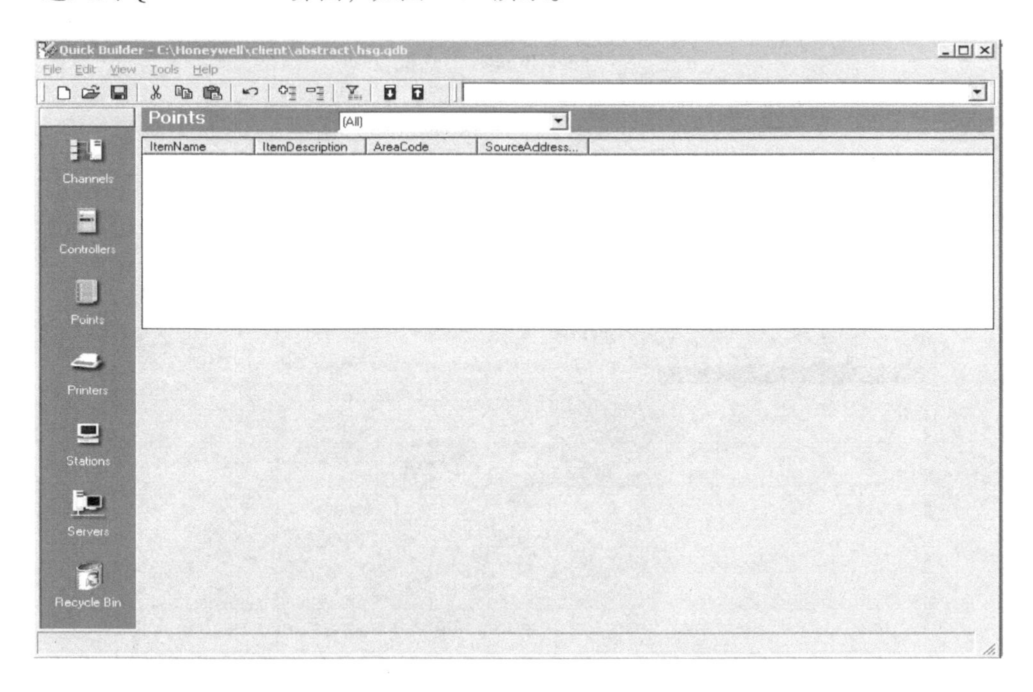

图 8-57　Quick Builder 对话框二

建立通信通道，方法为：先选中 Channels，单击鼠标右键添加通信通道，如图 8-58 所示。

添加项目如图 8-59 所示。

通道添加完成后，进行相关的设置工作，在 Port 选项卡中的 Port Name 中输入 localhost：cbus1，如图 8-60 所示。

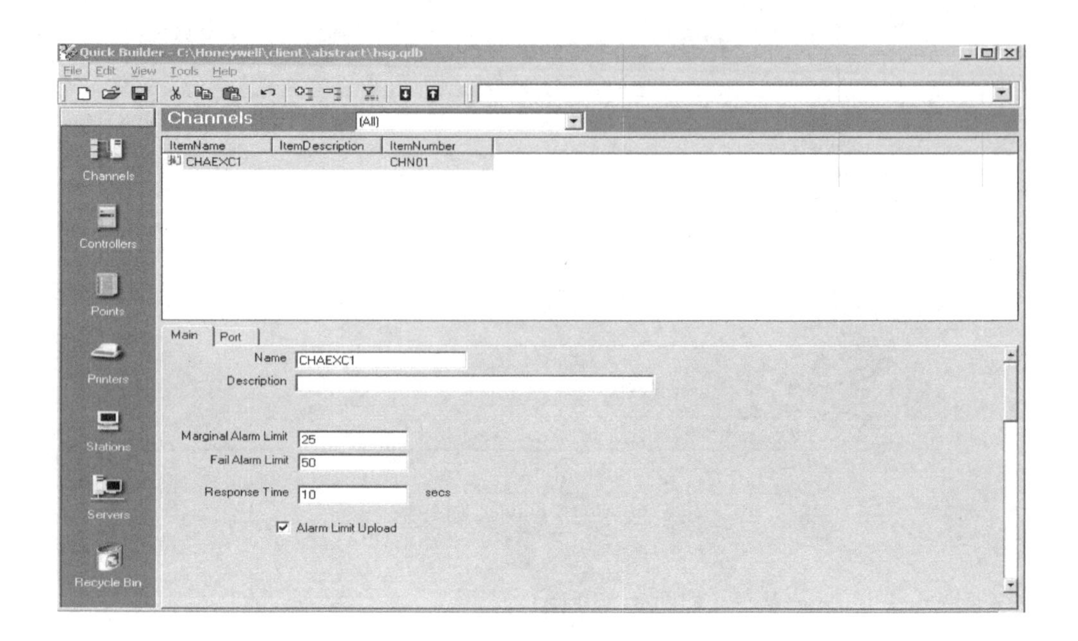

图 8-58　Quick Builder 对话框三

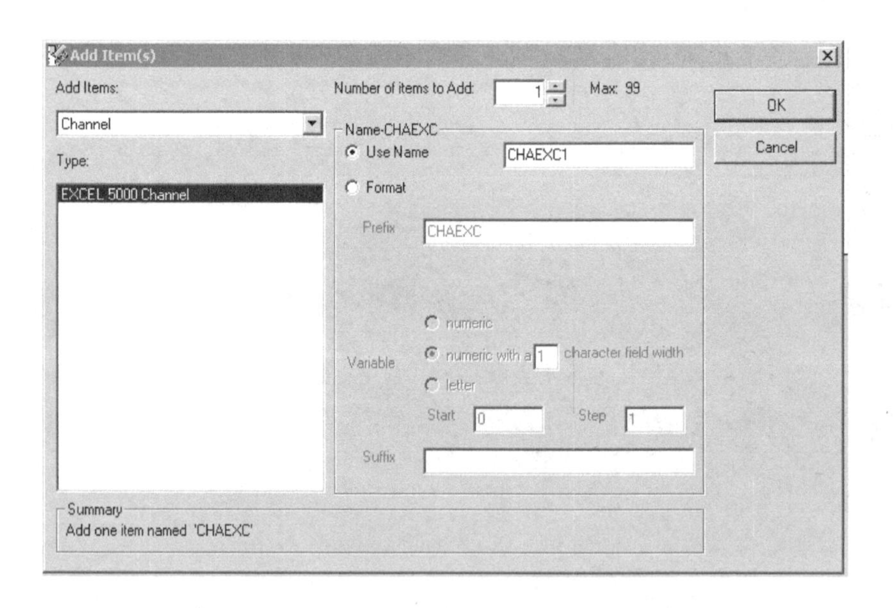

图 8-59　Quick Builder 对话框四

建立控制器，建立方法为：先选中 Controllers，单击鼠标右键添加控制器，具体方法同上。添加完成后，进行相关的参数设置，如图 8-61 所示。

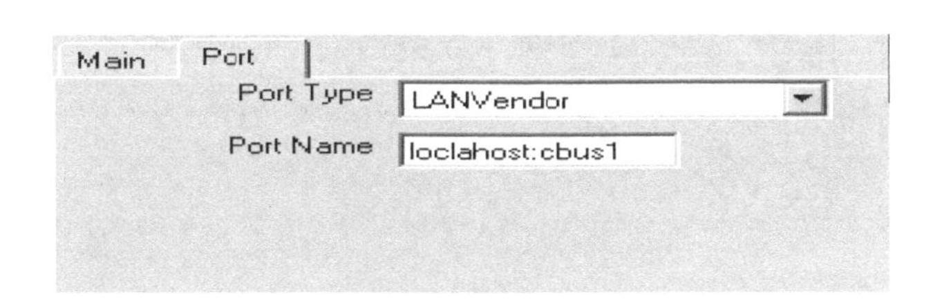

图 8-60　Quick Builder 对话框五

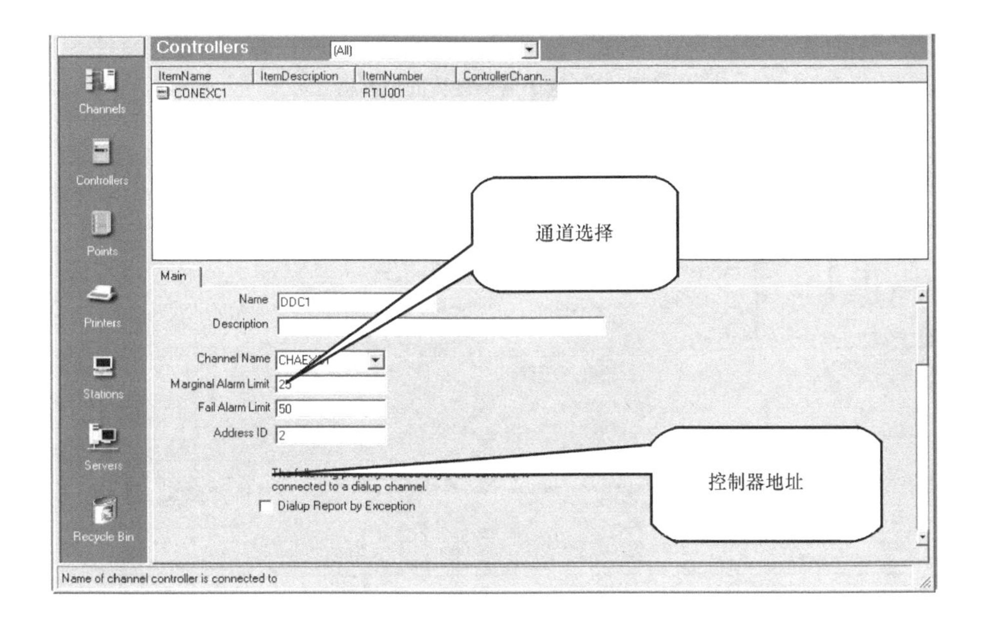

图 8-61　Quick Builder 对话框六

控制器点位的添加。添加控制器点位有两种方法：一是通过 CARE 输出控制器报表文件，直接导入即可；二是通过一个添加控制点，其点的做法与导入点的做法一致即可。这里只介绍报表导入，如图 8-62 所示。

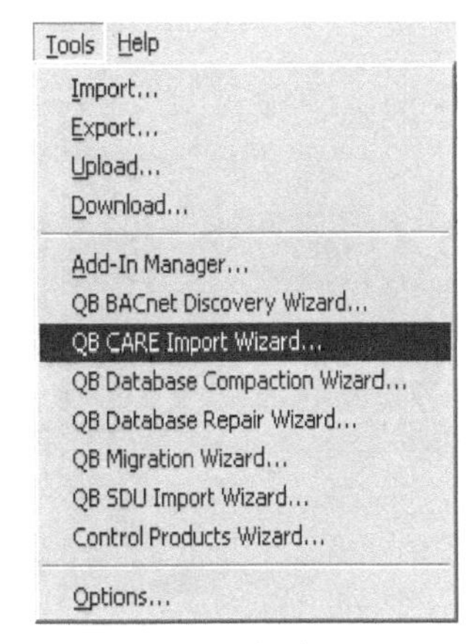

图 8-62　报表导入

打开菜单栏中的 Tools，如图 8-62 所示。

选择要导入点的控制名称，并单击“Next”按钮进入到下一界面，如图 8-63 所示。

选择与控制器一致的报表文件，如图 8-64 所示。

选择导入的文件，如图 8-65 所示。

选择后直接单击“Next”按钮进到最后的界面，单击“Finish”按钮即可。图 8-66 所示为数据导入显示画面，图8-67所示为数据导入后的点列表画面。

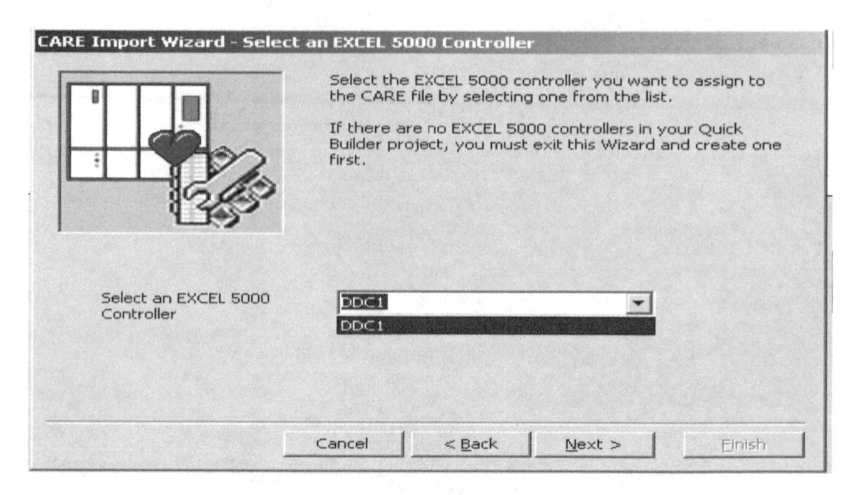

CARE Import Wizard - Select an EXCEL 5000 Controller
Select the EXCEL 5000 controller you want to assign to the CARE file by selecting one from the list.
If there are no EXCEL 5000 controllers in your Quick Builder project, you must exit this Wizard and create one first.
Select an EXCEL 5000 Controller
DDC1
DDC1
Cancel
< Back
Next >
Finish

图 8-63 选中需要设置的控制器

CARE Import Wizard - Locate the CARE file
Enter the Name and Location of the CARE file to Import.
Supported File Formats are:
CARE Printout Tool (RTF and TXT)
CARE Long Report Format (RPT)
If you don't know the name and location of your CARE file click Browse to search for it.
NOTE: You will not be able to continue until a valid file has been selected.
File to Import :
C:\Honeywell\client\qckbld\CARE.RTF
Browse...
Cancel
< Back
Next >
Finish

图 8-64 选择报表文件

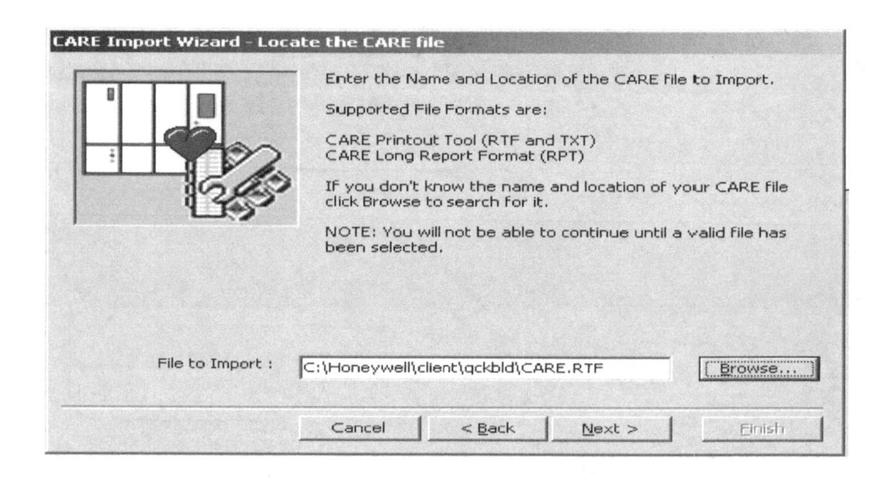

Select CARE file to Import
查找范围(I):
本地磁盘 (D:)
历史
桌面
我的文档
我的电脑
网上邻居
cad2004
ebi200
GHOST
RECYCLER
SYMR300
System Volume Information
产品说明书
串口调试程序
串口服务器
金山精装版
DDC19.RTF
文件名(N):
DDC19. RTF
文件类型(T):
CARE Printout Tool v1.6.2, v2.01 rtf
打开(O)
取消

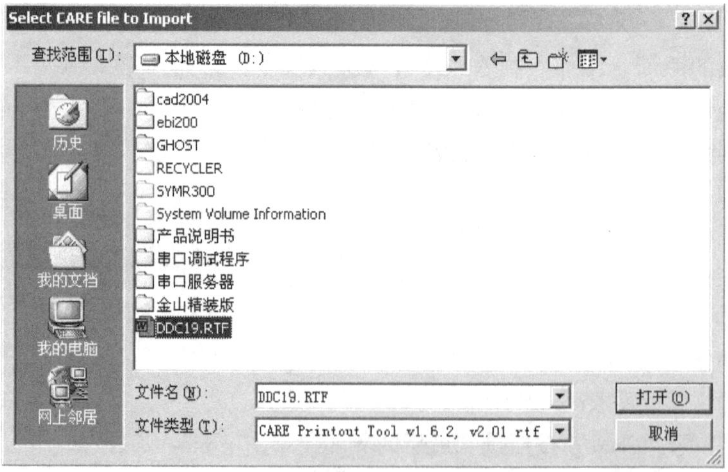

图 8-65 选择导入的文件

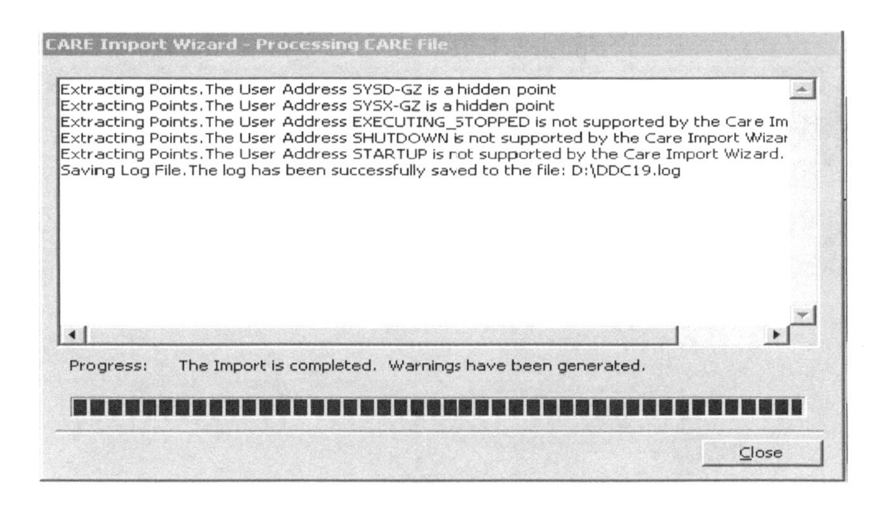

图 8-66 数据导入到控制器的画面

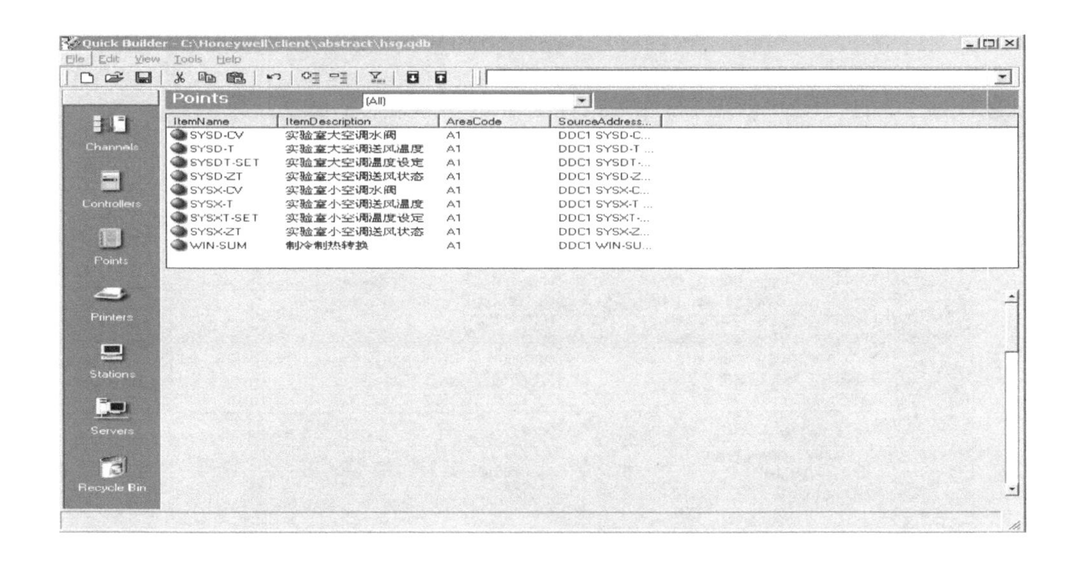

图 8-67 控制器的点列表画面

如需对点做历史记录数据，其操作方法为：

1）选择要做历史数据的点，如图 8-68 所示。

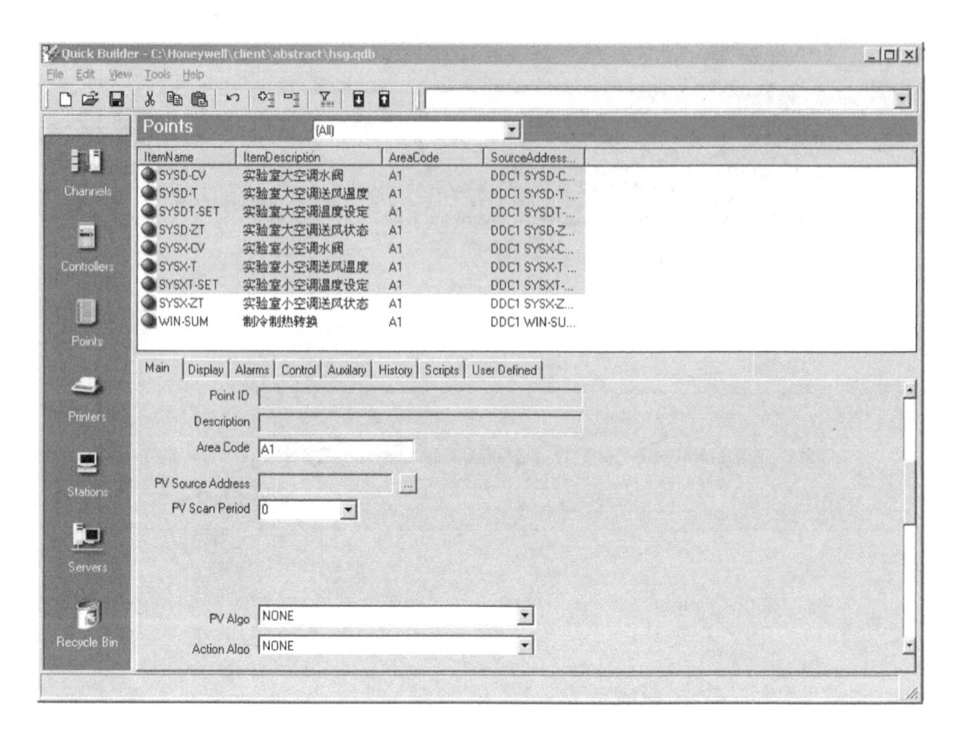

图 8-68　历史数据编辑

2）选中下栏中的“History”进行相关选择工作即可，如图 8-69 所示。

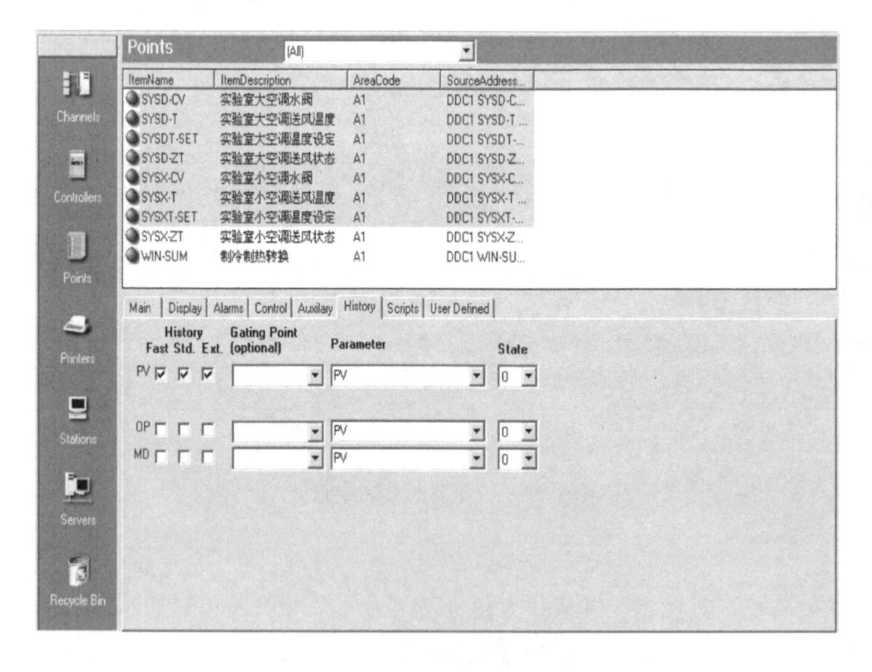

图 8-69　需要做历史数据记录的点的记录类型设置

某个数据点取消历史数据记录，如图 8-70 所示。

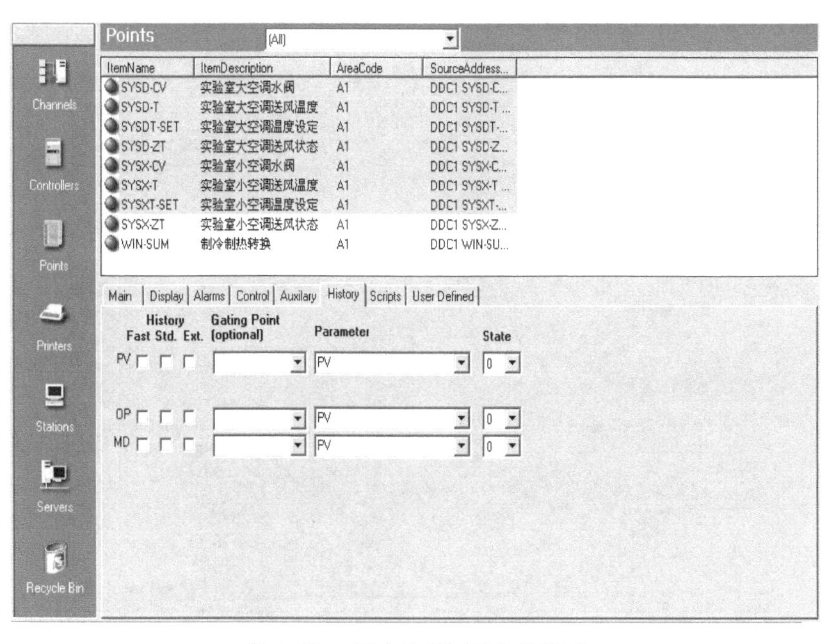

图 8-70　历史数据记录点的删减

添加完成后，其“point”即可看到与控制器中的点一致。如需添其他控制器的报表文件，方法同上。

添加打印机“Printers”的方法与添加控制一致，其不同之处是这里不需要进行设置。

添加工作站“Stations”的方法同上。工作站必须为静态工作点。

添加项目如图 8-71 所示。

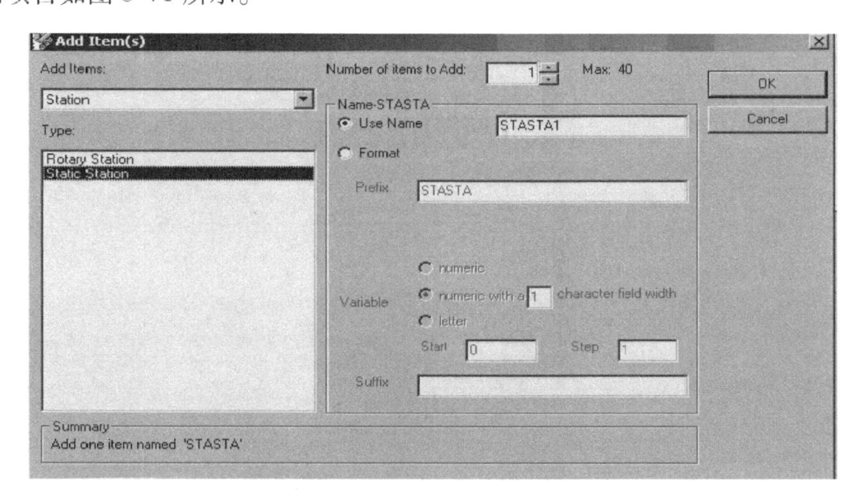

图 8-71　添加项目

项目级别设置如图 8-72 所示。

如用户操作要求密码保护，则需在 Station 中设置好操作者。

做完以上工作后，即可进行下载工作。

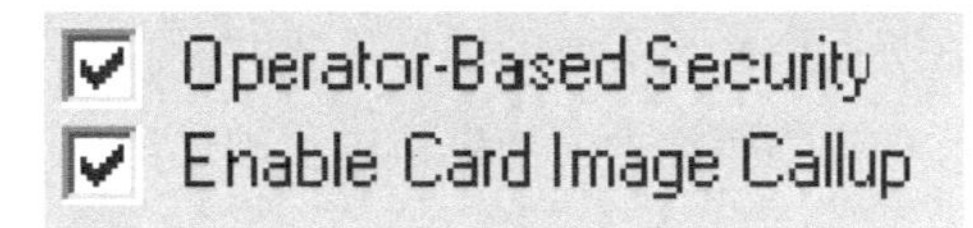

图 8-72　项目级别设置

单击按钮进行下载，如图 8-73 所示。

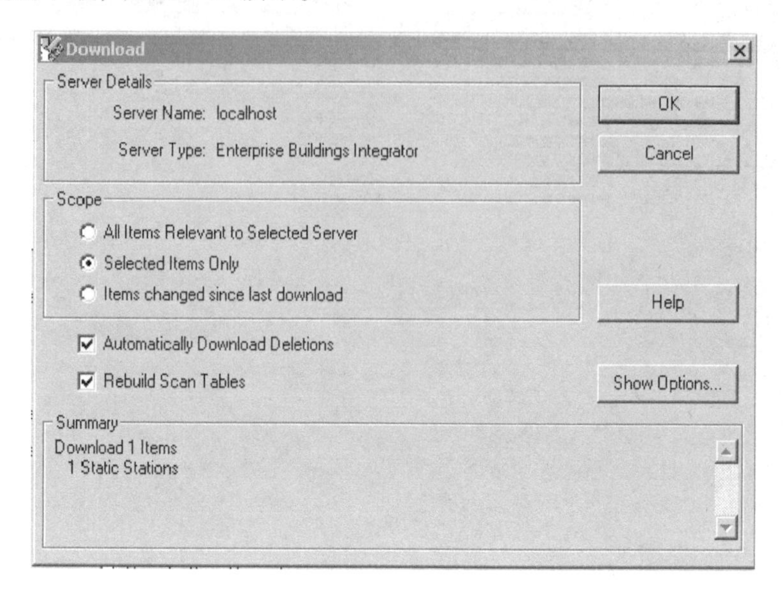

图 8-73　下载

至此就完成了 Quick Builder 的编写工作。

8.16　Display Builder 的编写方法

通过菜单命令打开 Display Builder 软件，如图 8-74 所示。

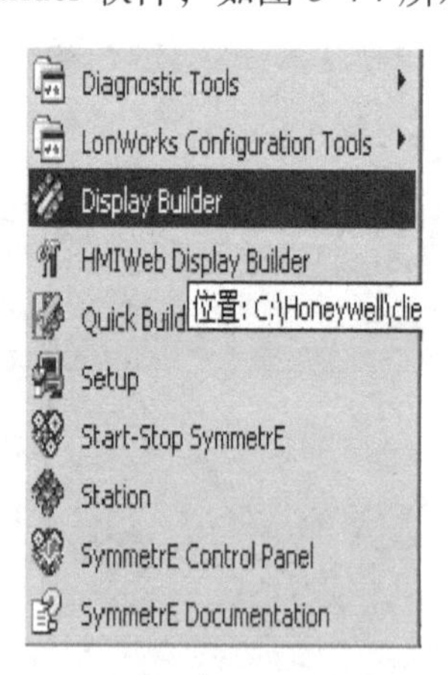

图 8-74　打开 Display Builder 软件

新建文件名称，或打开已有的文件，如图 8-75 所示。

在界面中画出需要的图形模式。(可以自己画，也可以从图库中复制)

在图形中添加点，如模拟点，则添加形式为（9999），并把相关的点连接起来，方法为点中“9999”，单击鼠标右键选择属性。

Display Builder - [热泵机组.dsp]
File Edit View Arrange Format Window Help
Helvetica
冷冻站热泵主机系统
9999.99
启停开关
状态
故障
一号热泵主机
二号热泵主机
蝶阀开关
分水器
集水器
二号循环泵
一号循环泵
三号循环泵
启动
停止
二号泵
一号泵
三号泵
9999.99 m3/h
温差设定
自控开关
机组选择
Combobox
Ready

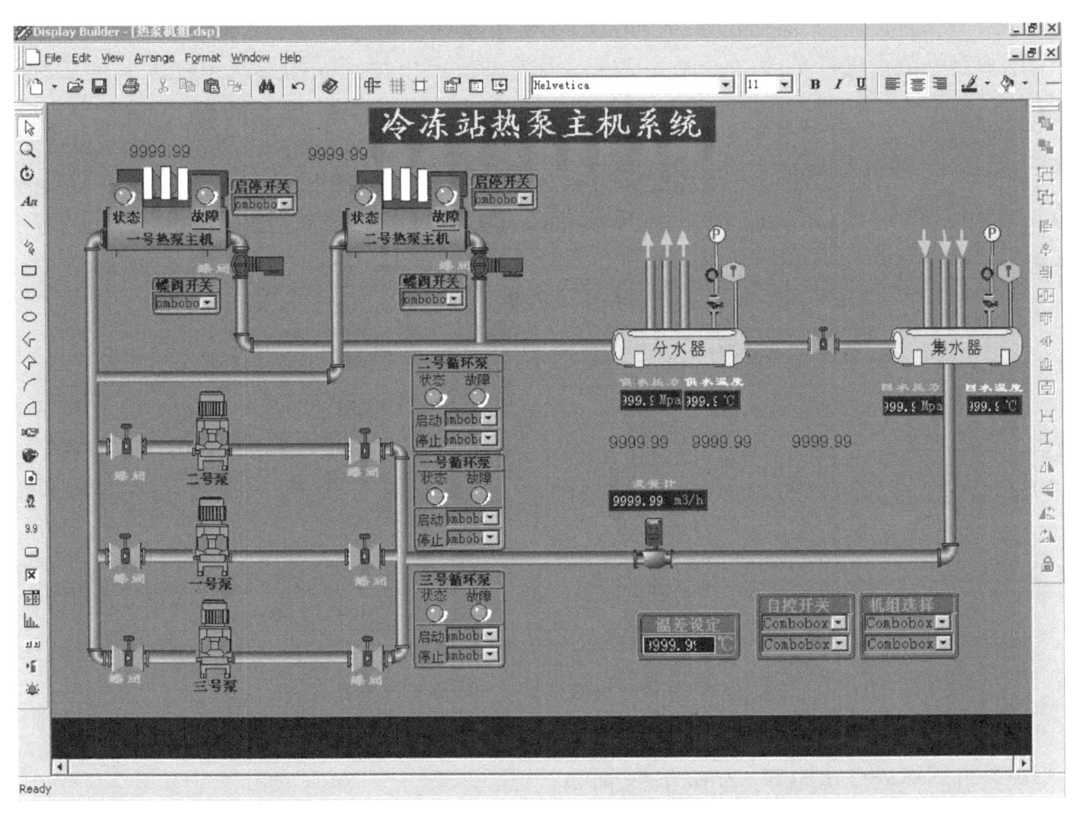

图 8-75　打开一个已有的画面

对选中的点进行属性编辑，如图 8-76 所示，在 Point 中输入点名称或选择。

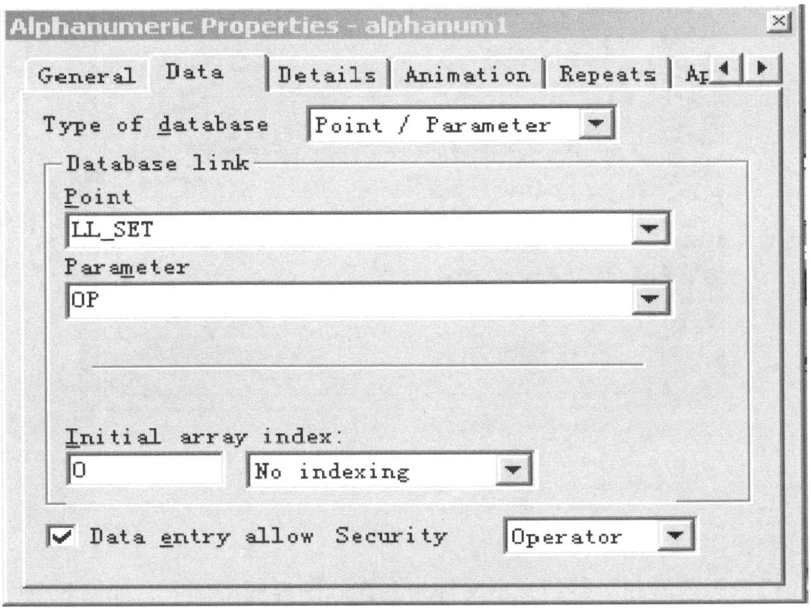

Alphanumeric Properties - alphanum1
General
Data
Details
Animation
Repeats
Type of database
Point / Parameter
Database link
Point
LL_SET
Parameter
OP
Initial array index:
0
No indexing
Data entry allow Security
Operator

图 8-76　对选中的点进行属性编辑

注：AI/DI 点为 PV 值；AO 点为 OP 值；DO 点为 OP 值。

用户对小数点进行更改（见图 8-77），因为小数点根据不同的要求可变，其他参数请自学。

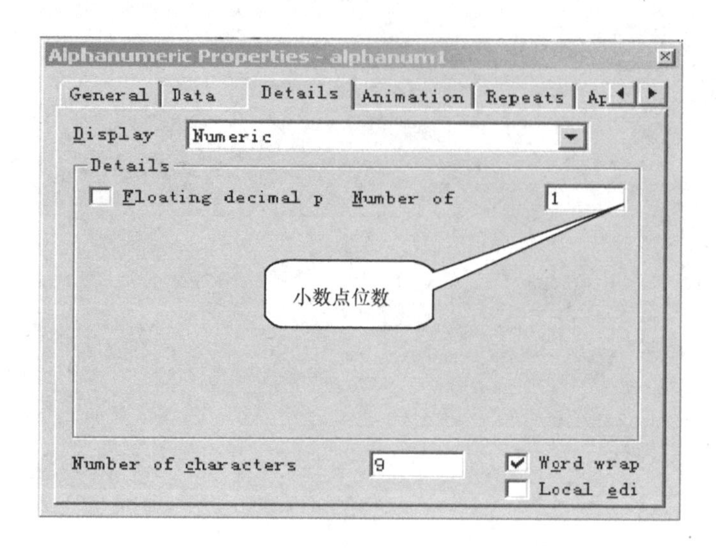

图 8-77　设置数据点显示时的小数点位数

状态点的操作方法同上，如图 8-78 所示。

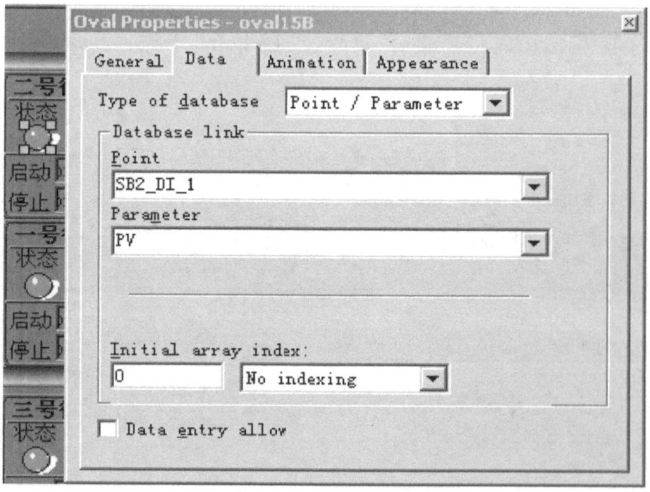

图 8-78　状态点的属性编辑

风机动画的操作方法如下：

先画好风机动画图形并保存到一个文件中。在画图界面中调入，如图 8-79 所示。

打开 Insert Shapelink 对话框，如图 8-80 所示。

对导入的动画定义名称，如图 8-81 所示。

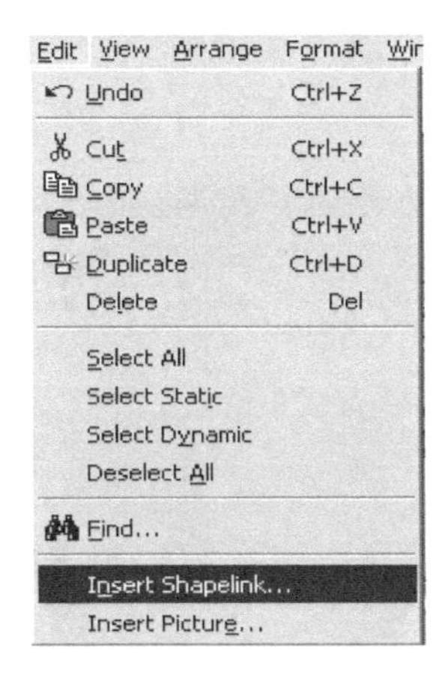

图 8-79　选中 Insert Shapelink 命令

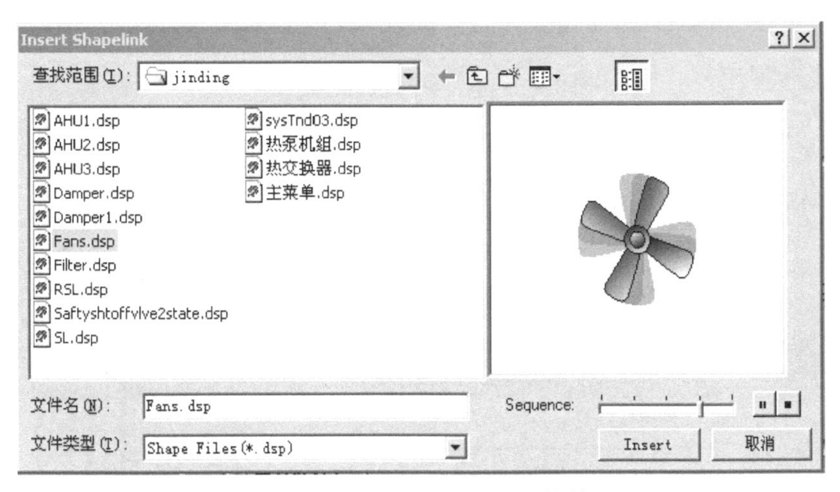

图 8-80　Insert Shapelink 对话框

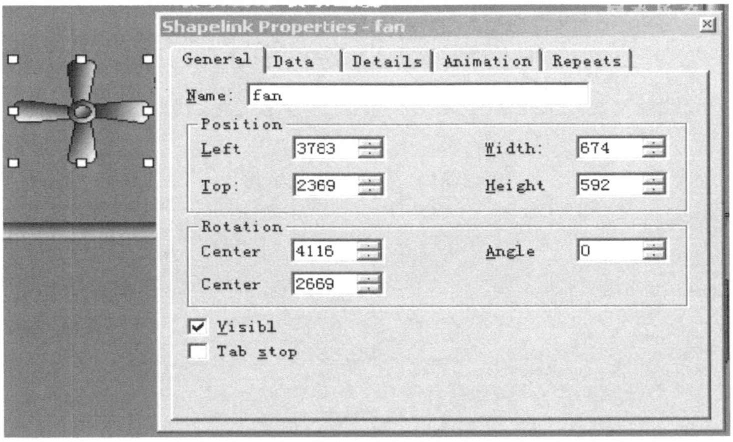

图 8-81　定义名称

定义一个风机状态点来激活动画，如图 8-82 所示。

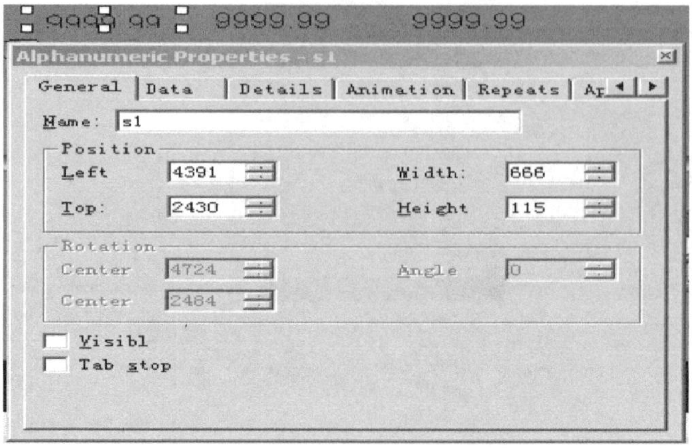

图 8-82 定义一个风机状态点

设置数据库链接，如图 8-83 所示。

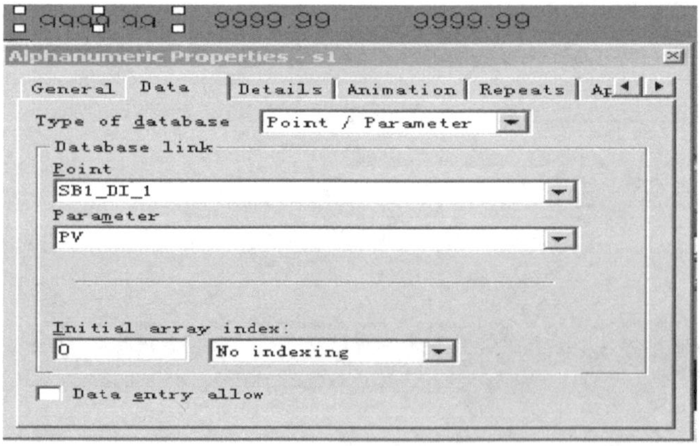

图 8-83 设置数据库链接

编写动画语句如图 8-84 所示。

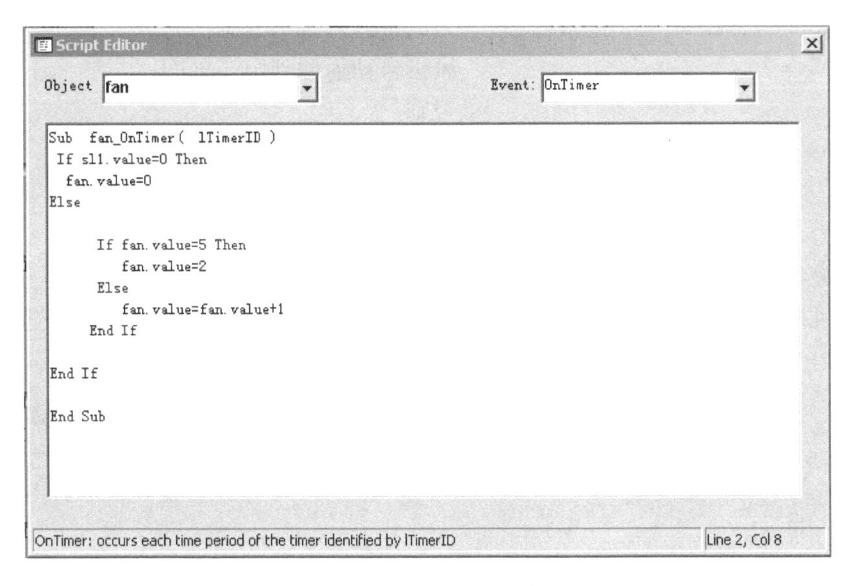

图 8-84　编写动画语句

选择风机动画并单击按钮，在弹出的对话栏中对相关信息进行编辑，如图 8-85 所示。

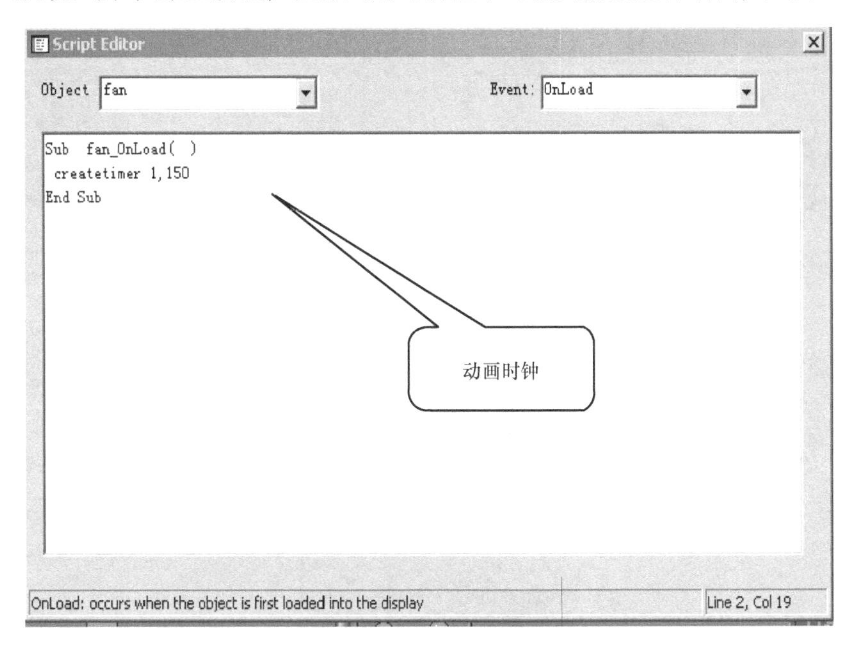

图 8-85　Script Editor 对话框

说明：OnLoad 下 createtimer 1，150 中的“1”为第几个时钟，“150”为动画间隔时间段。

OnTimer 中的 If sl1. value = 0　　Then　SB1_ DI_ 1 = 0 时 那么

fan. value = 0　　风机不动作

Else　　否则

If fan. value = 5 Then	当风机运行到第五画面时
fan. value = 2	风机自动返回到第二画面
Else	否则
fan. value = fan. value + 1	风机动画在前一画面累加
End If 返回	End If 返回

此程序为 VB 语言编写的程序。

风阀开关状态的动画编写方法：

先画好风机动画图形并保存到一个文件中。在画图界面中调入。风阀动画如图 8-86 所示。

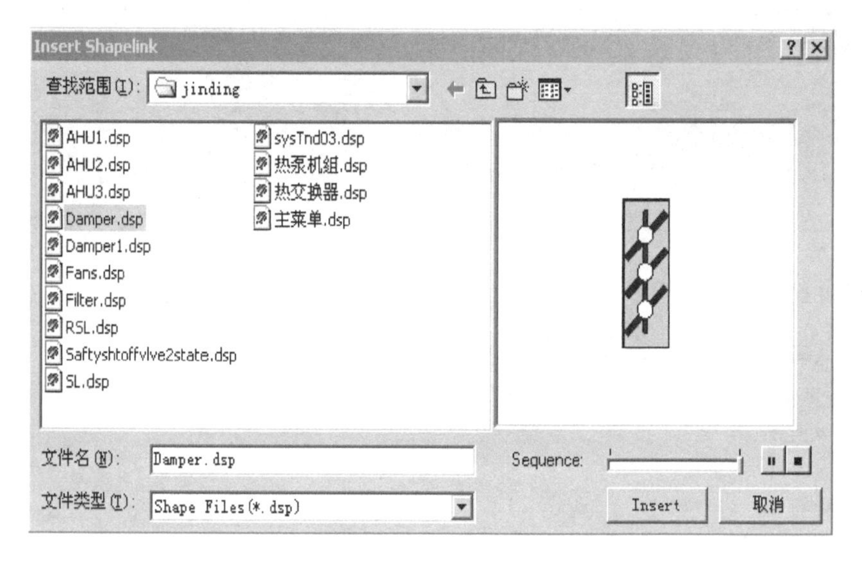

图 8-86 风阀动画

选中 Insert Shapelink 命令，如图 8-87 所示。

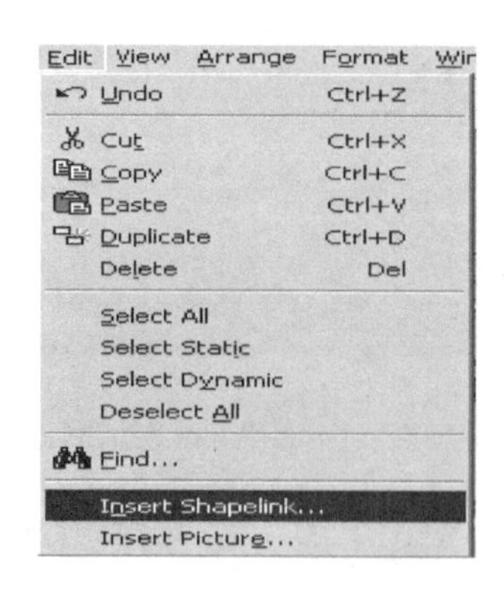

图 8-87 选中 Insert Shapelink 命令

定义一个风机状态点来激活动画，如图 8-88 所示。

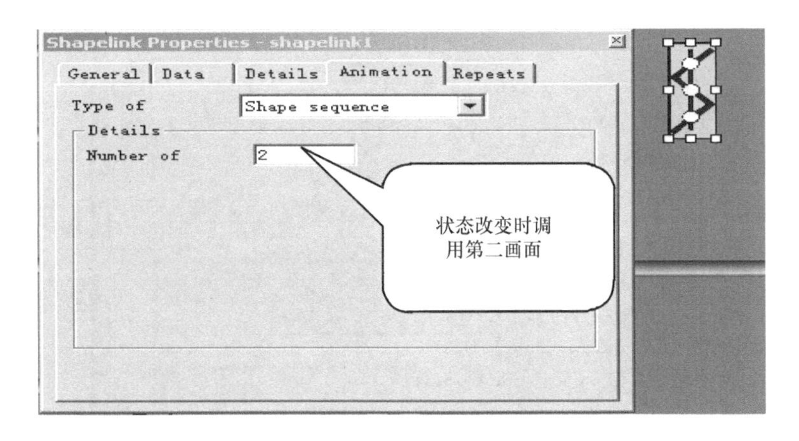

图 8-88　定义一个风机状态点

设置数据库链接，如图 8-89 所示。

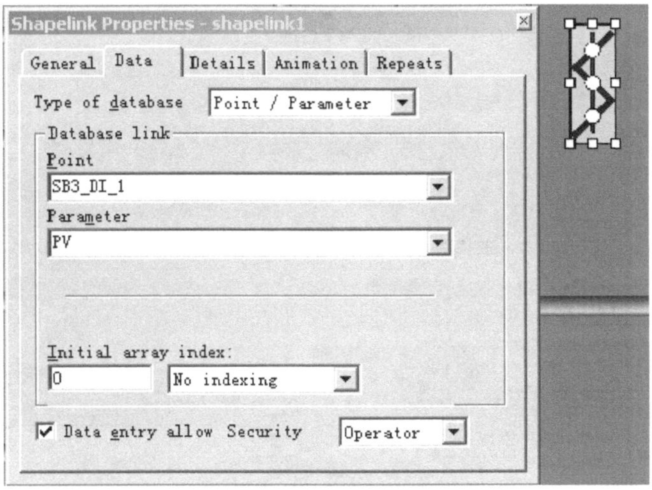

Shapelink Properties - shapelink1
General | Data | Details | Animation | Repeats
Type of database　Point / Parameter
Database link
Point
SB3_DI_1
Parameter
PV
Initial array index:
0　No indexing
Data entry allow　Security　Operator

图 8-89　设置数据库链接

当风阀状态反向时，打开此文件调整画面位置即可。

编写完界面图形后，设置画面显示页码。操作方法如下：

打开 File 菜单栏中的 Properties 属性，如图 8-90 和图 8-91 所示。

注：Page Up 与 Page Down 是对上位机而言的，与用于上、下页转换。

功能键应用介绍：

为其他功能键取消键。为界面放大镜。为图形旋转键。为文字输入键。为画线键。

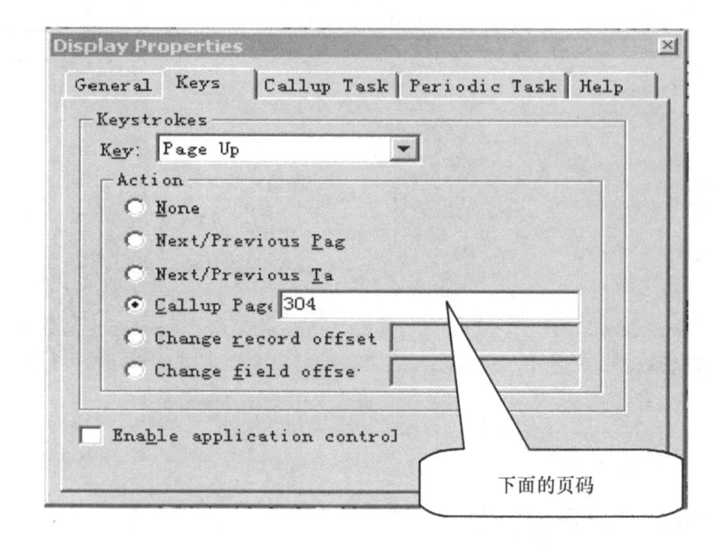

图 8-90　Display Properties 对话框

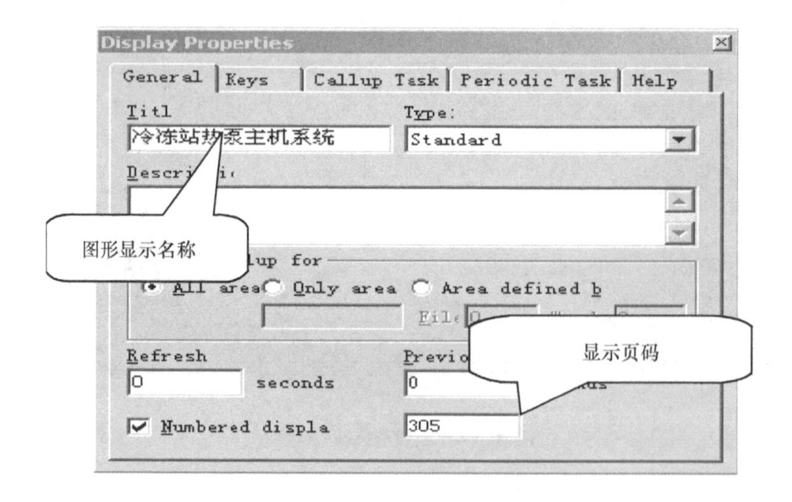

图 8-91　Display Properties 对话框

8.17　Station 的设置方法

8.17.1　Station 基本设置

首先打开 Station 工作站，如图 8-92 所示。

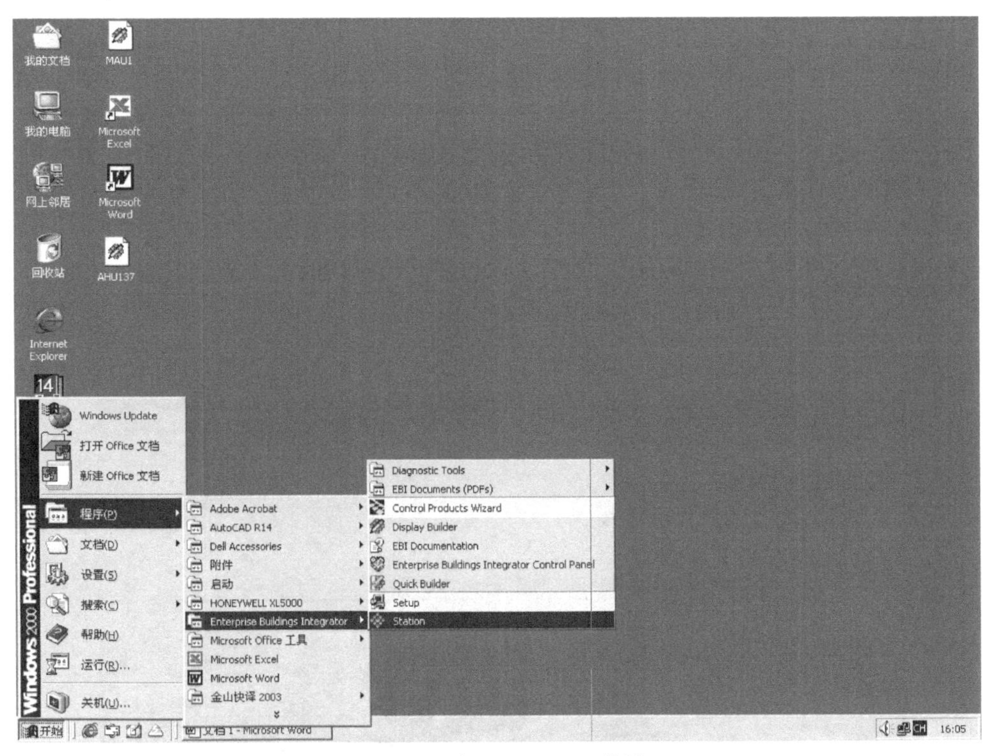

图 8-92　打开 Station 工作站

图 8-93 为 Station 对话框。

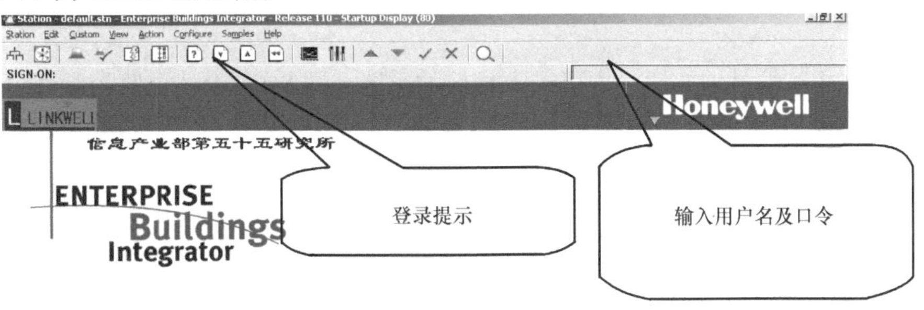

图 8-93　Station 对话框

提示：当出现“SIGN ON”时，输入用户名及密码。

输入的方法为：

用户名+，+密码。提示：用户名及密码都以“＊”形式出现。
按回车键即可。
更改用户密码的方法为
在命令区内输入“CHGPSW”后按回车键。
输入原密码按回车键确认。
输入新的密码按回车键确认。
再次输入确认密码按回车键确认。(两次输入相同的密码时才可被接受)
进入空调自控系统主画面，如图8-94所示。

图8-94　空调自控系统主画面

用鼠标点中相应编号的按钮，即可进入相应的系统。图8-95为某个监控画面。

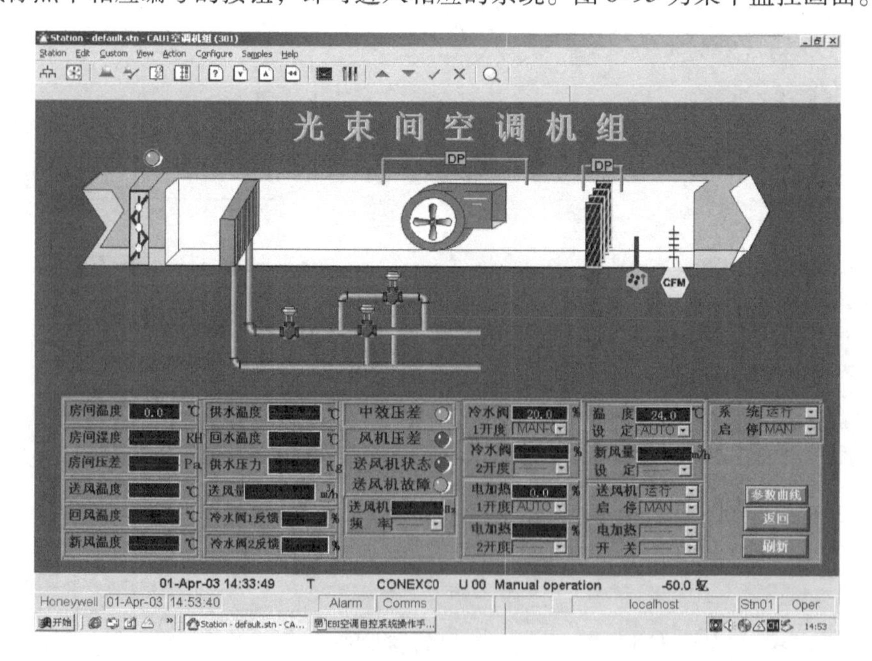

图8-95　某个监控画面

退出 SymmetrE 系统。直接单击右上角的“×”或在 Station 中单击“Exit”退出。退出窗口如图 8-96 所示。

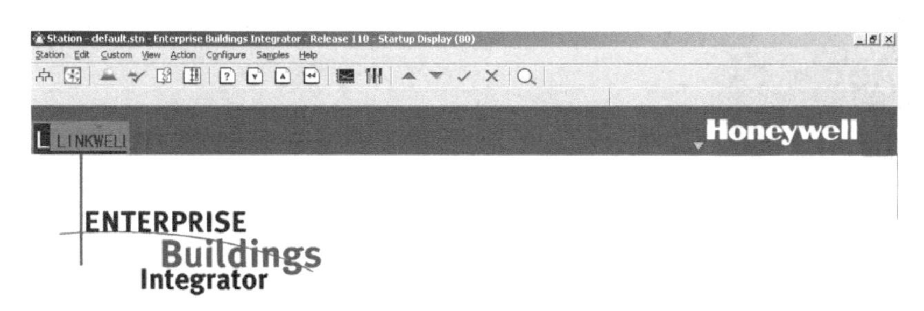

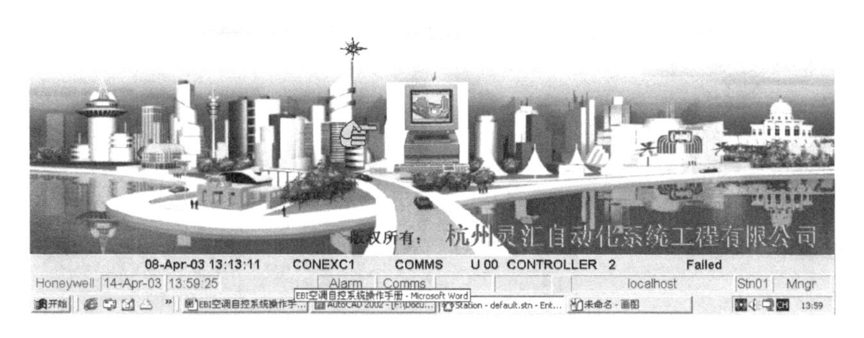

图 8-96　退出

实际上，本操作的目的是更改操作员。需要说明的一点是，本软件可以对不同的操作员设置不同的操作级别（见图 8-97）。

级别说明：级别分为 1、2、3、4、5、6。其中第 6 级别为最高级别。

Lvl1　1：只可以查看数据。

Lvl2　2：可以修改低级别的数据（如时间程序）。

Oper　3：可以修改中间级别的数据（如点的属性）。

Supv　4：可以修改高级别的数据（如参数 Parameters）。

Engr　5：可以定义操作员和本地所有操作。

Mngr　6：可进行软件的所有操作。

同时，Control Level 为 0 ~ 255 等级。

单击主菜单中的 System Configuration 进入下一画面。

主菜单功能介绍如图 8-98 所示。

在主菜单画面中单击 Operator，进入用户添加修改，如图 8-99 所示。单击空白处添加用户，单击已有的可修改用户名及密码。

建立用户并更改需用的参数，如图 8-100 所示。

8.17.2　Station 通道参数的设置

通道设置前，必须在 Quick Builder 中先建立好通道，并下载至 Station。

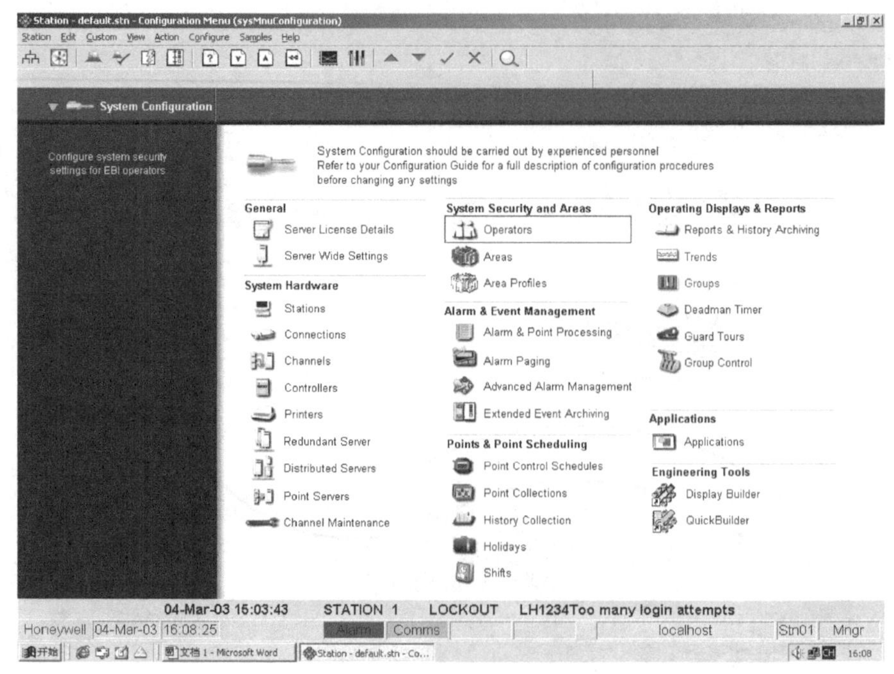

图 8-97 为操作员设置级别

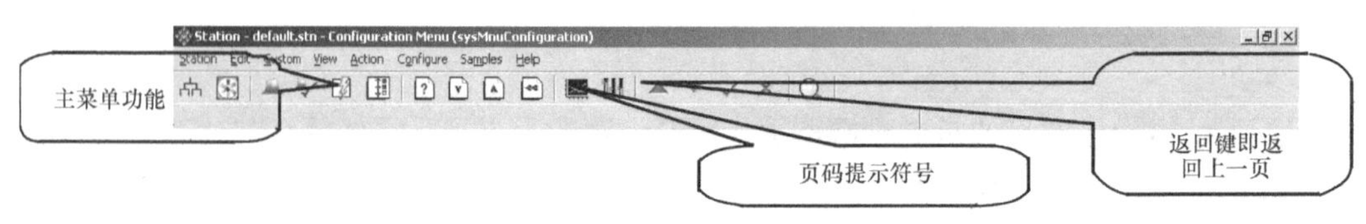

图 8-98 主菜单功能介绍

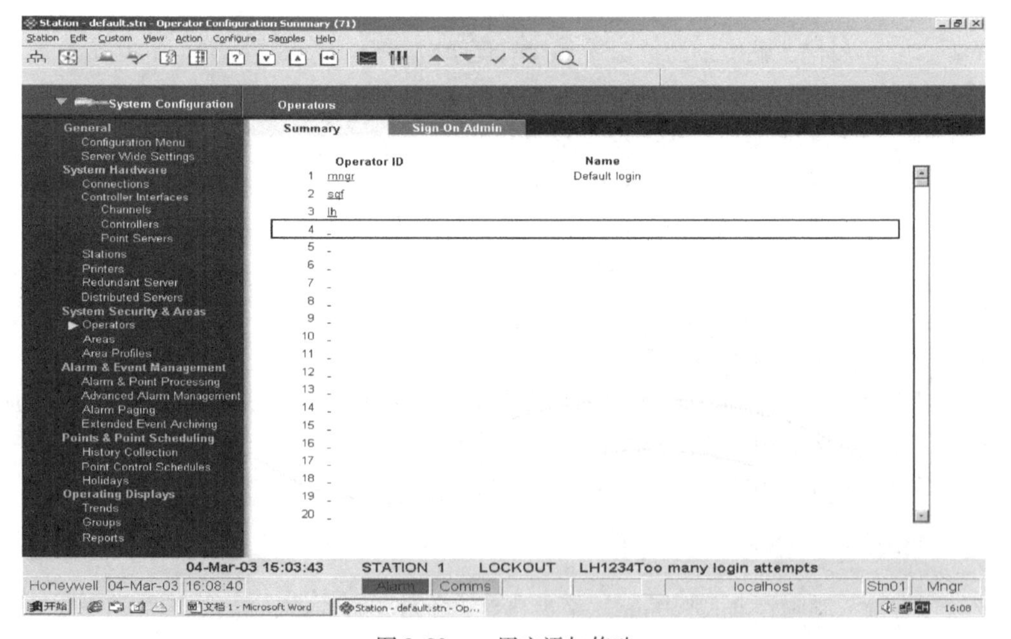

图 8-99 用户添加修改

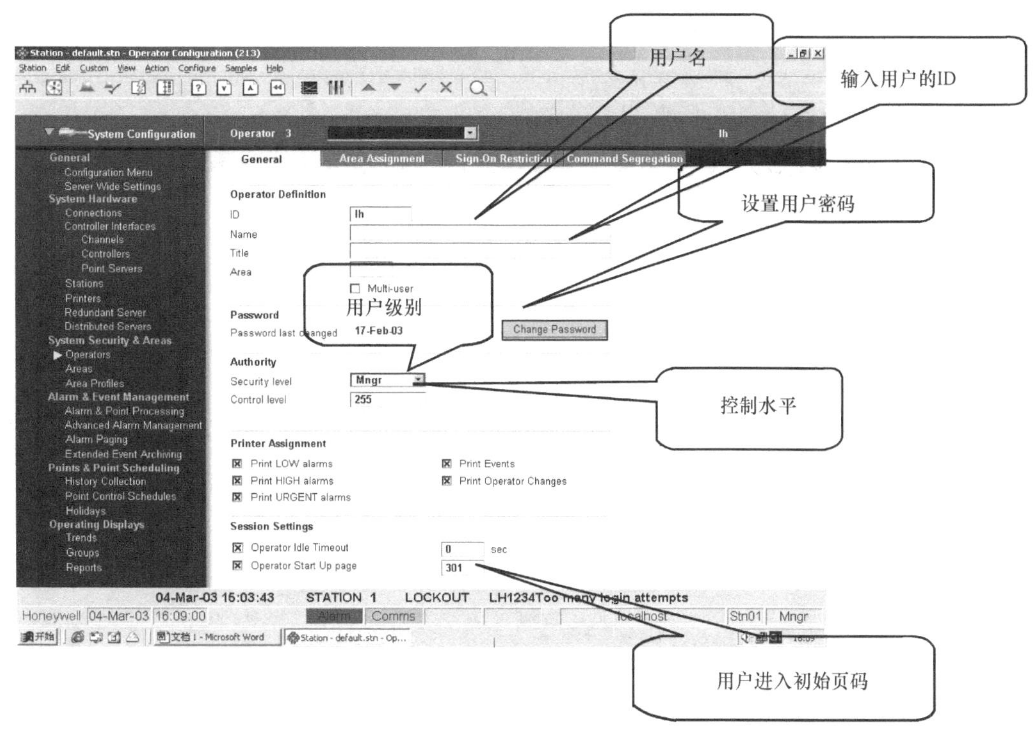

图 8-100　建立用户并更改需用的参数

1. 在系统配置菜单中单击“Channels”进入下一界面（见图 8-101）

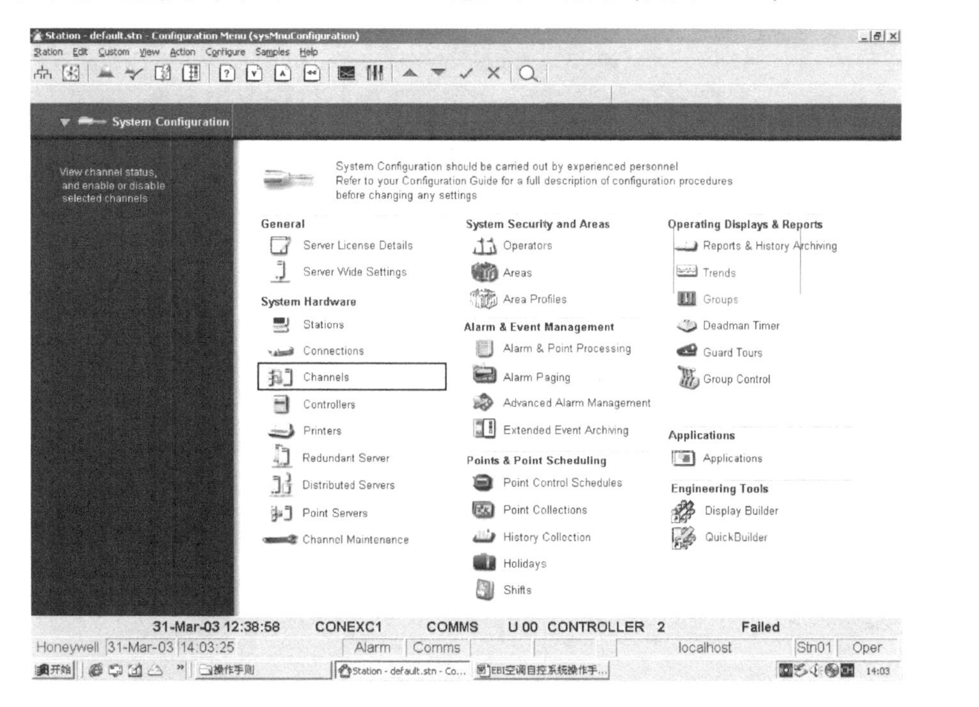

图 8-101　单击 Channels

2. 选择现有的通道，单击之进入下一界面（见图 8-102）

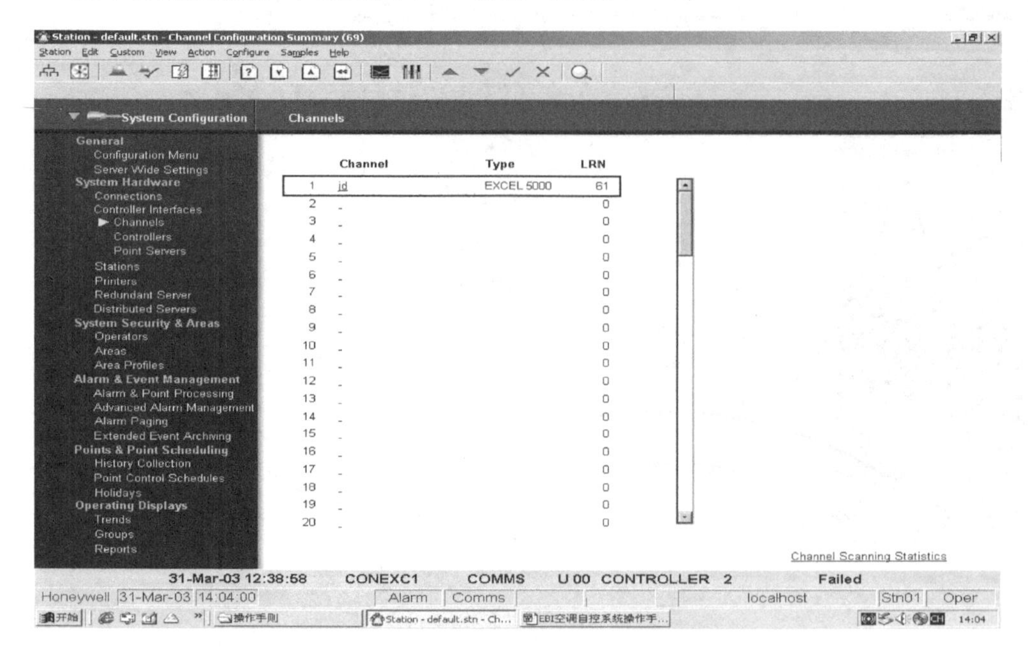

图 8-102　单击现有通道

3. 在“Status”中选择“Enable”（见图 8-103）

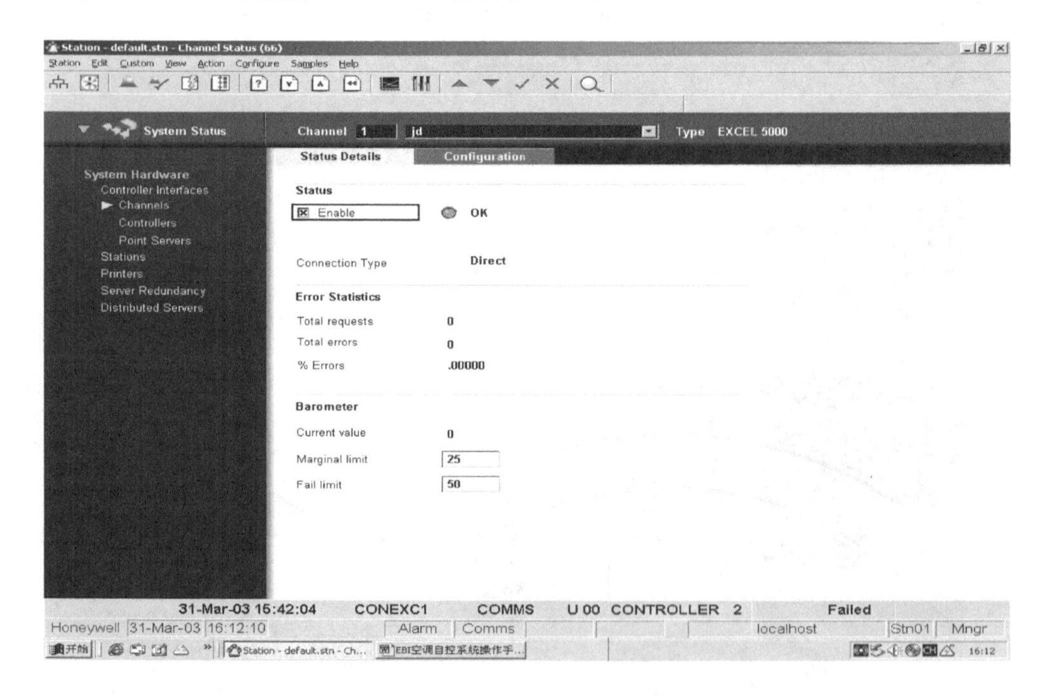

图 8-103　建立通道许可

设置通道参数，如图 8-104 所示。

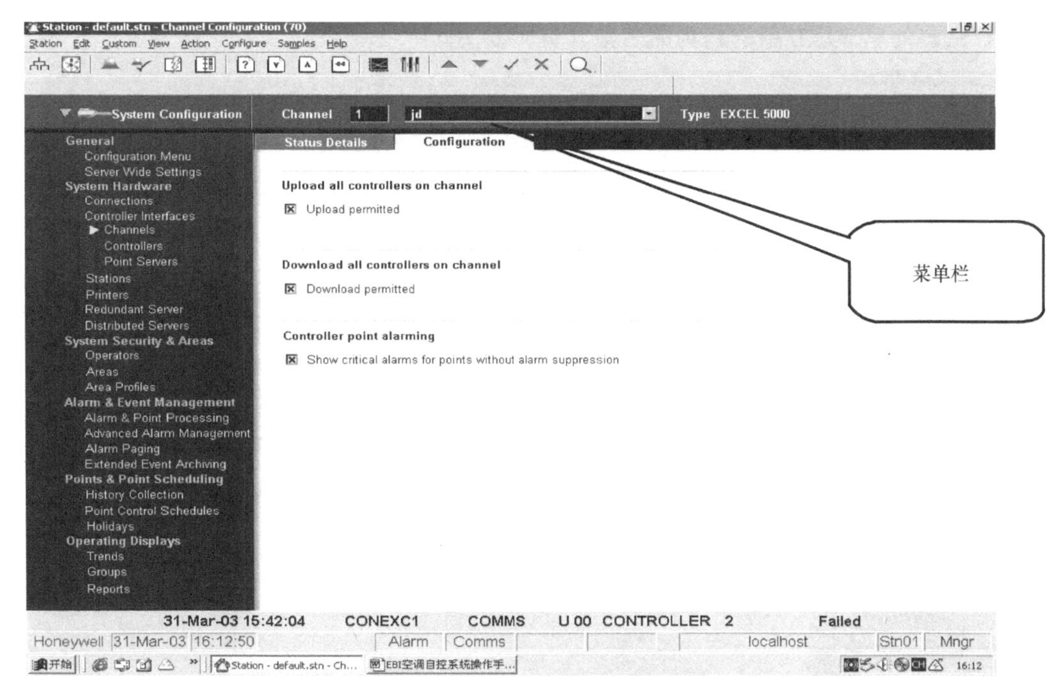

图 8-104　下载或者上传通道参数

8.17.3　Station 趋势图的设置

如何定义报表趋势图：

1. 在主菜单界面中单击“Trends”，进入到定义报表界面（见图 8-105）

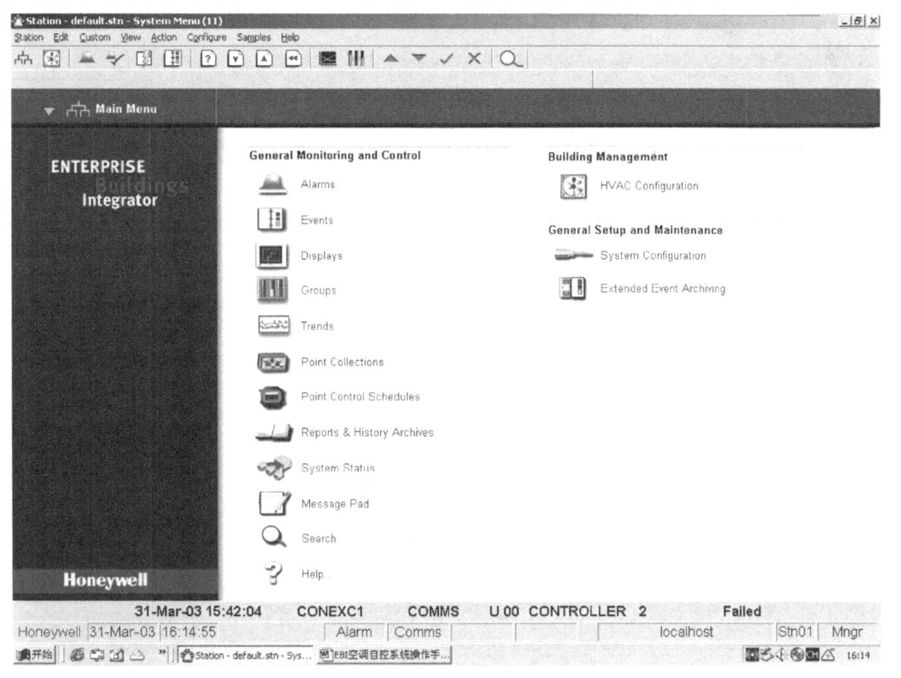

图 8-105　定义报表界面

2. 在空白处单击建立新的趋势图名称（见图 8-106）

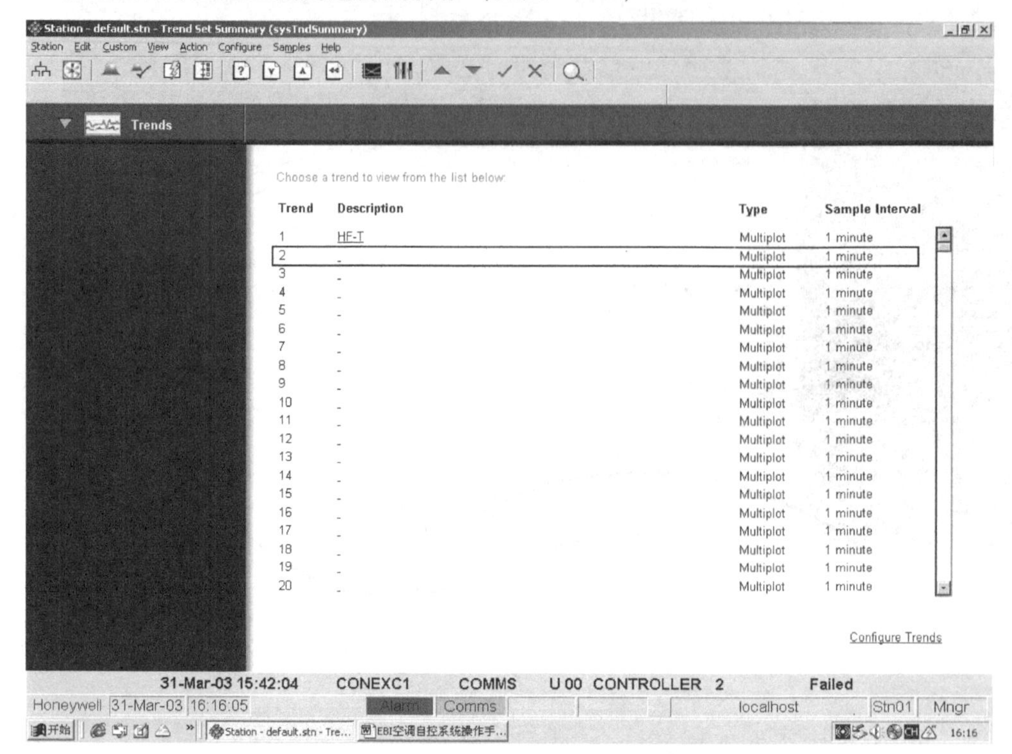

图 8-106　建立新的趋势图名称

在趋势中定义报表类型及需要显示趋势的点名称，具体如图 8-107 所示。

3. 在图 8-107 中建立相应的名称或参数

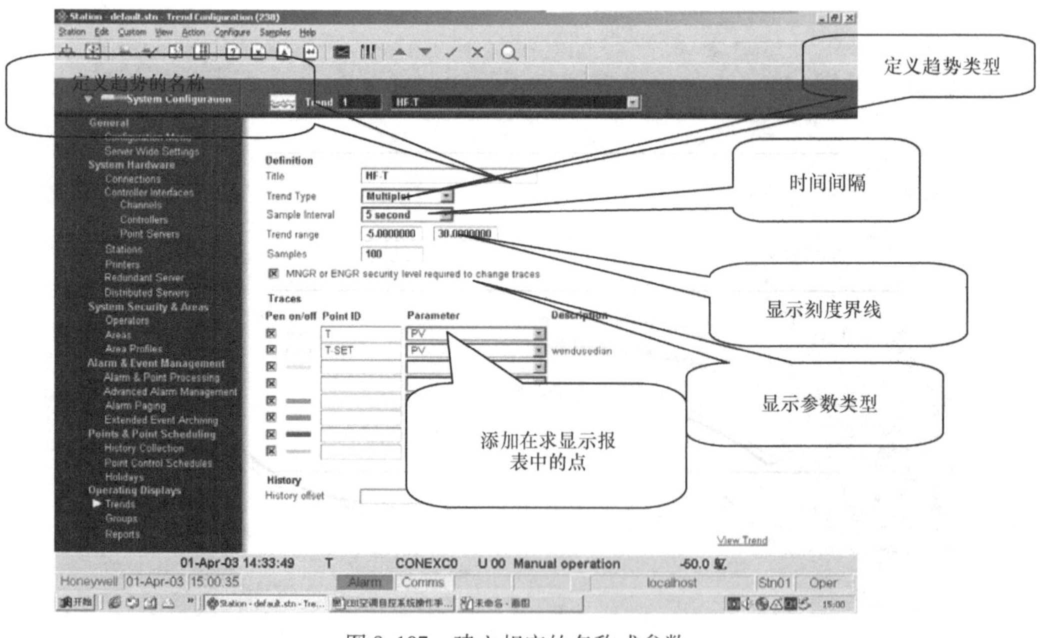

图 8-107　建立相应的名称或参数

4. 添加成功的报表参数（见图 8-108）

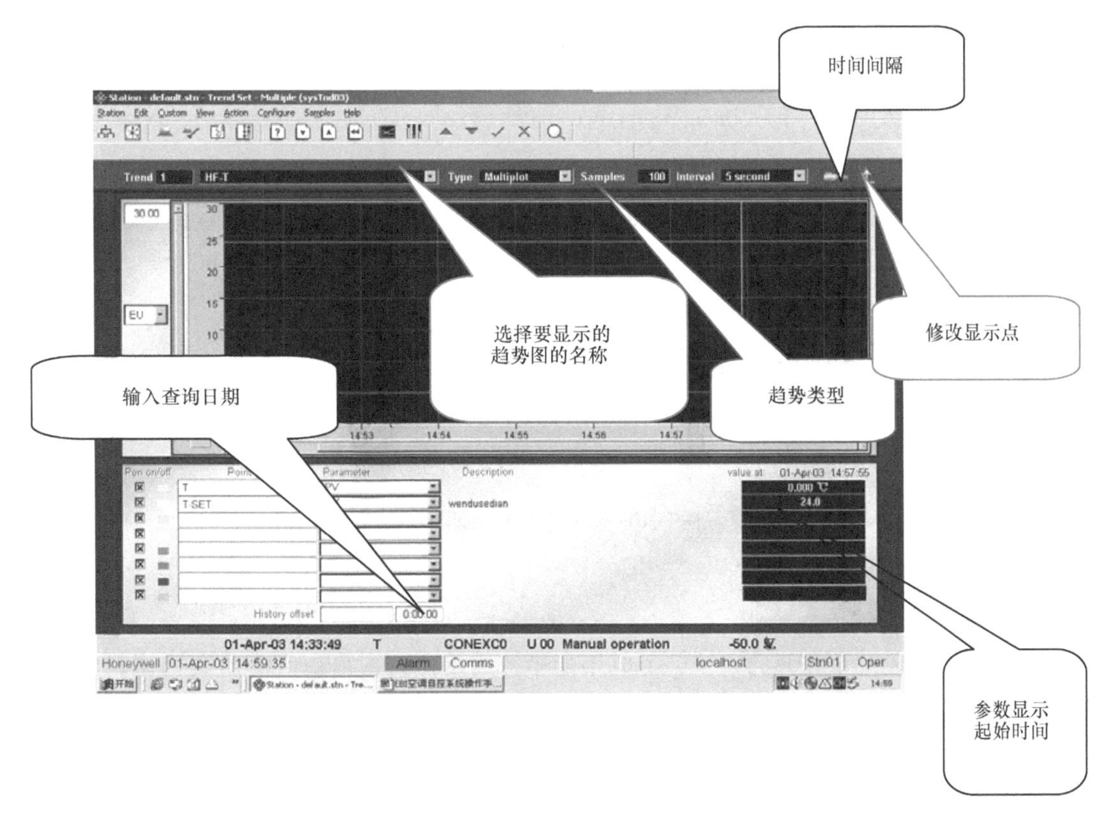

图 8-108　添加成功的报表参数

8.18　SymmetrE 与 Modbus 接口设备的通信

在楼宇自动化控制系统中，出于对大楼的安全、管理、计费考虑，会对高低压变配电系统进行监测，主要是对进线电流、电压、功率、功率因素和频率等进行监测。本文主要介绍通过具有 Modbus 接口的多功能智能表进行采集，然后通过和 SymmetrE 进行通信，在 SymmetrE 界面中显示采集的各个参数。

Honeywell 的 SymmetrE R300 是继 R100、R200 版本后于 2006 年推出的最新企业楼宇集成管理软件，它遵循现有的工业标准，系统开放能力处于业界领先地位。它提供的数据接口方式有 ODBC、NET、标准的 SQL 接口，并且支持 BACNet、OPC、LonWorks 和 Modubus 等多种工业标准协议。

在 BA 系统的系统集成中，具有 Modbus 协议的设备比较多。由于 SymmetrE[㊀] 本身具有相当强的开放能力，在与第三方设备的集成中，能够实现很好的通信。下面以工程中的应用来介绍如何通过 Modbus 接口读取高低配电数据。

㊀ SymmetrE 本身完全符合 BACnet 标准（或称协议）。

1. 系统结构介绍

首先介绍高低配电系统，该项目使用了 4 台具有 Modbus 接口 S6－201 的多功能智能表，该表由台湾台技公司生产。通过 RS－485 总线连接成总线型网络，再分别经 RS－485 /232 转换器转换后接入 PC 的串口。上位机和 Modbus 设备之间采用主/从式通信，上位机为主，Modbus 设备为从设备支持的协议 ModbusRTU 。

系统结构示意图如图 8-109 所示。

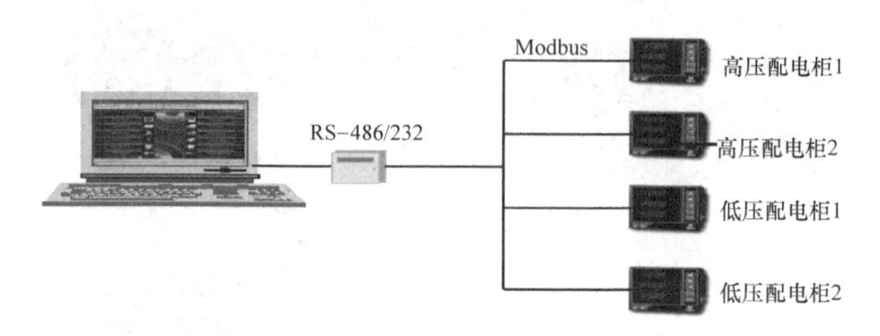

图 8-109 系统结构示意图

2. Modbus 协议及通信规则

（1）Modbus 协议

Modbus 协议是一个公开的、被广泛应用的串行通信协议，最初由莫迪康公司制定，此协议在控制设备间传输数字和模拟的 I/O 及寄存器数据时使用。由于协议和协议说明均可免费使用，它已经被成千上万的不同类型的设备所采用。做 Modbus 通信接口的前提是了解和掌握有关 Modbus 协议的核心内容。

首先应理解“ 通信模式”。标准的 Modbus 网络可以采用 ASCⅡ 或者 RTU（Remote Terminal Unit ）模式传送数据。ASCⅡ 模式使用2 个7 位的字符信息才能传输与 RTU 模式中的一个 8 位字符相当的信息。例如，需要传输的值是 2AH，在 RTU 模式下它将被当作一个 8 位的字节传送（00110010D）；而在 ASCⅡ 模式下它将被分成两个字节传输，一个是 ASCⅡ 字符“2”，为 32H＝0110010D，另一个是 ASCⅡ 字符“A”，为 41H ＝1000001D。因此，从传输效率上讲，RTU 模式更高些，但是通信双方必须遵循相同的规则。

再了解功能码。Modbus 功能码将作为信息包裹中的一个域被传输，用来告诉从站应该执行何种动作。

（2）通信规则

S6－201 之 Modbus 网络采用 RS－485 物理回路。所有 RS－485 回路的通信都遵照主/从方式，信息和数据流原则上可在单个主站和最多 32 个从站之间传递。主站将初始化和控制所有 RS－485 通信回路上传递的信息。所有 RS－485 回路上的信息都以“打包”方式传递。信息包裹是字符串的集合，组成包裹的字节以异步串行的方式在主从设备之间传输。S6－201 支持的是 ModbusRTU 模式。每个 ModbusRTU 信息的组成如下：

1）基本命令格式：为十六进制

起始帧	地址域	功能块	数据域	错检验	结束帧

起始帧：至少 4 个字元的时间没有传送资料。

地址域：欲读取或控制的位址（范围为 1 ~255）。

功能块：03H，读取资料；06H，写入资料。

数据域：寄存器起始位址及欲读取的 Word 数或者写入的数值。

错检验：16bit CRC。

结束帧：至少 4 个字元的时间没有传送资料。

2）字节每比特。

比特特性见表 8-3。

表 8-3　比特特性

起始位	数据位 t	校验	停止位	帧
1	8	none	1	8

3）读取寄存器命令：

Query：读取时最多为 80 个 word 。

读取寄存器命令表见表 8-4。

表 8-4　读取寄存器命令表

起始帧	地址域	功能块	起始地址高位	起始地址低位	字高位	字低位	错校验		结束帧
	01 ~ FFH	03H	0 ~ nnH	0 ~ nnH	0H	1 ~ nnH	crc lo	crc hi	
	1B	1B	2B		2B		2B		

帧特性表见表 8-5。

表 8-5　帧特性表

起始帧	地址域	功能块	d0、d1…dn	错校验		结束帧
	01H – FFH	03H		crc lo	crc hi	
	1B	1B		2B		

4）写入寄存器命令：为单 – Word 写入命令 query。

寄存器命令地址见表 8-6。

表 8-6　寄存器命令地址

起始帧	地址域	功能块	起始地址高位	起始地址低位	高位值	低位值	错校验		结束帧
	01 ~ FFH	06H	0 ~ nnH	0 ~ nnH	Setting Value		crc lo	crc hi	
	1B	1B	2B		2Bor4B		2B		

3. SymmetrE 软件平台中工程的组态

用 SymmetrE 监控平台实现对设备监控的过程如下：

1）在 Quick Builder 中建立通道，如图 8-110 所示。

2）在 Quick Builder 中建立控制器（见图 8-111）。

3）在 Quick Builder 中建立点，如图 8-112 所示。

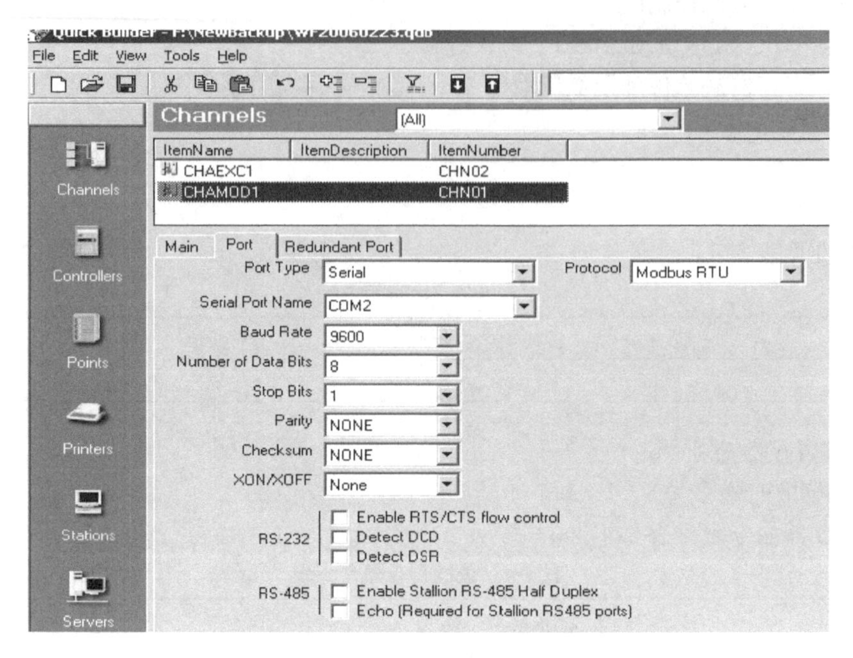

图 8-110 在 Quick Builder 中建立通道

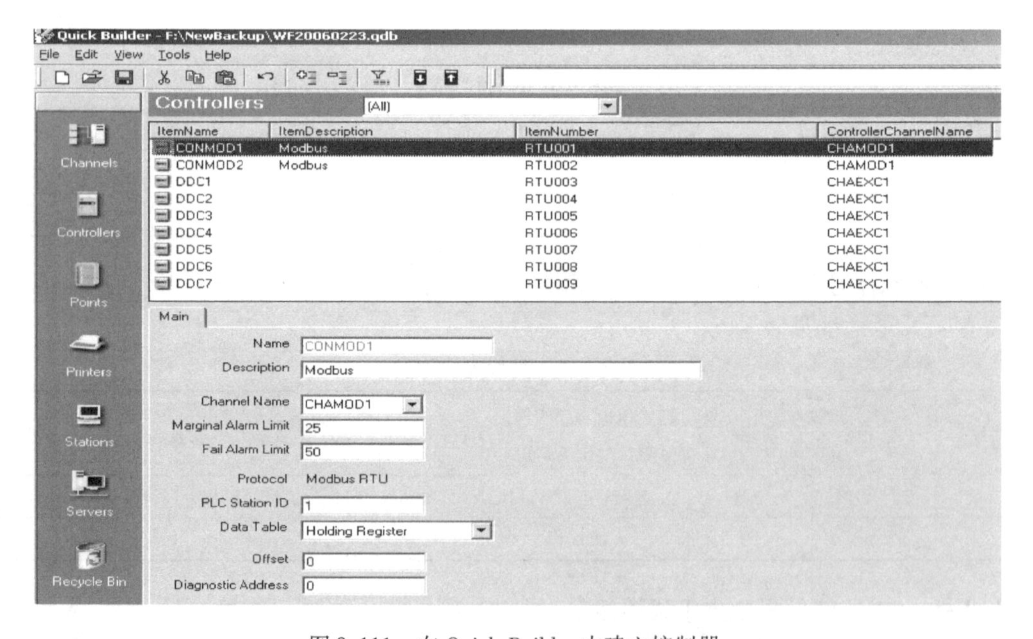

图 8-111 在 Quick Builder 中建立控制器

标准特性见表 8-7。

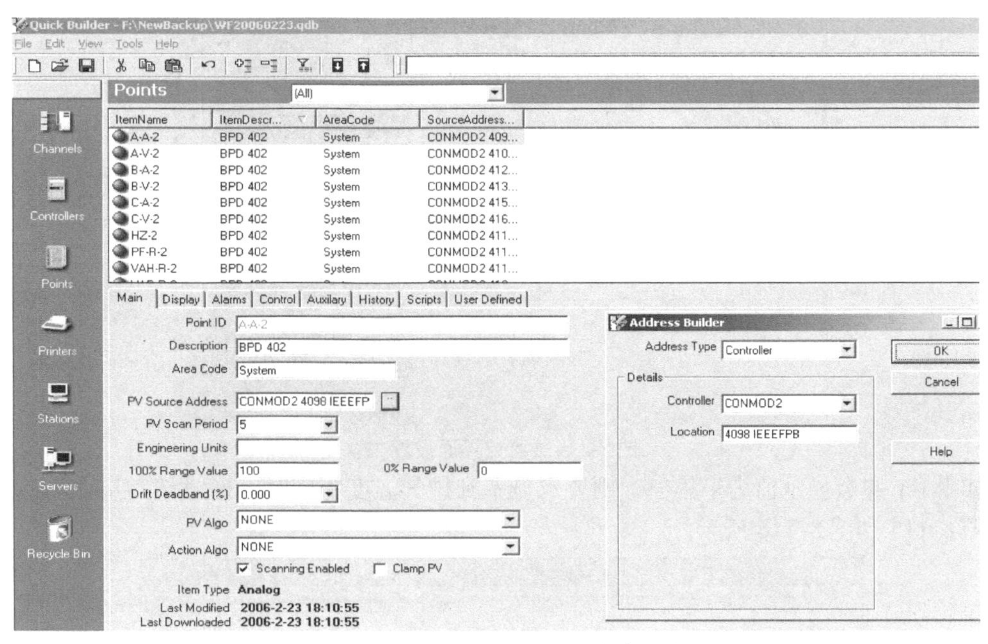

图8-112　在Quick Builder中建立点

表8-7　标准格式特性

格式标准	特性描述
IEEEFPB	大字节序格式（IEEEFP格式一样）
IEEEFPBB	字节对调的大字节序格式
IEEEFPL	小字节序格式
IEEEFPLB	字节对调的小字节序格式

4）利用Display软件进行绘图，以显示监控界面。

数据采集到数据库后还要显示到人机界面上，往往会发现显示的数值不对，这是因为比率不对。需要在控制器上设置该互感器的比率，才能在界面上正确显示数值。

例如：如果上位机采集到的数据真实值为0F，而要求上位机显示为度则可通过在DP中编写显示。监控界面设置如图8-113和图8-114所示。

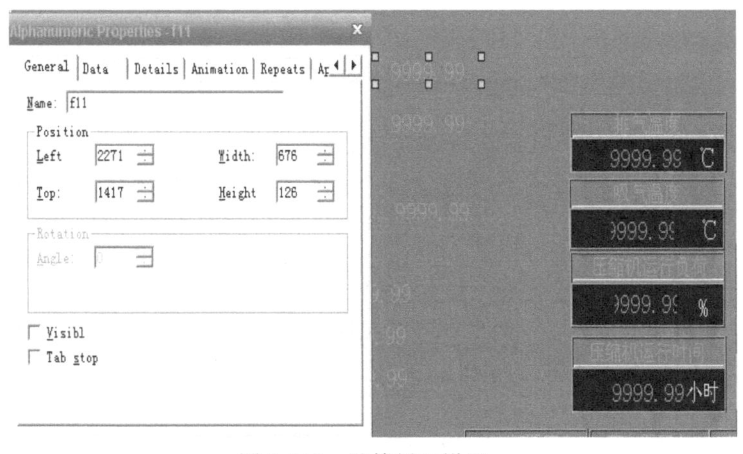

图8-113　监控界面设置一

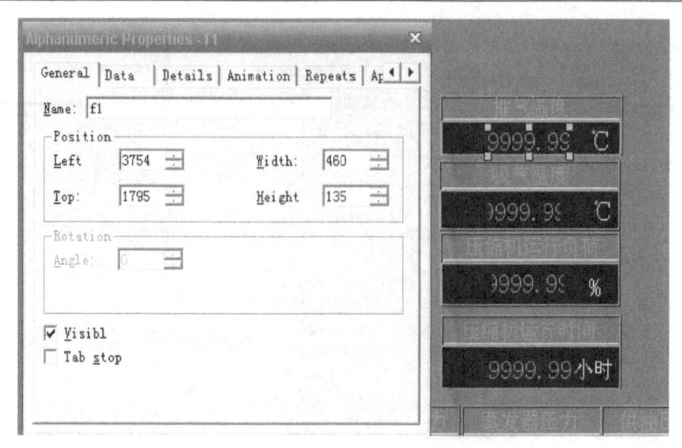

图 8-114　监控界面设置二

如果 f11 参数显示值为采集值，则要求显示到排气温度为度时，通过编写脚本实现，做法如图 8-115 和图 8-116 所示。

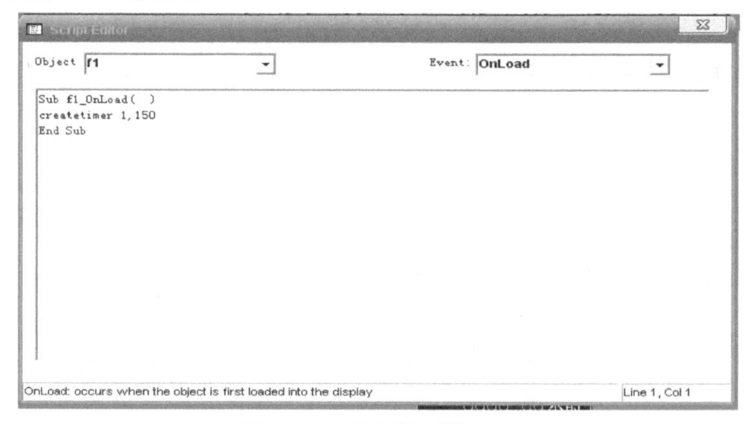

图 8-115　监控界面设置三

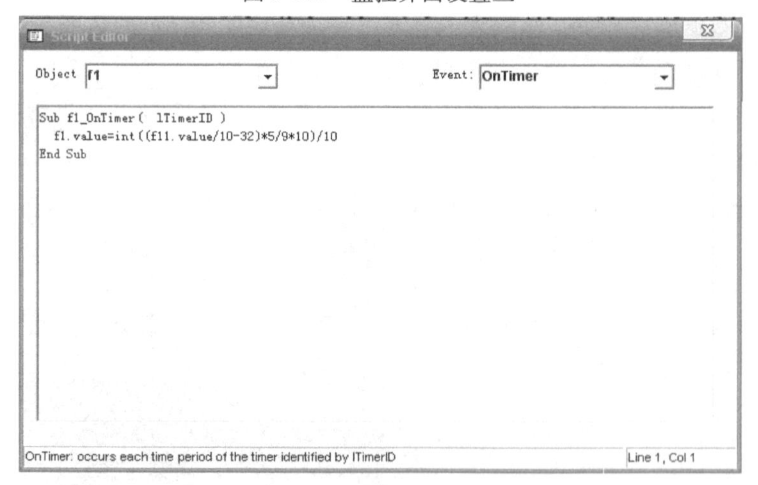

图 8-116　监控界面设置四

通常在显示上可能出现小数点超出的现象，此时可通过取整再除的方法实现需要的小数点。

总结：在以上分析讨论的基础上，我们完成了对高低压配电设备系统的监测，传送的数据和高低压系统设备模拟屏本身显示的数据一致，达到了监测的目的。实际上，如果利用 SymmetrE 中的 DDE 或者 NETAPI 方式开发接口程序，也可以实现该监测目的，从而体现出 SymmetrE 的灵活性，很好地实现对第三方设备的集成，真正成为开放系统集成软件的平台。

8.19　OPC 在 QB 中的操作方法

8.19.1　OPC 连接

1. 建立 OPC 通道（见图 8-117）

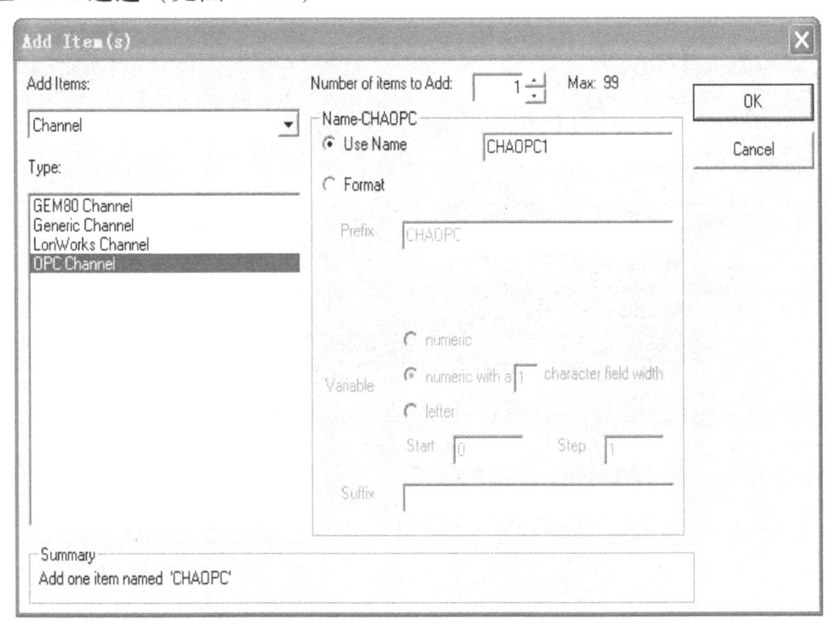

图 8-117　建立 OPC 通道

2. 设置 OPC 通道（见图 8-118）

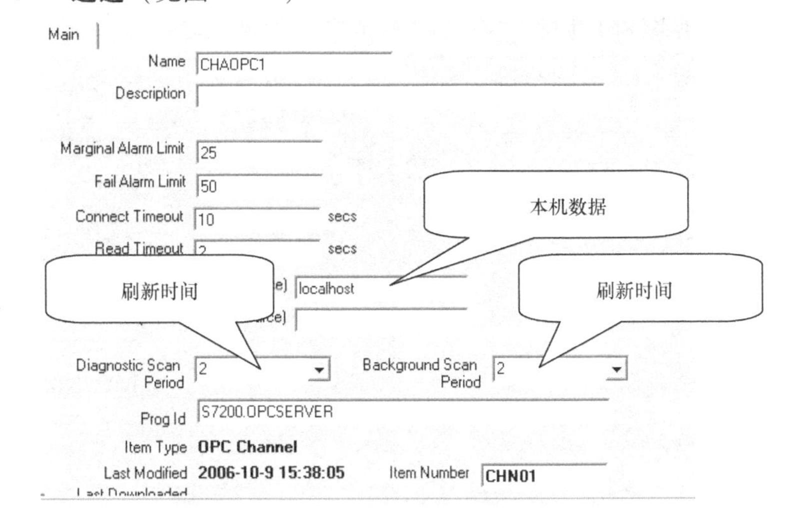

图 8-118　设置 OPC 通道

3. 添加 OPC 控制器（见图 8-119）

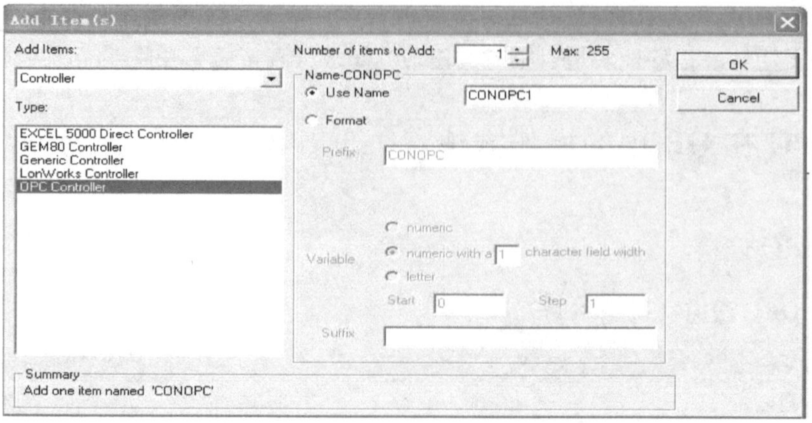

Add Item(s)
Add Items:
Controller
Type:
EXCEL 5000 Direct Controller
GEM80 Controller
Generic Controller
LonWorks Controller
OPC Controller
Number of items to Add: 1
Max: 255
Name-CONOPC
Use Name
CONOPC1
Format
Prefix
CONOPC
numeric
numeric with a 1 character field width
letter
Variable
Start 0
Step 1
Suffix
OK
Cancel
Summary
Add one item named 'CONOPC'

图 8-119　添加 OPC 控制器

4. OPC 控制器相关设置（见图 8-120）

Main
Name CONOPC1
Description
Channel Name CHAOPC1
Marginal Alarm Limit 25
Fail Alarm Limit 50
Background Scan Enabled
Deadband 0.100
OPC通道
Item Type OPC Controller
Last Modified 2006-10-9 15:39:21
Item Number RTU001

图 8-120　OPC 控制器相关设置

5. 添加控制点（见图 8-121）

Main | Display | Alarms | Control | History | Scripts | User Defined
Point ID 开关机
Description
Area Code System
PV Source Address CONOPC1 microwin.plc1.
PV Scan Period 1
Number of States 2
PV Algo NONE
Action Algo NONE
Scanning Enabled
Item Type Status
Last Modified
State Descriptors
State 7
State 6
State 5
State 4
State 3
State 2
State 1 开
State 0 关
Address Builder
Address Type Controller
Details
Controller CONOPC1
Location microwin.plc1.m00
OK
Cancel
Help
OPC中的点名称

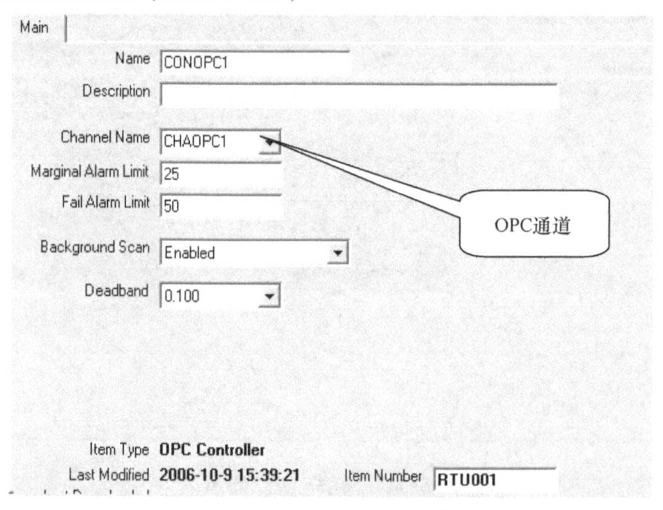

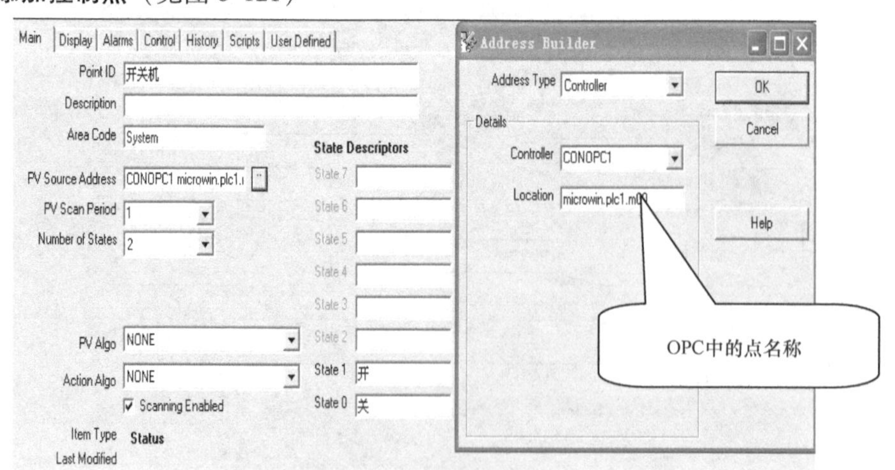

图 8-121　添加控制点

8.19.2　两个通道中的数据共享

1. 进行通道添加设置（见图 8-122）

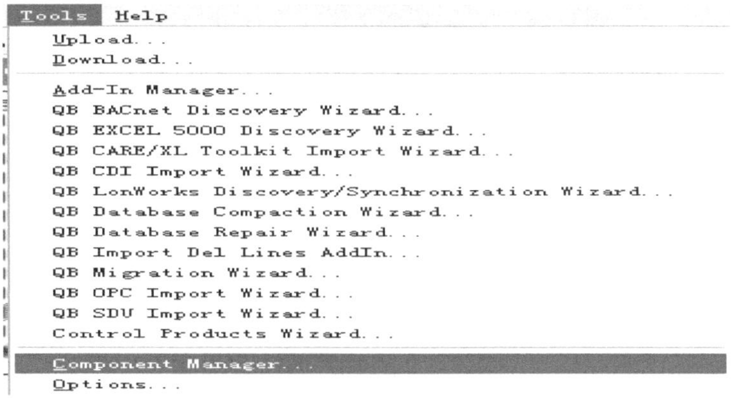

Tools　Help
Upload...
Download...
Add-In Manager...
QB BACnet Discovery Wizard...
QB EXCEL 5000 Discovery Wizard...
QB CARE/XL Toolkit Import Wizard...
QB CDI Import Wizard...
QB LonWorks Discovery/Synchronization Wizard...
QB Database Compaction Wizard...
QB Database Repair Wizard...
QB Import Del Lines AddIn...
QB Migration Wizard...
QB OPC Import Wizard...
QB SDU Import Wizard...
Control Products Wizard...
Component Manager...
Options...

图 8-122　通道添加设置

2. 选择“UserScanTask”（见图 8-123）

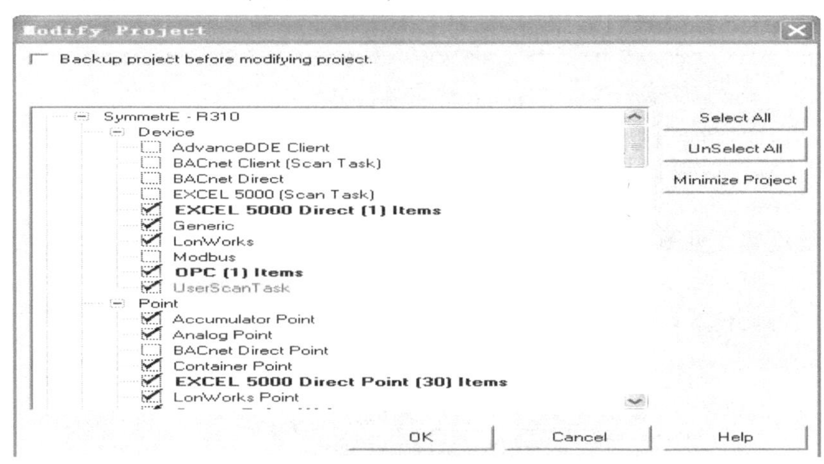

图 8-123　用户选项

3. 添加“User Scan Task Channel”并下载（见图 8-124）

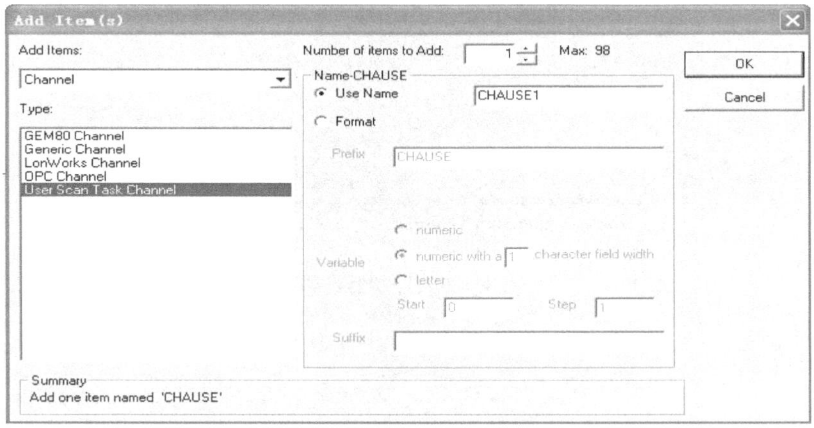

Add Item(s)
Add Items:　Channel
Type:
GEM80 Channel
Generic Channel
LonWorks Channel
OPC Channel
User Scan Task Channel
Number of items to Add: 1　Max: 98
Name-CHAUSE
Use Name　CHAUSE1
Format
Prefix　CHAUSE
Variable　numeric　numeric with a 1 character field width　letter
Start 0　Step 1
Suffix
OK
Cancel
Summary
Add one item named 'CHAUSE'

图 8-124　通道设置

4. 添加控制器（见图 8-125）

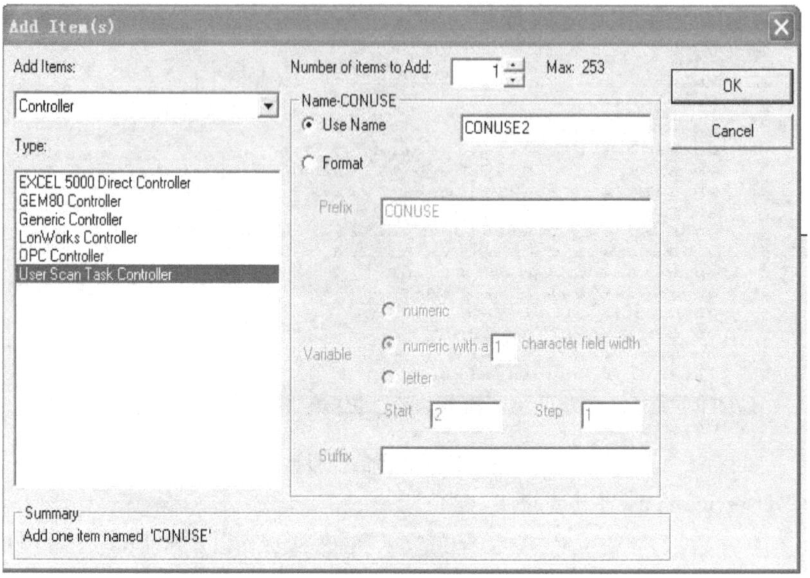

图 8-125　添加控制器

5. 控制器设置（见图 8-126）

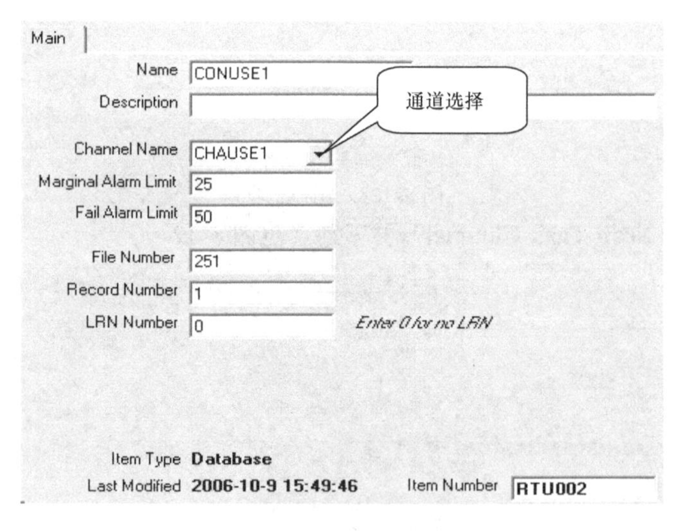

图 8-126　控制器设置

6. 添加点（见图 8-127）

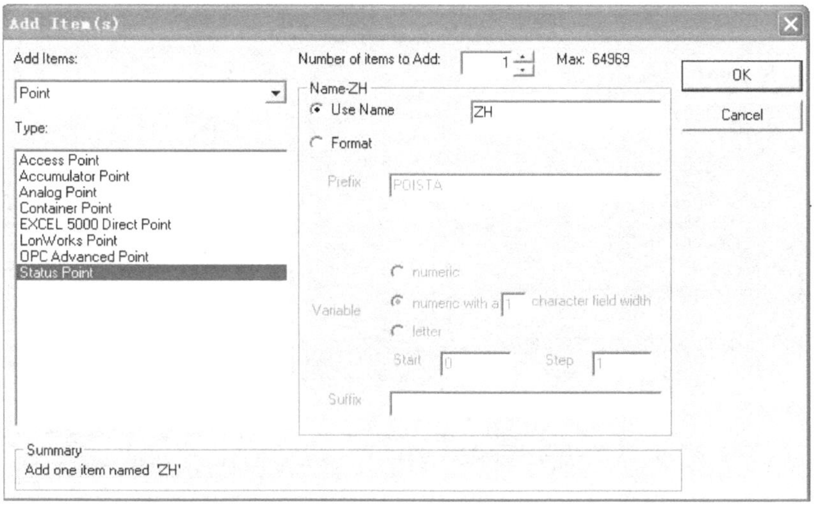

图 8-127　添加点

7. 进行相关参数的设置（见图 8-128）

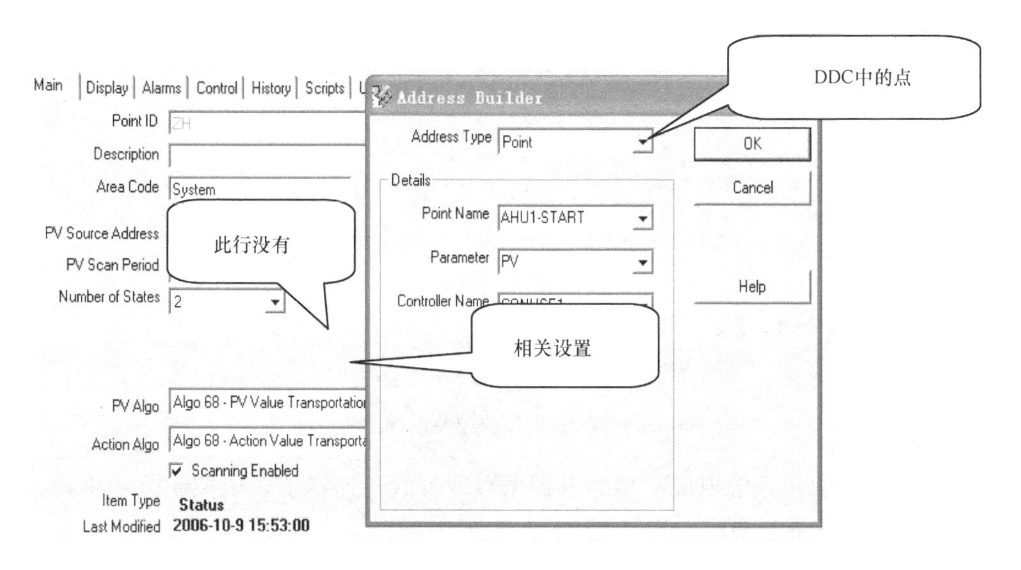

图 8-128　设置参数

8. 点位的相关设置（见图 8-129 和图 8-130）

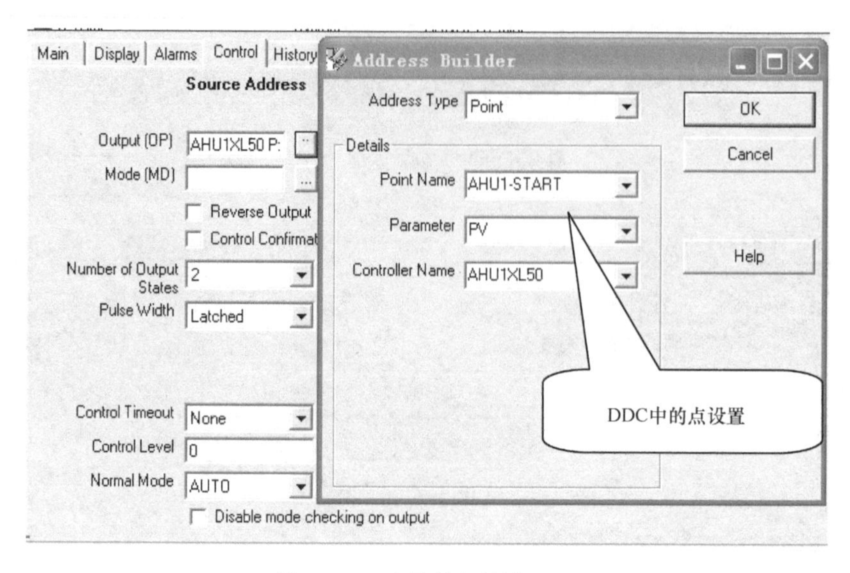

图 8-129　点位的相关设置一

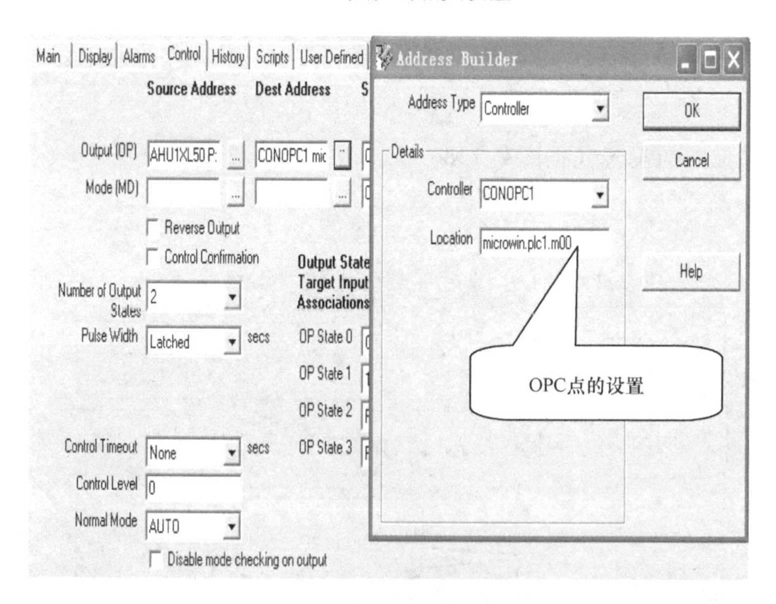

图 8-130　点位的相关设置二

目前，OPC 是自控系统中最常用的点数据存取方式，连接了现场控制点和中控室人机界面，使整体的控制具有更高的集成度。

第9章 BA系统技术标书制作实例

9.1 系统概述及项目特点分析

某市工业园区档案管理中心大厦位于某市工业园区，总建筑面积为81470m^2；办公用房为64014m^2；建筑物：地下一层，地上十九层，建筑物高度为91m。建筑内部按内部使用功能分为七大区域：A. 公共区域；B. 地产交易中心；C. 招投标办公室；D. 某市工业园区档案管理中心；E. 规划馆；F. 展示馆；G. 接待区域。

该大厦的BA系统主要对其内的各种机电设备的信息进行分析、归类、处理和判断，采用集散型控制系统和最优化的控制手段对各系统设备在各自的地块内进行集中监控和管理，具体包括空调子系统、给水排水子系统、照明子系统、电梯监控子系统、供配电监控子系统和能源计量子系统。

本次设计在一层智能化总控制机房中设置了一个中央监控管理站。本次系统共计2288个模拟和数字输入输出点（不包括二次开发接口）。

DO：86个；

AO：410个；

DI：818个；

AI：974个。

需二次开发的接口包括：地源热泵机组网关接口、能源计量网关接口、智能照明系统网关接口、电梯系统网关接口、供配电网关接口、风机盘管网关接口、恒温恒湿机组网关接口。

9.2 设计依据和原则

9.2.1 设计依据

该建筑智能化弱电系统（BA系统）按智能化建筑的设计标准建设，完善的设计方案要有严谨、充足的设计依据和基础，我方的设计方案严格遵循以下三个方面的设计依据：

1）该建筑智能化系统设计任务书。

2）提供的相关电子版建筑、电气、暖通和给水排水设计图样。

3）国家相关的标准和规范：

《智能建筑设计标准》（GB/T 50314—2006）；

《智能建筑工程施工规范》（GB 50606—2010）；

《民用建筑电气设计规范》（JGJ 16—2008）；

《照明设计手册》（第2版）；

《火灾自动报警系统设计规范》（GB 50116—2008）；
《火灾自动报警系统施工及验收规范》（GB 50166—2007）；
低压配电设计规范（GB 50054—2011）；
《分散型控制系统工程设计规范》（HG/T 20573—2012）；
《自动化仪表工程施工质量验收规范》（GB 50131—2007）；
《电力建设施工质量验收及评价规程（热工仪表及控制装置篇）》（DL/T 5210.4—2009）；
《通风与空调工程施工质量验收规范》（GB 50243—2002）；
《民用建筑采暖通风与空气调节设计规范》（GB 50019—2011）；
《建筑给水排水及采暖工程施工质量验收规范》（GB 50242—2002）；
《建筑电气工程施工质量验收规范》（GB 50303—2002）；
《建设工程项目管理规范》（GB/T 50326—2006）；
《欧洲电工标准》（EN50090）；
《建筑工程施工质量验收统一标准》（GB 50300—2011）。

9.2.2 设计原则

以用户至上为原则，在符合国家各项规范的前提下，最大程度地满足业主的需求。根据多年从事智能化弱电系统设计的经验和该建筑工程的特点，从满足业主利益的角度出发，本着技术先进、高效便利、投资合理的精神，我方认为本工程的智能化楼宇自控系统设计应充分考虑以下几项基本原则：

先进性：在设备选择上选择技术上适度超前，符合今后发展趋势，同时又要注意其针对性、实用性，充分发挥每一个设备的功能和作用。

成熟性与实用性：所选用的设备在国内必须有多项成功案例。

灵活性和开放性：整个系统具有开放性和兼容性，基于 LonWorks 现场总线技术开发，产品通过 LonMark 认证，系统的开放性得到验证。

集成性和可扩展性：在系统设计中应充分考虑工程整体智能系统所涉及的各个子系统的信息共享，确保智能系统总体结构的先进性、合理性、可扩展性和兼容性，能集成不同厂商、不同类型的先进产品，使大厦的整个智能化水平可以随着技术的发展和进步，不断得到充实和提高。

标准化：在网络结构上，所有的现场 DDC 都采用对等网络结构，即 DDC 之间可以双向通信和协同完成控制功能，区别于其他厂家 DDC 必须通过网络控制器协调控制与工作站之间的信息传递，有效避免了一旦出现网络故障造成的整个网络的瘫痪，就真正实现了集中监视，分散控制的集散控制系统的优点，使风险尽量分散，且 DDC 之间有冗余和容错功能。同时，扩展模块采用自由拓扑的网络结构，可以灵活地分布在被控设备附近，节约管线安装成本并且易于扩展。

安全性与可靠性：考虑到建筑内运作设备和系统安全可靠的重要性，在设备选择和系统设计中安全性和可靠性始终放在第一位。如在系统管理程序中采取严格网络等级操作措施，可防止非法访问和恶意破坏。

9.3 需求分析

9.3.1 建筑的功能特点分析

该建筑公共区域由大堂、走廊、电梯前室、物业办公、设备用房和地下停车场等组成。地产交易中心位于大厦东楼2F~3F，招投标办公室位于大厦东楼4F，档案管理中心位于大厦1F~18F，接待区域位于大厦一层西南侧，由1个150人会见厅、1个80人会见厅、1个40人会见厅和2个会议室组成。此外，在二层还有相应的后勤办公区域。我们为整个大厦提供基础的弱电智能化服务，将各类信息收集、整理、管理、事件控制多项功能融为一体，以达到最大限度地满足大厦各项业务和物业管理各项需求的目的。同时，要充分考虑不同功能的建筑对系统的不同要求，可以分两个大的方向考虑 BA 系统设计的侧重点。

公共区域、地产交易中心和招投标办公室部分主要侧重于监测、调节设备用房各类机电设备，监测控制地下停车场、大堂等公共区域的水、电、风和照明工况。

档案管理中心部分：主要关注档案的环境控制与安全保管，能维持一个相对稳定的、档案适宜的环境。楼宇自控系统应能按照档案的环境控制与安全保管要求实现分区域调控，按照所存放文物的不同质地控制不同的温湿度。同时注重节约能源和优化环境，重点对空调、给水排水和照明进行监控管理。

9.3.2 建筑的能源结构分析

该建筑的能源消耗主要在于大堂、规划展示、成果展览、办公室、会议室、接待厅、餐厅和档案库房等，主要消耗的能源有电能、天然气、燃油和水等。

BA 系统在充分采用了最优设备投运台数控制、最优起停控制、焓值控制、供水系统压力控制、温度自适应控制等有效的节能运行措施后，可以使建筑物减少20%左右的能耗，具有十分重要的经济和环境保护意义。另外，由于节能控制方式有效减少了设备的运行时间，降低了设备的磨损与事故发生率，大大延长了设备的使用寿命，其间接减少的设备维护和更新费用也是巨大的。建筑物生命期的60~80年中，大楼管理费用的主要部分是能源费用和维护更新费用。应用 BA 系统有效地降低了运行费用的开支，经济效益十分明显。通过合理设计本系统并对其有效使用，可在3~5年内回收系统的投资。

9.3.3 建筑的空调通风设备及系统分析

1. 空调系统形式分析

1）大堂、规划展示厅、成果展览厅等大空间区域采用全空气系统，空气处理机设在专用机房内，经温度、湿度处理后的空气通过低速风道送至各使用区域。采用带全热回收转轮变频双风机空气处理机组，空调季节利用排风对新风进行预热（或预冷）处理以降低新风负荷，空调部分负荷运行时降低系统风量，并且新风可调；过渡季节实现全新风运行。大堂区域采用热水地板辅助采暖以保证冬季采暖的效果。

2）办公室、会议室等小空间区域设风机盘管加新风系统，风机盘管均采用吊顶内暗装式，新风经温度、湿度处理后通过低速风道送至室内，以改善各小空间区域的室内空气品质。采用带全热回收转轮双风机新风处理机组，空调季节利用排风对新风进行预热（或预冷）处理以降低新风负荷，并且新风可调。

2. 空调水系统形式分析

1）本工程的空调冷（热）源由地源热泵机组及燃气热水机组提供，热泵机组及热水机组分别设置于地下一层专用机房内。冷冻水供回水温度为7/12℃；热水供回水温度为45/40℃；冷媒为R407C。

2）空调水系统采用两管制二次泵变频系统，根据空调末端负荷调节系统水量。

3）空调水系统对不同用户安装独立的能量表，以实现独立分项计量。

9.3.4 建筑物所在地气候因素对空调系统节能控制的影响分析

1. 气候特点

某市位于北亚热带湿润季风气候区，温暖、潮湿、多雨，季风气候明显，冬夏季长，春秋季短，无霜期年平均长达233天。因地形、纬度等差异，形成各种独特的小气候。太阳辐射、日照及气温以某湖为高中心，沿江地区为低值区。降水量分布也具有同样的规律。这里年平均气温的分布大致随纬度而变化，南高北低，南北差异为0.9℃。另有两种差异：一为湖泊水体对沿湖地区的温度调节作用，以冬季最明显。地处某湖边的东山站1月份的平均最低气温比市区高出0.8℃，比北部各县（市）高1℃以上，二为市区的“城市热岛”效应。由于城区的地表性质，工商业分布及人口密度都不同于郊县，因而形成了“城市热岛”。

2. 春季的气候特点

春季是一年中阴雨天最多的季节。春季月平均气温从12.5～14.1℃逐渐上升至20.1～20.8℃，人体基本处于比较舒适的状态。

春季空调控制特点：

空调机组的大部分时间主要通过室外新风负责室内冷热负荷。室内环境调节只需维持一定的新风量就可以了。对于湿度较大的气象条件，则可以开启地源热泵通过空调机组和新风机组对室内环境进行除湿操作。

春季空调系统使用的原则是根据实际需求（如房间使用情况和室外气象条件等）考虑是否启用空调冷热源系统，尽量多地利用室外新风负责室内环境的热湿负荷，以达到节约能源的效果。

3. 夏季的气候特点

夏季以晴热天气为主，7月该市的月平均气温在30.3℃，年极端最高气温多出现在夏季的7、8月份，该市极端最高气温记录在39.2℃以上，夏季受暖湿的夏季风的影响，降水多而集中，各月的平均降水量为100～160mm，几个月的降水量占全年的70%以上，这期间的降水包括初夏的梅雨和夏秋的台风雨。

夏季空调控制特点：

夏季以晴热天气为主，夏季空调以降温作用为主，地源热泵机组提供系统所需的冷负荷。

空调机组在使用过程中通过设置最佳新回风比，尽可能多地利用室内冷空气，以节省能源，前提是满足规范要求的最小新风量即可。

夏季清晨可以利用室外的新鲜空气对室内环境进行预冷作用，上午可以根据室外的温度情况适当推迟地源热泵机组的开启时间。

4. 秋季的气候特点

秋季天高云淡，日照充足，气候宜人。该市月平均气温为16.7~20.3℃，每月平均日照时数均在100h以上，是一年中晴好天气最多的季节。

秋季空调控制特点：

秋季空调系统的运行基本同春季。尽可能多地利用室外新风适应室内热湿负荷的需求以节省能源。

5. 冬季的气候特点

冬季雨量一般较少；最低月平均气温为0.3℃，极端最低气温为-9.8℃。多年平均相对湿度为80%，无霜期年平均约240天。冬季也是一年中降水量最少，最干燥的季节。

冬季空调控制特点：

1月该市平均气温在0.3~10.0℃之间，暖通设计规范规定冬季室内设计温度为20℃，所以需用地源热泵机组及燃气热水机组为空调系统提供采暖用热水。

冬季空调系统使用原则是在满足室内最小新风量要求的情况下尽可能多地利用室内回风，这样可以减少热量的流失，使系统负荷相应减少，达到节能的目的。

9.4 品牌选择

该建筑BA系统设计中选择了美国施耐德公司的I/A系统。

I/A系统这种网络结构实现了目前流行于楼宇自控系统中“分散控制，集中管理”的控制模式。这种自控模式不仅便于系统的扩充，而且每个子站的工作都是独立的，这样就大大减少了系统故障的几率和范围，具有高可靠性、灵活性和先进性。

9.5 系统设计

9.5.1 总体设计思路

该建筑BA系统在一层智能化总控制机房内配置一个楼宇自控系统中央监控管理站。系统在地下层配置了43台MNL-200 LonMark控制器、81台MNL-800 LonMark控制器。1层配置了3台MNL-800 LonMark控制器。2层配置了1台MNL-200 LonMark控制器、5台MNL-800 LonMark控制器。3层配置了1台MNL-200 LonMark控制器、13台MNL-800 LonMark控制器。4层配置了1台MNL-200 LonMark控制器、9台MNL-800 LonMark控制器。7层配置了1台MNL-200 LonMark控制器、1台MNL-800 LonMark控制器。7层夹层配置了4台MNL-200 LonMark控制器、9台MNL-800 LonMark控制器。11~17层各配置了1台MNL-200 LonMark控制器、1台MNL-800 LonMark控制器。18层配置了2台MNL-800 LonMark控制器。整幢建筑采用了3个网络控制器UNC520520-520-2连接所有控制器。在考虑系统硬件配置时，除满足方案的目前需要外，对于DDC控制器及其扩展模块上的输入输出点数量，考虑了15%左右的备用量，作为将来可能的调整及设备增加之用。地源热泵机组系统、供配电系统、电梯系统、能源计量系统、风机盘管系统、智能照明系统、恒温恒湿机组通过通信接口的形式接入本系统监控，充分利用了设备自带的控制系统。

1. 系统设计的重要监控策略

系统设计为建筑的设备分区管理服务。

考虑到库房、大厅、大堂、办公室、走廊、大厅等场所的不同使用时间和性质，BA 系统的监控应该按这些建筑设施的功能区域划分。对于空调机、风机盘管、照明原则上也按分区方式进行监控，这样就能有效地节约能源，极大地方便管理。

2. 现场实时控制功能尽可能在 DDC 中编程组态完成

BA 系统的所有监测和控制 I/O 点均通过数字式直接控制器（DDC）接入，系统中的监控工作站不直接与被监控对象有输入输出联系。保证大部分控制单元的现场实时控制功能在 DDC 中编程组态完成，仅有部分规模较大的需要大范围协调的复杂控制，有可能需要在上位机中编制程序。因为 DDC 能够不依赖网络独立运行，这种组态策略将极大地提高系统运行的可靠性，以及将来设备控制的灵活性。

3. 设计合理的闭环控制方案

本方案控制有 50 台空调机组（14 台两管制单风机新风机组，36 台两管制双风机空调机组）、14 台恒温恒湿机组和 1 套生活给水变频泵。针对这些设备，我们制订了 PID 闭环调节策略。

4. 楼宇设备监控系统与它方系统设备的接口

对于具有开放数据通信接口的系统，本方案将配置 BA 系统的数据通信接口和它们连接，这样的系统有地源热泵机组系统、供配电系统、电梯系统、能源计量系统、风机盘管系统、智能照明系统和恒温恒湿机组。对于这部分的方案设计，我们在本方案中对硬、软件选型做了全面的设计。

5. LonWorks 技术的运用

系统的现场总线采用工业界已公认的、通信效率最高的 LonWorks 标准，用双绞线连接，通信速率为 78.8kbit/s，通信距离可达 1200m。其通信协议为 LonTalk 协议。LonTalk 是唯一的点对点通信标准，它的使用为在现场总线这一级上完全实现开放性和互操作性提供了解决途径，使整个大楼的自控系统更现代化、高效化。

9.5.2 系统的网络结构及通信标准

I/A 系列的系统由中央站计算机、通用网络控制器及现场数字控制器构成，组成分布式体系结构。管理级由中央监控计算机配以 I/A 系列软件和通用网络控制器组成；智能控制级则由各种控制子站（DDC）连接而成。控制器包括一系列 MNL 控制器。控制器之间以 LonWorks FTT－10 总线型通信网络方式互连，控制器与中央计算机 belden8471 通过通用网络控制器连接；通用网络控制器与中央计算机通过以太网（Ethernet）方式互连。智能控制级则直接与现场控制元件（阀门执行器、继电器接点）、传感元件（如温度、湿度和压力压差等传感器）连接。

9.5.3 冷热源系统

中央冷冻系统采用了地源热泵机组（3 台螺杆式地源热泵、3 台冷冻水一次定频循环泵、4 台冷冻水二次定频循环泵、3 台冷却水循环泵）。该系统由设备厂家建立群控系统，必须提供标准的数据通信接口给 BAS，BAS 采用网关通过标准的数据通信协议方式从中获得各项内部参数，进行各项监控。

中央热源系统采用 1 台燃气热水机组，供热采用热水地板辅助采暖。热水分集配器监测表见表 9-1。

表 9-1 热水分集配器监测表

监控设备	数量	监 控 内 容
分集配器	68 个	供、回水温度，水阀开关状态反馈

9.5.4 空调系统

空调机组的监控内容见表 9-2。

表 9-2 空调机组的监控内容

监控设备	数量	监 控 内 容
两管制双风机空调机组	36 台	风机起停控制、风机故障状态、风机运行状态、风机手/自动状态、新/回/排/送风阀控制、加湿器控制、变频控制、冷热水水阀控制、风机压差、滤网压差、新/回/排/送风阀状态反馈、冷热水水阀反馈、频率反馈、新风/送风/回风温湿度、送风压力、CO_2 浓度
恒温恒湿机组	14 台	通过网关端口监测（风机故障状态、风机运行状态、风机手/自动状态、风机压差、滤网压差、新/回/排/送风阀状态反馈、风机压差、滤网压差、新/回/排/送风阀状态反馈）
风机盘管	3 种	通过网关端口监测（运行、故障、风量、水阀状态、设定温度、现场实际温度）
大厦库房	6 个	室内温湿度

空调机的监控内容包括：

1）室内温度控制：楼宇自控系统保证大开间的室内温度和空气质量在舒适度要求的范围内为所在空间的人员提供一个舒适的环境；同时，空调能耗在总能耗中所占的比重较大，在保证舒适度的前提下采取多种措施进行节能控制也十分必要。

对于一般以现场温度设定值作为控制目标，以温度作为过程变量，对空调水阀开度进行 PID 调节，使室内温度保持在设定值附近。在夏季工况时，当现场温度升高时，增大阀门开度；当现场温度降低时，减少阀门开度。在冬季工况时，当现场温度升高时，减少阀门开度；当现场温度降低时，增大阀门开度，使室温始终控制在设定值附近。为了提高大空间空调对负荷变化的响应速度，对大空间的温度控制可采用串级双环控制，目的是加快系统响应时间，提供更稳定可靠的控制。

2）空调机的变新风（焓值）控制：冬季运行时，采用正常的温度控制，热水调节阀工作。最小新风比一般控制在 10% ~17%。当热水调节阀全关后，回风温度仍超过设定值时，则由温度控制改为新风比控制，调整新、回风门的开启比率，使回风温度保持在设定值范围内，此时进入初冬过渡季节。

如果室外空气焓值虽然小于室内空气焓值，但新风门全开后回风温度仍超过设定值时，则由新风比控制改为温度控制，冷水调节阀工作，此时进入入夏过渡季节。

如果室外空气焓值大于室内空气焓值，气候由入夏过渡季转为夏季，此时应在满足空气质量要求下取最小新风比，仍为温度控制，冷水调节阀工作。

夏季向冬季过渡的过程与上述相反。在过渡季节应该尽可能地利用室外空气焓值较低的条件进行新风比控制，以降低空调的能源消耗。

工况转换时，判别点附近必须设置合适的滞后区，以保持系统能稳定工作。

3）联动协调控制：空调机组的新风阀与回风阀互补比例调节，并与水阀联锁动作。

停风机时自动关闭新风阀和水阀，风机起动时，延时打开回风阀和新风阀；分区空调机和对应送、排风机连锁起 、停。

4）室外温湿度监测：在建筑物室外设置若干温湿度传感器，测量室外温湿度，计算室外空气焓值。冬夏季工况下，室外温度值偏离设定温度较大，充分利用了回风焓值。此时应确保室内的最小新风量符合卫生标准，在保持最小新风调节阀开度的情况下减少新风调节阀的开度。在进入过渡季时，应最大程度地利用室外空气的焓值，关小回风调节风阀。

中央管理工作站对系统中各设备的监控对象，如室内环境温湿度，回风温湿度等进行监测和预设定值的再设定。

过滤网的压差报警，提醒清洗过滤网。

按功能需要起停受控设备。

编制时间程序自动控制风机起停，并累计运行时间。

系统将采集典型室外温湿度参数，供系统进行最优起停控制与焓值控制及其他节能控制参考。

各空调机组的参数设定值由中央站进行设定，但主要控制功能在 DDC 中实现，DDC 能够脱离控制网络独立运行。

中央管理站的软件功能：

每一个机组通过彩色三维图形显示，辅以图标的颜色变化和闪烁，直观显示不同监测对象的状态和报警信号，动态显示每个模拟量参数的值，通过鼠标修改设定值或者末端设备开度，改变设备起停状态，以求达到最佳工况。

每一点报警信号均有历史记录，可以与图形关联，也可列表输出有关历史记录信息。报警发生时，将按照对象的时间特征将报警信息显示于报警窗口，同时蜂鸣器发出连续的警报声，直至该报警信号被确认。

累计风机运行时间。

可显示与储存、打印有关模拟量信号的趋势指列表和动态趋势图。

9.5.5 新风系统

新风机组的监控内容见表 9-3。

表 9-3 新风机组的监控内容

监控设备	数量	监 控 内 容
两管制单风机新风机组	14 台	风机起停控制、风机故障状态、风机运行状态、风机手/自动状态、新 /送风阀控制、加湿器控制、变频控制、冷热水水阀控制、风机压差、滤网压差、新 /送风阀状态反馈、冷热水水阀反馈、频率反馈、新风/送风温湿度、送风压力

新风机的监控内容包括：

1）送风温度控制：以送风温度设定值作为控制目标，以送风温度测量值作为过程变量，以控制阀门作为执行器，采用闭环控制方案一进行PID调节，使送风温度保持在设定值的附近。在夏季工况时，当送风温度高于设定值时，增大阀门开度；当送风温度低于设定值时，减少阀门开度。在冬季工况时，当送风温度高于设定值时，减少阀门开度；当送风温度低于设定值时，增大阀门开度，使送风温度始终控制在设定值范围内。

2）联锁控制：新风阀与风机和水阀联锁控制，停风机时自动关闭新风阀及水阀，风机起动前自动打开新风阀。

3）中央对系统中的各种温度进行监测和设定。

4）过滤网的压差报警，提醒清洗过滤网。

5）风机前后压差检测，检查风机的实际运行情况。

6）按功能需要起停受控设备。

7）监测设备的运行状态、故障状态和手/自动状态。

8）编制时间程序自动控制风机起停，并累计运行时间。

9）依据室外温湿度，对新风机组作最优的起停及节能控制。

10）中央管理站的软件功能：

每一个机组通过彩色三维图形显示，辅以图标的颜色变化和闪烁，直观显示不同监测对象的状态和报警信号，动态显示每个模拟量参数的值，通过鼠标修改设定值或者末端设备开度，改变设备起停的状态，以求达到最佳工况。

每一点报警信号均有历史记录，可以与图形关联，也可列表输出有关历史记录信息。在报警发生时，会按照对象的时间特征将报警信息显示于报警窗口，蜂鸣器发出警报声。

累计风机的运行时间。

阀门执行器和风机联锁控制，当新风机组停机时，电动阀门自动恢复到关闭位置，以节约能源。

可显示与储存、打印有关模拟量信号的趋势指列表和动态趋势图。

9.5.6 给水排水系统

给水排水的监控内容见表9-4。

表9-4 给水排水的监控内容

监控设备	数量	监控内容
生活低区变频水泵	3台	变频器故障状态、变频器运行状态、水泵故障状态、水泵手/自动状态、频率反馈、供水压力
生活中区变频水泵	3台	变频器故障状态、变频器运行状态、水泵故障状态、水泵手/自动状态、频率反馈、供水压力
生活高区变频水泵	3台	变频器故障状态、变频器运行状态、水泵故障状态、水泵手/自动状态、频率反馈、供水压力
杂用低区变频水泵	3台	变频器故障状态、变频器运行状态、水泵故障状态、水泵手/自动状态、频率反馈、供水压力

（续）

监控设备	数量	监 控 内 容
杂用中区变频水泵	3台	变频器故障状态、变频器运行状态、水泵故障状态、水泵手/自动状态、频率反馈、供水压力
杂用高区变频水泵	3台	变频器故障状态、变频器运行状态、水泵故障状态、水泵手/自动状态、频率反馈、供水压力
生活/杂用水与消防合用水池	2个	超高、低水位
雨水收集池	1个	超高、低水位
生活水箱电子消毒装置	1个	运行状态、故障状态
化学药水加液装置	1个	运行状态、故障状态
潜水泵	20台	运行状态、故障状态、超高、低水位

9.5.7 电梯系统

对各电梯的运行状态、故障报警进行远程监视。本系统由电梯厂家负责实施，必须提供标准的数据通信接口给BA系统。BA系统采用网关通过标准的数据通信协议方式从中获得各项内部参数，进行各项管理。

9.5.8 供配电系统

供配电系统对高低压柜的开关运行状态、负载电流、变压器温度和发电机等各项运行数据进行监视及报警联动、对室外绝缘油油箱（俗称油坦克）的油位进行监控。该系统由机电承包商负责实施，必须提供标准的数据通信接口给BA系统。BA系统采用网关通过标准的数据通信协议方式从中获得各项内部参数，进行各项监控。

9.5.9 能源计量系统

能源计量系统对水、电、蒸汽等能源远程抄表后进行数据采集对比。本系统由专业承包商负责实施，必须提供标准的数据通信接口给BA系统。BA系统采用网关通过标准的数据通信协议方式从中获得各项内部参数，进行各项监控。

9.5.10 智能照明控制系统

智能照明控制系统包括公共照明控制、停车场照明控制、室外路灯照明控制和室外景观照明控制等。

系统采用总线制结构，由前端控制面板、控制模块、接口模块及软件组成。现场控制面板安装在控制现场，对其辖区内的照明设备实现现场智能控制（仅需用于会议室等场所，公共区域不必设置）；对公共区域、走廊、卫生间等区域的照明除定时开启关闭外，利用光线、声音、红外感应等识别手段进一步降低能耗；中央监控设备设在智能化总控制中心，可对公共照明、停车场照明和室外环境照明等进行集中控制及管理。智能照明控制系统自成体系，并将其运行状况通过标准的通信接口及通信协议上传给楼宇自控系统管理机。

系统采用星形或总线型网络拓扑结构，即可通过独立的控制面板分区就地控制。一个分区停止工作不影响其他分区和设备的正常运行；也可在中心管理主机进行统一控制和管理，对会议室应有场景控制，且预设置灯光场景不能因断电而丢失。

本次设计主要针对地下层公共区域照明、2～18层电梯厅照明，门厅电梯厅照明、7层电梯厅前厅照明、7层报告厅照明、会议室照明、40人接见厅照明、80人接见厅照明、150人接见厅进行智能灯光控制设计。

照明回路表见表9-5。

表9-5 照明回路表

楼层及设备名称	照明回路数
地下层	56
2～18层电梯厅	128
门厅电梯厅	36
7层电梯厅前厅	20
7层报告厅	32
会议室	16
40人接见厅	16
80人接见厅	28
150人接见厅	36

根据某市档案管理中心的建筑结构特点和建筑平面的使用功能状况，确立如下控制原则：

1. 大堂

光源状况——白炽灯、石英射灯、冷阴极管、荧光灯带。

控制区域——门厅。

控制要求——门厅是客人进入大厦的必经之路，是光临宾馆的第一感觉，其灯具的选用和灯光布置不只是为了大堂照明的需要，更应考虑照明的气氛及照明与建筑装潢的协调。一个大厦的大堂应该最大限度地为客人提供一个舒适、优雅、端庄的光环境，使大堂实现真正的智能管理。整个大堂的灯光由系统自动管理，系统根据大堂的运行时间自动调整灯光效果。

大堂接待区安装有可编程控制触摸屏，根据接待区域的各种功能特点和不同的时间段，可预设4种或8种灯光场景；同时，工作人员也可进行手动编程，以方便地选择或修改灯光场景。

系统充分利用由玻璃浸入的自然光，实现日照自动补偿。当天气阴沉或夜幕降临时，大堂的大水晶吊灯及主照明将逐渐自动调亮；当室外阳光明媚时，系统将自动调暗灯光，使室内保持要求的亮度，节电可达到50%以上，可延长灯具寿命的2～4倍。对于保护昂贵的水晶吊灯和难安装区域的灯具有特殊意义。

控制要求——根据大厦不同时段对照明环境的要求自动进行时间控制。时间控制模式按时段可分为凌晨模式、清晨模式、上午模式、中午模式和下午模式等；同时，根据室外照明和室内照度，实现亮度自动控制，对各类模式灯光环境进行微调；如果需要，大堂服务台处可以墙装电子标签面板，大堂经理或其他工作人员经授权和输入密码后，可切换不同场景；在个别区域墙装带夜光背景的八键场景控制面板，可就地独立调用该区域场景变幻，同时每个场景也临时可调。

大堂墙装液晶触摸屏，大堂经理或其他工作人员经授权和输入密码后，可切换不同场景。

2. 会议室

光源状况——白炽灯、石英射灯、冷阴极管、荧光灯带。

控制要求——根据会议室的建筑结构特点，灯光环境控制应满足整体使用和分割使用的特殊要求。各个区域都能满足实际的使用情况需求，根据主体活动内容预设立备场、入场、演讲、投影和中间休息等场景模式。场景模式的切换可由工作人员在音控室操作，也可由现场主持根据活动需要遥控操作。在多功能厅不同方位墙装带夜光背景的八键控制键盘，可就地独立调用该区域场景变幻，场景的变换可设置淡入淡出的时间0～15min。

报告模式：应以突出发言人的形象为主，主席台灯光在70%～100%之间，以不影响发言人的感觉为原则；听众席以灯光亮度80%为主，灯槽开启50%，方便与会人员记录。

投影模式：主席台只留讲解人所在位置亮度的50%；听众席以筒灯由前排至后逐渐增亮，灯槽开启50%。

研讨模式：所有灯光全部开启，亮度在90%～100%之间。

入场模式：听众席灯槽、筒灯和吊灯全部开启亮度为100%，主席台灯亮度50%。

退场模式：听众席灯槽、筒灯和吊灯全部开启亮度为100%。

备场模式：主席台筒灯与听众席筒灯亮度均在70%。

以上所有模式场景变换均设置淡入淡出时间1～10s可调，保持场景切换不影响会议进程和视觉效果。

3. 电梯厅、走廊

光源状况——白炽灯、石英射灯、冷阴极管、荧光灯带。

控制区域——公共走道。

通过时钟控制器、智能开/关来实现节能，可节省30%的能源，同时还可延长灯具寿命。

根据使用需要按时间段可分为全部开启，打开80%亮度，打开60%亮度，打开30%亮度，全部关闭，夜间“巡更”多种灯光场景“上午”、“下午”、“傍晚”、“深夜”、“节假日”、“特殊要求”全部关闭、保安巡视、清洁、应急照明等模式。

正常都按照定时模式运行，也可手动临时切换场景。

举例：傍晚6:30－11:30全部开启，11:30后仅保留30%的基本照明，在此之前被屏蔽的位移感应开始工作。当有人经过时能够保证充足的照明，利于身心健康。

以上所有模式场景变换均设置淡入淡出时间1～10s可调，保持场景切换不影响会议进程和视觉效果。

4. 地下车库

在车库入口管理处内安装智能照明开关，用于车库灯光照明的手动控制。平时在系统中央控制主机的作用下，车库照明处于自动控制状态。车库照明根据使用情况分为几个状态：早晨模式与晚间模式，车辆进出繁忙，车库照明处于全开状态。平时只开车道灯，如需观察车辆，可就地开启局部照明，经延时后关闭。据实际照明及车辆的使用情况，可将一天的照明分成几个时段，如上午、中午、下午、晚上和深夜5个时段，通过软件的设置，在这些时段内，自动控制灯具开闭的数量，以达到控制区域不同的照度方式以供照明，这样灯光的照明就得到了有效利用，又大大地减少了电能的浪费，保护了灯具，延长了灯具的使用寿命。如有特殊需要，可在管理室用按键开关手动开启或关闭照明。当符合自动控制的要求时，系统会自动恢复到自动运行的状态，无需手动复位。

9.5.11 BA系统与其他系统的数据通信接口

1. 与冷热源系统的数据通信接口

本方案考虑BA系统监控主工作站用一个RS-232口与冷热源系统进行通信，将相关数据采集到BA系统中，要求机组厂家满足OPC Server、Modbus其中任意一种通信协议。

2. 与电梯系统的数据通信接口

本方案考虑BA系统监控主工作站用一个RS-232口与电梯系统进行通信，将相关数据采集到BA系统中，要求电梯厂家满足Modbus通信协议。

3. 与供配电系统的数据通信接口

本方案考虑BA系统监控主工作站用一个RS-232口与供配电系统进行通信，将相关数据采集到BA系统中，要求供配电厂家满足Modbus通信协议。

4. 与能源计量系统的数据通信接口

本方案考虑BA系统监控主工作站用一个RS-232口与供配电系统进行通信，将相关数据采集到BA系统中，要求计量厂家满足Modbus、Lonworks或国家认可的通信协议。

5. 智能照明系统的数据通信接口

本方案考虑BA系统监控主工作站用一个RS-232口与供配电系统进行通信，将相关数据采集到BA系统中，要求智能照明厂家满足OPC Server通信协议。

BA系统和电气设备的I/O信号接口要求：

按系统设计方案，BA系统必须对大楼内的机电设备（如各种水泵、空调机组和新风机组等）进行监视、控制和管理。所以，BA系统和大楼的这些机电设备要建立一定的I/O信号连接。这里特别提出这种信号连接对电气设备一侧的技术要求。希望甲方在订购电气控制盘时给予充分考虑。

对于电动机驱动的水泵、风机等电气设备的电源控制盘（柜）的技术要求，BA系统的输入信号：设备运行状态，过载报警，手动/自控状态；BA系统的输出信号：设备起停控制。同样希望甲方在订购电气控制盘时给予充分考虑。

9.5.12 系统点位及传输设计

1. 点位设计

点位设计某市工业园区档案管理中心大厦的控制系统监控点表。

2. 系统线缆设计

1）模拟信号线RVVP2×1.0。

2）数字信号线及现场仪表执行器电源线RVV2×1.0。

3）通信线belden8471。

4）电源线3×BV1.5。

3. 系统管路、桥架设计

1）通信线和电源线分别穿ϕ20mm管，遇桥架时，通信线进桥架敷设，电源线穿管沿桥架敷设。

2）地下层预埋管采用优质热镀锌钢管，地上层暗敷 KBG 薄壁镀锌钢管，室外主要采用镀锌钢管敷设。线缆穿管根数：1～2 根穿 ϕ20mm 管，3～5 根穿 ϕ25mm 管。

4. 系统供电设计

MNL－200、MNL－800 LonMark 控制器，网络控制器 UNC520520－520－2 等其他用电设备的 220V 电源直接从就近电控箱内取电。

9.5.13 机房规划设计

BA 系统中心机房设置在该建筑一层的智能化总控制机房，机房内的设备布置情况详见机房系统设计说明及相关图样。

9.6 系统功能及应用

9.6.1 系统功能

在楼宇自控工作站要能实现各分控工作站的控制功能，包括对冷热源系统、空调机系统、新风系统、电梯系统、能源计量系统、给排水系统及智能照明的控制，能实时动态显示 BA 系统所集成的各子系统经授权选择的设备工作状态及报警信息，授权显示及设定各种参数值，提供设备的维护记录、电力和能源消耗分析等日程统计报表。

工作站能查询、统计和显示设备管理所需的各种数据，并进行综合分析处理，包括系统运行记录、诊断报告、维护管理报告、能源管理报告、设备状态和报警报告等。这些记录和报表可分类按时间、日期自动按指令生成，并可随时查询。

在施耐德自控 I/A 系统结构中，这些中央控制主机无需安装任何监控软件，均通过 Web 浏览器的界面进行管理。

9.6.2 界面特点

所有的管理操作站均无需安装任何楼控软件，而是通过 Web 访问，采用标准 Web 浏览器界面，具有统一的操作界面和同等使用功能，能实时动态显示经授权选择的设备工作状态及报警信息，授权显示及设定各种参数值，提供设备的维护记录、电力和能源消耗分析等日程统计报表。操作界面具有如下特点：

1. 用户定制的界面

登录用户界面后，操作者可以在任何时候通过自定义的界面风格来显示最详尽的信息，还可以选择显示的导航树以获得最便利的应用方式。

2. 使用简便

单击、拖放、工具栏中的符号和下拉菜单选项使操作者用最有效的方式直观地使用系统。网络及控制点时间表、控制系统逻辑图和操作者帮助信息通过单击鼠标即可得到。

3. 多窗口显示

带有多窗口显示的用户界面允许在同一时间显示楼宇控制系统的不同方面。例如，空气处理单元的图形可以与多点趋势图、控制系统逻辑图一同显示，这样用户可以快速识别报警的原因；一个窗口可用来显示某一点的聚焦详图，改变该点数值可能发生的后果可以在另一个窗口上的系统图上进行监控。

4. 使用灵活

观看显示面板中的选项，允许用户更详细地察看项目设置及其运行状态，并且可以进行参数更改。数据以制表表示方式显示在显示面板上，比如，用户可以观看汇总信息，或细究项目设置并且按照分配给用户的授权等级进行在线修改。

5. 浏览网络

用户界面提供了一个网络浏览树，允许用户快速浏览整个系统的各个层次。网络浏览树支持颜色编码符号，使操作者能够识别警报或应引起操作者注意的其他意外情况。

基本的浏览树形结构表现了网络的物理结构。为了更便于网络浏览，可以为操作者建立带有不同透视效果的其他用户浏览树形结构。例如，门急诊医技病房综合楼、医疗保健中心和传染病中心、医疗科技培训中心、医护值班楼、能源中心内的所有空间、房间的温度可以汇集成组并且在系列楼层图中显示，图中使用了区域名称。这些不同的浏览树使得用户能够根据他们特定的责任观看并分析运行状况，如楼宇设施、占用管理、技术服务和能源管理等。

9.6.3 管理功能

1. 图形显示

用户界面具有高分辨率的彩色图像，允许操作者在建筑、楼层和区域间移动，观看楼宇系统和控制过程。图像显示给出了被监视系统的视觉显示，允许用户迅速检查状态并识别异常情况。这些图像也许包括动画效果，如表现风扇和泵的状态的旋转符号，模拟计量表以及表示模拟点数值的条形符号。

彩色图形中的动态元素和符号进一步帮助操作者评价楼宇系统的情况。操作者发出命令来回应警报，并且恢复最佳运行，还可以更改显示在屏幕上的参数来持续改进楼宇设施的运行性能。

用户界面上的彩色显示在设计中采用因特网标准，如用于显示图形元素和动态符号的可伸缩矢量图形（SVG），以及用来定义图像模仿能力的可扩展标记语言（XML）。另外，基于普通JPEG（联合图像专家组）格式的任何类型的图像都可以容易地集成为图形。正是这些标准的使用，系统允许将建筑设备监控管理系统的动态数据设计在Web页面中，通过浏览器在网络中传递。

2. 管理警报和事件消息

一个有效的警报管理系统会区分信息显示的优先次序，以便某市工业园区档案管理中心大厦的管理者能够迅速有效地对楼宇中最危急的情况做出反应，而推迟对不太重要事件的注意。实际上，在I/A系统架构中可设置的优先级超过100种，用户也可以自行定义报警功能。常用的主要报警分为告警和极限报警。告警时，无论操作者在浏览任何画面，都能在相应管理工作站上显示出来，并提示报警设备的类别、位置和故障原因等，操作员还可从弹出的高警框链接至该设备的图形界面查看工作参数，供操作人员处理；极限报警时，系统应设置有紧急处理程序，以保证设备及人身安全。

为了在整个系统范围内查看警报和事件，用户界面提供了一个事件观察程序，按时间顺序、报警类型和报警优先级等显示事件。这就允许操作者识别楼宇中最新的情况，确定事件之间可能存在的关系，并且找出错误源头的位置。事件观察程序还允许操作者确认并为现实的所有事件消息做出注释。

由网络控制发动机 UNC520520 装置发现的所有事件消息可被发送到 BMS 管理服务器并在 SQL 数据库中归档。也可以根据报警的级别和类别自由设置将这些事件和消息发送到打印机、寻呼机、PDA 手机、电子邮箱或其他应用管理服务器中。

为了显示管理员的记录，用户界面提供了审计观察程序，用户活动均被记录在审计跟踪程序中，且管理者可以建立一个过滤器，筛选需要浏览的信息。

3. 趋势分析

为了达到最佳性能并调节楼宇控制系统，当前和历史数据是非常有用的分析信息。MEA 用户界面具有综合趋势记录和趋势显示功能。

从现场点中收集趋势数据可以保存在网络控制发动机 UNC520520 中，同时可以自动并定期上载到 IBMS 集成管理服务器 I/A 的 SQL 数据库中存档。

用户可以查看并分析在 MEA 用户界面中以图形或表格方式显示的趋势数据。趋势数值可以表现系统性能，用户可以识别提高效率的机会并开发预定的维护策略。

为了在整个系统基础上进行运行性能的详细分析，用户可以建立一个趋势研究工具。来自现场点在选定时间段内的数据，可以采用表格或图形的形式在趋势分析工具的视图中显示出来。

趋势研究工具提供了一个分析比较目前和历史运行数据的强大管理工具，会帮助用户在出现以前识别潜在性的问题，诊断目前和过去的报警情况，使能源消耗达到最佳并且减少维护成本。

4. 汇总和报告

汇总帮助操作者从一个系统或组的角度观察数据和情况。数据管理服务器具有在浏览树中显示任何设备的汇总数据的功能。

报告使用户从简单的角度观察整个项目或楼宇内选定区域内目前的意外情况，并允许操作者确定值得注意的点的位置。操作者定义想要看到的报告，数据管理服务器在 I/A 用户界面的报告观察程序中显示得到的数据。用户可以运行如下报告：

报警报告——处于报警状态的点

离线报告——没有反应的设备

禁用报告——被禁用的警报

超越报告——人工终止的点

报告将列出给定条件下的所有点：警报、离线、禁用或超越，它们位于浏览树的选定区域或组内。完成后的报告可以更新，确定报告运行后新情况的位置，在任何时候都可以取消进行中的报告查询。

5. 设置时间表

时间表功能允许用户定义设备运行的日期和时间，如设备的启动和停止，并改变设置点。用户可以为一周内的一天或几天的活动、假日或特定的日历日安排时间表。

I/A 用户界面为每周的时间表提供了图形显示，并为创建和编辑时间表提供了日历。时间表实际上是在网络上的网络控制发动机或网络集成发动机里运行的，但是可以设置来向整个楼宇或站点内的设备发送命令。

6. 系统安全

I/A 系统的扩展体系结构包含综合系统安全程序，防止对系统的无授权访问。MEA 系统安全通过要求输入用户名和密码来鉴别试图连入系统的用户。一旦发现了有授权的用户，即可在访问授权的基础上访问系统，这是由系统管理员在用户账户中定义的。在访问授权的基础上，用户可以从任何的网络浏览器上连接到系统，而其诸如报警确认、发放命令和点变更等用户活动，均被记录在系统的审计跟踪程序中。

访问授权是通过系统分类和动作设定来向个人用户和具有相同作用的团组用户分配的。系统分类定义了不同类别的子系统（如暖通系统和给水排水等），动作设定则定义了超过 10 种的授权操作级别，用户可根据系统分类和动作定义的排列组合得到几十种不同的用户级别。用户会被授权仅仅监控某一类设备，或者仅被授予监视能力而没有权限进行控制，也可以通过时间表设定该用户的有效访问时段。

除用户授权外，应用还包括防火墙程序和编码协议等标准 IT 安全技术来防止对航站楼、管理楼的楼控系统和网络的无授权访问。

7. 系统设置工具

I/A 管理服务器软件包包括系统设置工具 SCT。SCT 使用户能够以离线模式完成系统编程过程，并仿真编程的控制逻辑。SCT 提供了建立自动化系统所需的所有设置特性，包括：

定义所有的 I/A 管理服务器、网络控制发动机 UNC520520；

定义 FEC、IOM 等现场控制器；

设置现场点和操作参数；

建立浏览树形结构，包括用户浏览树；

设置系统特性。例如，用户图形、编程逻辑控制次序、报警、趋势和事件消息的发送方式；

下载、上载及存档网络控制发动机 UNC520520 数据库中的信息；

SCT 的用户界面与网络控制发动机 UNC520520 提供的楼宇设施管理界面和 I/A 集成平台提供的 BMS 管理界面的用户界面一样，具有统一的外观风格。其编程、测试、仿真等操作均提供图形化的操作模式，界面直观、易于操作。

通过上述先进的人性化工具，楼宇自控管理者可对某市工业园区档案管理中心大厦实施全面监管，具体有以下几个优越性能：

根据不同的功能区域进行不同需求的人工环境控制，提供了最舒适的温度、湿度，满足租户的使用需要；提高了租户员工的劳动生产率、降低因为空调环境不适而带来的人身健康问题。

提高了能源使用效率、降低了建筑物运行能耗、提升了建筑物盈利能力。今日建筑群的运行能耗及其对环境的影响日益受到关注，航站楼、管理楼全年 24h 不间断运行，能源的消耗相当可观，楼宇自控系统特有的节能控制功能（焓值控制、负载循环、日/夜模式、占用/非占用模式、设备联锁控制、负载限制、冷冻机顺序控制、冷冻水温度设置、冷却水温度设置、变频设备优化运行）使系统能够调节气、水、电和热等能源的消耗量，可以有效减少水、电和冷热能源的浪费，提高管理效率、降低运行成本。

机电设备合理的运行管理，通过先进的预防性维护系统可减少设备损耗，延长使用寿命。

9.6.4　运行性能及响应能力

1. 系统容量

施耐德自控的I/A系统架构建立在IT技术基础上，采用企业级SQL数据库，利用Windows授权模式可支持超大型的网络管理。

1）系统最大监控点数为300000以上。

2）系统同时接入用户数为5，可扩展至15。

2. 可靠性的定义

系统可靠性是指给定的一个周期时间减去非工作时间（检修、待料等因素停工时间）与这个周期时间的比值。非工作时间开始于故障被确认时，这个概念可描述为正常运行时间与给定运行时间的比值。特别指出，正常运行时间是指系统运行时间和可能需要运行（即待命）的时间总和。整个时间由正常运行时间（Uptime）和非工作时间（Downtime）组成，公式如下：

系统可靠性=正常运行时间/(正常运行时间+非工作时间)

上面的等式是可靠性的定义标准。这里，非工作时间是指维修和返修产品所需要的平均时间。这个平均时间通常称为平均修复时间，包括预计的时间及不可预计的时间。正常情况下，不论白天黑夜，紧急反应时间不超过4h。

系统可靠性也被表示为平均修复时间（MTTR）和平均故障间隔时间（MTBF）。平均故障间隔时间是系统可靠性的一个衡量尺度。平均修复时间是系统可维护性的一个衡量尺度。它们的关系如下：

系统可靠性=平均故障间隔时间/(平均故障间隔时间+平均修复时间)

3. 系统平均故障间隔时间的计算

系统平均故障间隔时间等于保修期内系统累计运行时间除以保修故障点总数量。设备装船到安装开通大约两个月的时间未计入累计运行时间。

一年故障概率（OYFP）被作为一个指标来描述系统的返修率，同样设备的船期不计入运行时间。

系统平均故障间隔时间和一年故障概率的统计学的关系式为

系统可靠性=(1-OYFP)=EXP[(-8760)/MTBF]

计算值概括如下：

1）系统实时数据传递时间不大于1s。

2）系统控制指令传递时间不大于1s。

3）系统联动命令传递时间不大于2s。

4）系统平均无故障时间为59128h。

9.7　与相关单位的配合

9.7.1　与土建方的界面

楼宇自控系统在工程实施过程中还要与土建各专业进行配合，因此会对土建专业提出一些具体的要求，主要内容如下：

各专业施工中应充分考虑楼宇自控系统要求的预留孔洞、位置等要求，满足楼宇自控系统管线、设备安装的要求。

在各专业中控室的施工中，相关专业应满足楼宇自控系统对环境等的要求。

系统中凡需要安装在房间内吊顶或墙壁上的现场设备，在安装之前要求相关房间的内装修工程已经完成，以免设备被粉尘污染。

所有房间必须有独立的、不重复的编号，并且要反映在设计图纸上，喷涂于实际房间门上，以便有关控制系统编制软件和制作操作面板。

要求装修专业为本系统的设备安装和调试创造适宜的条件并充分配合。

9.7.2 与安装公司的界面

所有与 BA 系统有关的传感器、执行机构（含配套阀门）如果由安装公司供货，必须满足我们提供的相应要求，然后由安装公司安装。

强电按要求提供电流、电压等信号源与转接端子箱，并接线到转接端子箱内接线端子上端，接线端子下端的接线与 DDC 供货和安装等由弱电负责。

9.7.3 空调风机、各类水泵的界面

空调风机、各类水泵控制柜内提供了开关状态、故障状态和手/自动状态的无源触点及开关控制的触点，并相应提供了接线端子以方便接入 BA 系统。

9.8 系统设备配置清单

系统配置清单见表 9-6。

表 9-6 系统配置清单

序号	设备名称	规格型号	数量	单位	品牌
一、主机房部分					
1	I/A 企业服务器软件	IA – ENT – 1	1	套	施耐德 I/A
2	I/A 企业服务器软件许可证	IA – ENT – N	1	个	施耐德 I/A
3	网络控制器	UNC – 520 – 2	3	套	施耐德 I/A
4	BA 工作站	E2180 G31/2G 内存/160G/DVD/	1	台	IBM
5	智能照明工作站	E2180 G31/2G 内存/160G/DVD	1	台	IBM
6	报警打印机	LQ – 1600KIIIH	1	台	EPSON
二、第三方接口					
1	变配电系统接口		1	套	施耐德 I/A
2	电梯系统接口		1	套	施耐德 I/A
3	能源计量接口		1	套	施耐德 I/A
4	恒温恒湿机组接口		1	套	施耐德 I/A
5	风机盘管接口		1	套	施耐德 I/A

（续）

序号	设备名称	规格型号	数量	单位	品牌
二、第三方接口					
6	智能照明接口		1	套	施耐德 I/A
7	地源热泵机组接口		1	套	施耐德 I/A
三、现场部分					
1	MNL－200 LonMark 控制器，2DI，3UI，2AO，6DO	MNL－20RS3	58	台	施耐德 I/A
2	MNL－800 LonMark 控制器，8UI，4AO，8DO	MN800－101	130	台	施耐德 I/A
3	辅助控制箱	ENCL－MZ800－PAN	27	个	定制
4	1UI－5DI 扩展模块	DUI－5	111	个	施耐德 I/A
5	风管压力传感器	PHX07S	50	个	施耐德 I/A
6	风管温湿度传感器	VER－HXD/R－10K－3－mA	171	个	施耐德 I/A
7	CO 传感器	DCO－S2	5	个	Telasia
8	风道 CO2 传感器	VC1008－K	36	个	Telasia
9	压差开关	PC－301	272	个	施耐德 I/A
10	液位开关	C3MGRE40W	20	个	施耐德 I/A
11	水管温度传感器	TS－6721－853	152	个	施耐德 I/A
12	水管压力传感器	SPP110	6	个	施耐德 I/A
13	室内温湿度传感器带液晶显示	MN－S5HT	6	个	施耐德 I/A
14	室外温湿度传感器	MN－S1HT	1	个	施耐德 I/A
15	室外光照度传感器	LL－SE/V	1	个	施耐德 I/A
四、智能照明					
1	四联可编程控制面板	E5054NL	52	块	奇胜
2	八联可编程控制面板	E5058NL	9	块	奇胜
3	八路 10A 智能继电器模块	L5508RVF	30	块	奇胜
4	二路 10A 智能调光模块	L5102D10	2	块	奇胜
5	十二路 10A 智能继电器模块	L5512RVF	2	块	奇胜
6	十二路 12A 智能调光模块	L5112D12B2	4	块	奇胜
7	四路 5A 智能调光模块	L5104D5	17	块	奇胜
8	触摸屏	5050CT2 WE	6	块	奇胜
9	触摸屏底盒	5050CT2 WB	6	块	奇胜
10	PC 接口	5500PC	1	台	奇胜
11	调试软件	5000S	1	套	奇胜
12	网络桥	5500NB	2	台	奇胜
五、线缆管材					
1	模拟信号线	RVVP2×1.0	50000	m	清祥

（续）

序号	设备名称	规格型号	数量	单位	品牌
五、线缆管材					
2	数字信号线	RVV2×1.0	25000	m	清祥
3	电源线	3×BV1.5	3000	m	清祥
4	智能照明通信线	UTP5	10	305m/箱	清祥
5	BA通信线	belden8471	3000	m	belden

9.9 优化建议及补充方案

建议对14台恒温恒湿机组通过网关端口监测（风机故障状态、风机运行状态、风机手/自动状态、风机压差、滤网压差、新/回/排/送风阀状态反馈、风机压差、滤网压差、新/回/排/送风阀状态反馈）。BAS监控主工作站用一个RS232口与恒温恒湿机组进行通信，将相关数据采集到BA系统中，要求机组厂家满足Modbus通信协议。

对3种类型的风机盘管通过网关端口监测（运行、故障、风量、水阀状态、设定温度、现场实际温度）前提要求风机盘管自成一个系统，BA系统监控主工作站用一个RS232口与恒温恒湿机组进行通信，将相关数据采集到BA系统中，风机盘管自成系统满足Modbus、LonWorks通信协议。

地下层车库设置有一氧化碳浓度传感器，随时监测地下车库的空气质量。

系统节能分析包括：

焓值控制：对室外新风、室内空气等进行焓值计算，比较分析，使用比较结果对机组新回风阀进行优化控制，使冷却/加热盘管提供的冷、热负荷达到最少，同时满足室内舒适度的需要。

最佳起动：根据人员使用情况，提前开启空调系统设备。在保证人员进入时环境舒适的前提下，提前时间最短为最佳起动时间。

最佳关机：根据人员使用情况，在人员离开之前的最佳时间关闭空调系统设备，既能在人员离开之前维持空间舒适的水平，又能尽早地关闭设备，减少设备能耗。

设定值再设定：根据室外空气的温度、湿度的变化对新风机组和空调机组的送风或回风温度设定值进行再设定，使之恰好满足区域的最大需要，以将空调设备的能耗降至最低。

负荷间歇运行：在满足舒适性要求的前提下，按实测温度和系统负荷确定循环周期与分断时间，通过固定周期性或可变周期性间隙运行某些设备来减少设备开启时间，减少能耗。

分散功率控制：在需要功率峰值到来之前关闭一些事先选择好的设备，以减少高峰功率负荷。提供相关信息给变配电系统，变配电综合各子系统信息进行优化控制。

夜间循环程序：分别设定低温极限和高温极限，按采样温度决定是否发出“供热”或“制冷”命令，实现加热循环控制或冷却循环控制。在凉爽季节，夜间只送新风，以节约空调能耗。

零能量区域：在控制程序中设置合理的死区范围，使系统在产生相对较小变化时不输出信号控制阀门的动作，调节盘管通过水量既可以减少系统负荷的波动，又能减少执行器的动作次数和能耗。

循环起停控制：累计设备使用时间，系统按累计时间决定起停工作泵或备用泵，有利于合理安排设备使用时间，有利于维护设备。

非占用期程序：在夜间及其他非占用期编制专门的非占用期程序，自动停止一些可以停止运行的设备，以节约能源。

例外日程序：为特殊日期，如假日提供时间例外日程序安排计划，中断标准系统处理，只运行少数必须运行的设备。

临时日编程：如遇特殊情况可编制临时日编程，提前一天编制好下一天的临时日程序，停止运行一些不必要运行的设备，或运行一些必须运行的设备。临时日程序优先于其他时间程序。

采用变流量技术减少系统的动力能耗：动力能耗主要是指空调系统运行中风机和水泵所消耗的电能。

实际运行中的供水量（送风量）随空调负荷的变化而增减，不但可以减少处理过程的能耗，还能节省输送能耗。

因阀门开度调节总是以能量损失为前提，从理论上说，水泵流量 Q 与转速 n 成比例，而耗电量和转速的 3 次方成比例，从而当转速降到 80% 时耗电量只有原来的（0.8）3 次方。可见，效果明显。另外，从设计角度看，由于计算空调负荷放了余量，而水泵厂配电动机时考虑其规格系列又放了余量，加上末端空调不可计的因素较多，因而空调设备全年大部分时间都在局部负荷下工作，这为水泵变频调速节能提供了充裕的空间。

除去以上这些措施，在冷源系统群控调度，根据系统负荷需求量的变化自动控制投入负载相匹配的制冷机组运行，实现多台不同设备的最优组合控制能减少能源的消耗。通过建设 BA 系统，在投运以后可节约日常运行开支的 10% ~25%，为业主获得了确定的中长期回报。

参 考 文 献

[1] 刘世钧. 楼宇监控技术 [M]. 北京：高等教育出版社，2002.
[2] 盛啸涛，姜延昭. 楼宇自动化 [M]. 西安：西安电子科技大学出版社，2004.
[3] 董春桥. 智能楼宇 BACnet 原理与应用 [M]. 北京：电子工业出版社，2003.
[4] 王再英，韩养社，高虎贤. 智能建筑：楼宇自动化系统原理与应用 [M]. 北京：电子工业出版社，2008.
[5] 陆耀庆. 实用供热空调设计手册 [M]. 北京：中国建筑工业出版社，2008.
[6] 杨绍胤. 智能建筑设计实例精选 [M]. 北京：中国电力出版社，2006.
[7] 田尻陆夫. 建筑电气设备 [M]. 张晔，译. 北京：中国建筑工业出版社，2008.
[8] 雍静，李北海，杨岳. 建筑智能化技术 [M]. 北京：科学出版社，2008.
[9] 周洪，等. 智能大厦控制系统 [M]. 北京：中国电力出版社，2007.
[10] 本书编委会. 建筑智能化系统设备安装工程 [M]. 北京：知识产权出版社，2007.
[11] 樊伟樑. 智能建筑（弱电系统）工程设计方案及示例 [M]. 北京：中国建筑工业出版社，2007.
[12] 谢秉正. 楼宇智能化原理及工程应用 [M]. 南京：东南大学出版社，2007.
[13] 中国机械工业教育协会. 楼宇智能化技术 [M]. 北京：机械工业出版社，2002.
[14] 方潜生. 建筑智能化概论 [M]. 北京：中国电力出版社，2007.
[15] 张振昭，许锦标. 楼宇智能化技术 [M]. 2 版. 北京：机械工业出版社，2004.
[16] 陈红. 楼宇机电设备管理 [M]. 北京：清华大学出版社，2003.

信息反馈表

尊敬的老师：

您好！机工版楼宇智能化工程技术专业教材与您见面了。为了进一步提高我社教材的出版质量，更好地为我国职业教育发展服务，欢迎您对我社的教材多提宝贵意见和建议。如贵校有相关教材的出版意向，请及时与我们联系。感谢您对我社教材出版工作的支持!

<table>
<tr><td colspan="8">您的个人情况</td></tr>
<tr><td>姓名</td><td></td><td>性别</td><td></td><td>年龄</td><td></td><td>职务/职称</td><td></td></tr>
<tr><td>工作单位
及部门</td><td colspan="3"></td><td>从事专业</td><td colspan="3"></td></tr>
<tr><td>E－mail</td><td colspan="2"></td><td>办公电话/手机</td><td colspan="2"></td><td>QQ/MSN</td><td></td></tr>
<tr><td>联系地址</td><td colspan="5"></td><td>邮编</td><td></td></tr>
<tr><td colspan="8">您讲授的课程情况</td></tr>
<tr><td>序号</td><td colspan="3">课程名称</td><td colspan="2">学生层次、人数/年</td><td colspan="2">现使用教材</td></tr>
<tr><td>1</td><td colspan="3"></td><td colspan="2"></td><td colspan="2"></td></tr>
<tr><td>2</td><td colspan="3"></td><td colspan="2"></td><td colspan="2"></td></tr>
<tr><td>3</td><td colspan="3"></td><td colspan="2"></td><td colspan="2"></td></tr>
<tr><td colspan="8">贵校楼宇智能化工程技术专业基础课程的相关情况</td></tr>
<tr><td colspan="8">1. 在哪些方面有优势、特色？特色课程有哪些？

2. 您觉得贵校在教学中是否存在教材短缺或不适用的情况？都有哪些？

3. 贵校老师是否有其他专业创新教材希望出版？如何联系？</td></tr>
<tr><td colspan="8">您对本教材的意见和建议</td></tr>
<tr><td colspan="8">1. 本教材错漏之处：
2. 本教材内容和体系不足之处：</td></tr>
</table>

请用以下任何一种方式返回此表（此表复印有效）：

联系人：高倩

通信地址：100037 北京市西城区百万庄大街 22 号机械工业出版社

联系电话：010－88379195　E－mail：gaoqianspring@ 163. com　传真：010－88379181

教学资源网上获取途径

为便于教学，机工版职业教育教材配有电子教案、电子课件等教学资源，选择这些教材教学的教师可登录**机械工业出版社教材服务网**（www. cmpedu. com）网站，注册、免费下载。会员注册流程如下：

教材服务网会员注册流程图

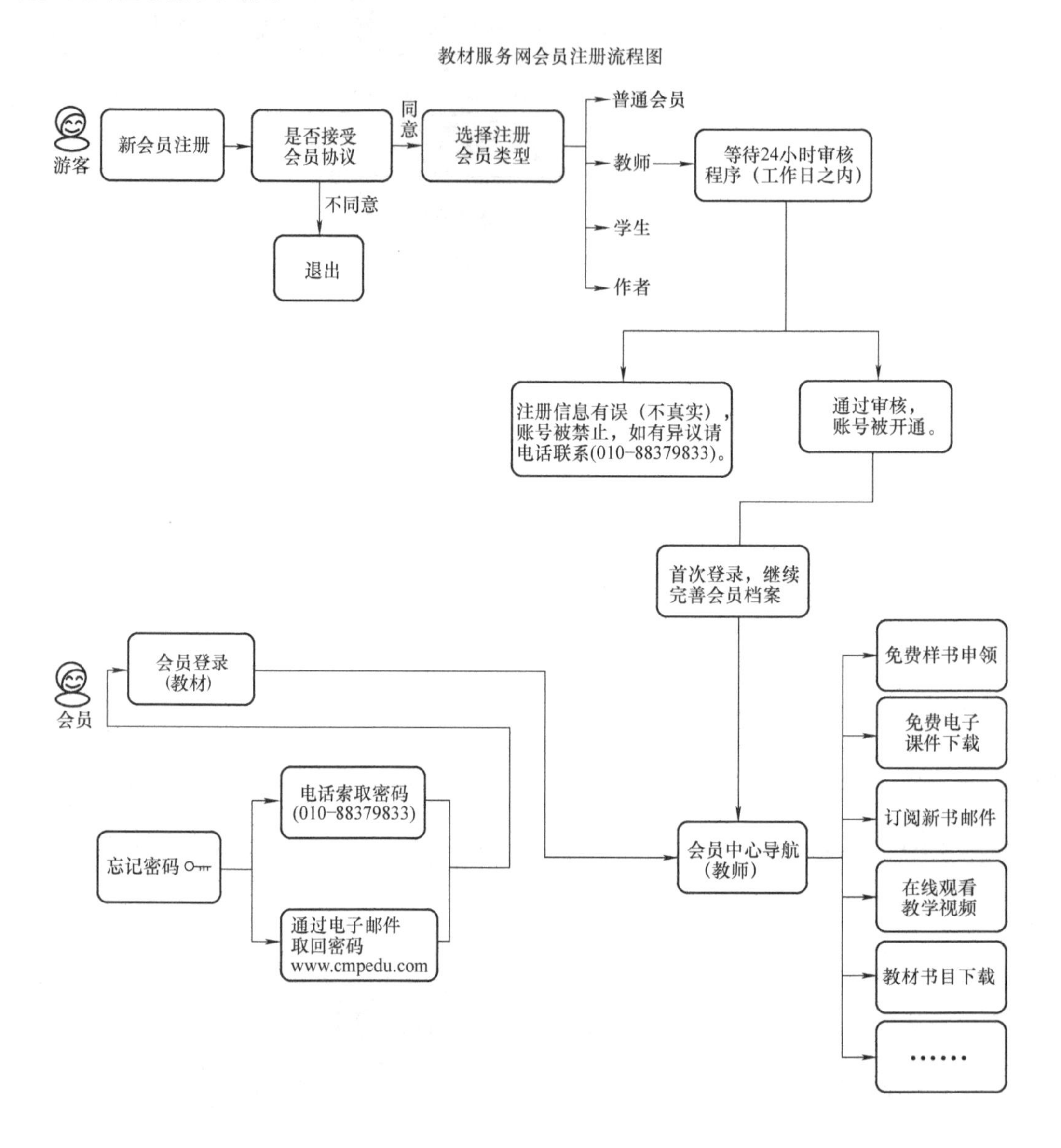